T0296218

Springer-Lehrbuch

Wolfgang Nolting

Grundkurs Theoretische Physik 4/2

Thermodynamik

9. Auflage

Wolfgang Nolting
Berlin, Deutschland

ISSN 0937-7433
Springer-Lehrbuch
ISBN 978-3-662-49032-7 ISBN 978-3-662-49033-4 (eBook)
DOI 10.1007/978-3-662-49033-4

Die Deutsche Nationalbibliothek verzeichnet diese Publikation in der Deutschen Nationalbibliografie; detaillierte bibliografische Daten sind im Internet über http://dnb.d-nb.de abrufbar.

Springer Spektrum

Gedruckt auf säurefreiem und chlorfrei gebleichtem Papier.

Springer-Verlag GmbH Berlin Heidelberg ist Teil der Fachverlagsgruppe Springer Science+Business Media
(www.springer.com)

Allgemeines Vorwort

Die acht Bände der Reihe „*Grundkurs Theoretische Physik*" sind als direkte Begleiter zum Hochschulstudium Physik gedacht. Sie sollen in kompakter Form das wichtigste theoretisch-physikalische Rüstzeug vermitteln, auf dem aufgebaut werden kann, um anspruchsvollere Themen und Probleme im fortgeschrittenen Studium und in der physikalischen Forschung bewältigen zu können.

Die Konzeption ist so angelegt, dass der erste Teil des Kurses,

- *Klassische Mechanik* (Band 1)
- *Analytische Mechanik* (Band 2)
- *Elektrodynamik* (Band 3)
- *Spezielle Relativitätstheorie* (Band 4/1),
- *Thermodynamik* (Band 4/2),

als Theorieteil eines „*Integrierten Kurses*" aus Experimentalphysik und Theoretischer Physik, wie er inzwischen an zahlreichen deutschen Universitäten vom ersten Semester an angeboten wird, zu verstehen ist. Die Darstellung ist deshalb bewusst ausführlich, manchmal sicher auf Kosten einer gewissen Eleganz, und in sich abgeschlossen gehalten, sodass der Kurs auch zum Selbststudium ohne Sekundärliteratur geeignet ist. Es wird nichts vorausgesetzt, was nicht an früherer Stelle der Reihe behandelt worden ist. Dies gilt inbesondere auch für die benötigte Mathematik, die vollständig so weit entwickelt wird, dass mit ihr theoretisch-physikalische Probleme bereits vom Studienbeginn an gelöst werden können. Dabei werden die mathematischen Einschübe immer dann eingefügt, wenn sie für das weitere Vorgehen im Programm der Theoretischen Physik unverzichtbar werden. Es versteht sich von selbst, dass in einem solchen Konzept nicht alle mathematischen Theorien mit absoluter Strenge bewiesen und abgeleitet werden können. Da muss bisweilen ein Verweis auf entsprechende mathematische Vorlesungen und vertiefende Lehrbuchliteratur erlaubt sein. Ich habe mich aber trotzdem um eine halbwegs abgerundete Darstellung bemüht, sodass die mathematischen Techniken nicht nur angewendet werden können, sondern dem Leser zumindest auch plausibel erscheinen.

Die mathematischen Einschübe werden natürlich vor allem in den ersten Bänden der Reihe notwendig, die den Stoff bis zum Physik-Vordiplom beinhalten. Im zweiten Teil des Kurses, der sich mit den modernen Disziplinen der Theoretischen Physik befasst,

- *Quantenmechanik: Grundlagen* (Band 5/1)
- *Quantenmechanik: Methoden und Anwendungen* (Band 5/2)
- *Statistische Physik* (Band 6)
- *Viel-Teilchen-Theorie* (Band 7),

sind sie weitgehend überflüssig geworden, insbesondere auch deswegen, weil im Physik-Studium inzwischen die Mathematik-Ausbildung Anschluss gefunden hat. Der frühe Beginn der Theorie-Ausbildung bereits im ersten Semester gestattet es, die *Grundlagen der Quantenmechanik* schon vor dem Vordiplom zu behandeln. Der Stoff der letzten drei Bände kann natürlich nicht mehr Bestandteil eines *„Integrierten Kurses"* sein, sondern wird wohl überall in reinen Theorie-Vorlesungen vermittelt. Das gilt insbesondere für die *„Viel-Teilchen-Theorie"*, die bisweilen auch unter anderen Bezeichnungen wie *„Höhere Quantenmechanik"* etwa im achten Fachsemester angeboten wird. Hier werden neue, über den Stoff des Grundstudiums hinausgehende Methoden und Konzepte diskutiert, die insbesondere für korrelierte Systeme aus vielen Teilchen entwickelt wurden und für den erfolgreichen Übergang zu wissenschaftlichem Arbeiten (Diplom, Promotion) und für das Lesen von Forschungsliteratur inzwischen unentbehrlich geworden sind.

In allen Bänden der Reihe *„Grundkurs Theoretische Physik"* sollen zahlreiche Übungsaufgaben dazu dienen, den erlernten Stoff durch konkrete Anwendungen zu vertiefen und richtig einzusetzen. Eigenständige Versuche, abstrakte Konzepte der Theoretischen Physik zur Lösung realer Probleme aufzubereiten, sind absolut unverzichtbar für den Lernenden. Ausführliche Lösungsanleitungen helfen bei größeren Schwierigkeiten und testen eigene Versuche, sollten aber nicht dazu verleiten, *„aus Bequemlichkeit"* eigene Anstrengungen zu unterlassen. Nach jedem größeren Kapitel sind Kontrollfragen angefügt, die dem Selbsttest dienen und für Prüfungsvorbereitungen nützlich sein können.

Ich möchte nicht vergessen, an dieser Stelle allen denen zu danken, die in irgendeiner Weise zum Gelingen dieser Buchreihe beigetragen haben. Die einzelnen Bände sind letztlich auf der Grundlage von Vorlesungen entstanden, die ich an den Universitäten in Münster, Würzburg, Osnabrück, Valladolid (Spanien), Warangal (Indien) sowie in Berlin gehalten habe. Das Interesse und die konstruktive Kritik der Studenten bedeuteten für mich entscheidende Motivation, die Mühe der Erstellung eines doch recht umfangreichen Manuskripts als sinnvoll anzusehen. In der Folgezeit habe ich von zahlreichen Kollegen wertvolle Verbesserungsvorschläge erhalten, die dazu geführt haben, das Konzept und die Ausführung der Reihe weiter auszubauen und aufzuwerten.

Die ersten Auflagen dieser Buchreihe sind im Verlag Zimmermann-Neufang entstanden. Ich kann mich an eine sehr faire und stets erfreuliche Zusammenarbeit erinnern. Danach erschien die Reihe bei Vieweg. Die Übernahme der Reihe durch den Springer-Verlag im Januar 2001 hat dann zu weiteren professionellen Verbesserungen im Erscheinungsbild des „*Grundkurs Theoretische Physik*" geführt. Den Herren Dr. Kölsch und Dr. Schneider und ihren Teams bin ich für viele Vorschläge und Anregungen sehr dankbar. Meine Manuskripte scheinen in guten Händen zu liegen.

Berlin, im April 2001 *Wolfgang Nolting*

Vorwort zu Band 4/2

Das Anliegen der Reihe „*Grundkurs Theoretische Physik*" wurde bereits in den Vorworten zu den ersten drei Bänden definiert und gilt natürlich unverändert auch für den vorliegenden Band 4/2, der die *Thermodynamik* zum Thema hat. Der Grundkurs ist als unmittelbarer Begleiter der Bachelor/Master-Studiengänge in Physik gedacht und richtet sich nach Auswahl und Reihenfolge der Themen nach den Anforderungen der meisten mir bekannten Studienordnungen. Gedacht ist dabei an einen Studiengang, der bereits im ersten Semester mit der Theoretischen Physik beginnt. Deshalb musste in den ersten drei Bänden dem für den Aufbau der Theoretischen Physik unverzichtbaren, elementaren mathematischen Rüstzeug ein relativ breiter Raum zugestanden werden. Die mathematischen Einschübe werden in den nun folgenden Bänden allerdings immer weniger häufig.

In früheren Auflagen war die *Thermodynamik* in einem gemeinsamen Band 4 mit der *Spezielle Relativitätstheorie* zusammengefasst. Das erfolgte nicht etwa aufgrund einer engen thematischen Beziehung zwischen diesen beiden Disziplinen, sondern wegen der erklärten Zielsetzung des Grundkurses, ein direkter Begleiter des Physik-Studiums sein zu wollen. Die *Spezielle Relativitätstheorie* zählt zu den klassischen Theorien und wird als solche zeckmäßig im Anschluss an die *Klassische Mechanik* und *Elektrodynamik* besprochen. Deswegen gehört sie mit ihrem relativistischen Ausbau der Mechanik (Bände 1 und 2) und vor allem der Elektrodynamik (Band 3) genau an diese Stelle (Band 4). Die *Thermodynamik* wäre thematisch natürlich besser bei der *Statistischen Mechanik* aufgehoben, die ihrerseits jedoch als *moderne, nicht-klassische Theorie (Quantenstatistik)* erst zu einem späteren Zeitpunkt des Studiums angeboten werden kann, nämlich nachdem die *Quantenmechanik* (Bände 5/1 und 5/2) behandelt wurde. Die klassische, phänomenologische *Thermodynamik* bezieht ihre Begriffsbildung direkt aus dem Experiment, benötigt deshalb im Gegensatz zur *Quantenstatistik* noch keine quantenmechanischen Elemente. Sie ist in der Regel ein Modul des Physik-Bachelor-Programms und muss deshalb in den ersten (klassischen) Teil des Grundkurses eingebaut werden. Das kann allerdings sowohl vor als auch nach der *Elektrodynamik* erfolgen. Die Position der *Thermodynamik* ist in einem solchen Grundkurs anders als die der *Speziellen Relativitätstheorie* also nicht eindeutig. Das spiegelt sich in der Tat auch in den Bachelor-Studienprogrammen der verschiedenen Universitäten wider. Um dieses anzudeuten und natürlich auch wegen des fehlenden thematischen Überlapps, werden in der vorliegenden Neuauflage *Spezielle Relativitätstheorie* (Band 4/1) und *Thermodynamik* (Band 4/2) in zwei eigenständigen Bänden dargestellt. Während Band 4/1 die Kenntnis der Bände 1, 2, 3 voraussetzt, kann die Beschäftigung mit der *Thermodynamik* in Band 4/2 auch vorgezogen werden.

Die *Thermodynamik* ist als Wärmelehre eine klassische, phänomenologische Theorie, zu deren Verständnis Begriffe wie *Temperatur* und *Wärme* eingeführt werden müssen. Sinnvoll definierbar sind sie nur für makroskopische Viel-Teilchen-Systeme, bleiben dagegen völlig sinnlos für das Einzelteilchen. Die gesamte Thermodynamik basiert auf einigen fundamentalen *Hauptsätzen*, die als nicht-beweisbare, experimentell unwiderlegte Erfahrungstatsachen aufgefasst werden müssen. Bei diesen, wie auch bei den Begriffen Temperatur und Wärme, werden wir uns im Rahmen der Thermodynamik in gewisser Weise mit einem *gefühlsmäßigen Selbstverständnis* zufrieden geben müssen. Eine systematische Begründung gelingt erst der *Statistischen Mechanik* (Band 6), die deswegen als zur Thermodynamik komplementär angesehen werden muss. Sie unterwirft sich, zumindest in ihrer Version als *Quantenstatistik*, den Gesetzmäßigkeiten der Quantenmechanik, die in den Bänden 5/1 und 5/2 besprochen werden.

Das vorliegende Buch ist aus Manuskripten zu Vorlesungen entstanden, die ich an den Universitäten in Würzburg, Münster, Warangal (Indien), Valladolid (Spanien) und Berlin gehalten habe. Die konstruktive Kritik der Studenten, meiner Übungsleiter und einiger Kollegen, mit Druckfehlerhinweisen und interessanten Verbesserungsvorschlägen für den Text- und den Aufgabenteil, war dabei wichtig und hat mir sehr geholfen. Gegenüber der Erstauflage, damals erschienen beim Verlag Zimmermann-Neufang, sind im Zuge der diversen Neuauflagen beim Springer-Verlag einige gravierende Änderungen in der Darstellung der *Thermodynamik* vorgenommen und eine Reihe zusätzlicher Übungsaufgaben aufgenommen worden. Die Zusammenarbeit mit dem Springer-Verlag hat zu deutlichen Verbesserungen im Erscheinungsbild des Buches geführt. Für das bisher vermittelte Verständnis des Verlags im Hinblick auf das Konzept der Buchreihe und die faire und deshalb erfreuliche Zusammenarbeit, zuletzt insbesondere mit Frau Margit Maly, bin ich sehr dankbar.

Berlin, im Juli 2015 *Wolfgang Nolting*

Inhaltsverzeichnis

Grundbegriffe

1

W. Nolting, *Grundkurs Theoretische Physik 4/2*, Springer-Lehrbuch,
DOI 10.1007/978-3-662-49033-4_1

Die **Thermodynamik** ist eine klassische, phänomenologische Theorie (**Wärmelehre**), die als solche ihre Begriffe direkt aus dem Experiment entnimmt. Sie behandelt Phänomene, zu deren Charakterisierung die physikalischen Größen

- Temperatur und Wärme

herangezogen werden müssen. Diese Begriffe findet man weder in der Klassischen Mechanik noch in der Quantenmechanik. Sie sind sinnvoll definierbar nur für Systeme, die aus sehr vielen *Untereinheiten* bestehen, dagegen völlig sinnlos für Einzelobjekte, wie z. B. für den Massenpunkt der Klassischen Mechanik. Typisch für die Thermodynamik ist deshalb die Beschäftigung mit **makroskopischen** physikalischen Systemen.

Das war in der Klassischen Mechanik und in der Elektrodynamik anders. Die fundamentalen Newton'schen Axiome bzw. die Maxwell-Gleichungen haben wir zunächst an besonders einfachen mikroskopischen Modellsystemen (Massenpunkt, Punktladung) diskutiert und ausgewertet, um sie erst anschließend auf makroskopische, also realistische Objekte auszudehnen. Die Thermodynamik ist dagegen von vorneherein nur für makroskopische *Viel-Teilchen-Systeme* konzipiert, wobei sie die an sich verblüffende Tatsache ausnutzt, dass sich solche Systeme trotz ihrer vielen Freiheitsgrade phänomenologisch ausreichend durch wenige makroskopische Observable wie Druck, Volumen, Temperatur, Magnetisierung, ... beschreiben lassen.

Die gesamte Theorie basiert auf so genannten **Hauptsätzen**, aus denen sich alle anderen Aussagen ableiten. Der

- Nullte Hauptsatz

postuliert die Existenz einer **Temperatur**. Der

- Erste Hauptsatz

erklärt **Wärme** zu einer Energieform und fordert unter ihrer Einbeziehung die Gültigkeit des Energiesatzes. Der

- Zweite Hauptsatz

handelt von der Unmöglichkeit, Wärme **vollständig** in andere Energieformen, wie z.B. mechanische Bewegungsenergie, umzuformen. Der

- Dritte Hauptsatz

betrifft die Unerreichbarkeit des absoluten Nullpunktes.

Zentrale Aussagen stecken in dem Ersten und dem Zweiten Hauptsatz.

Die zur Thermodynamik komplementäre Theorie ist die

- Statistische Mechanik,

die in Band 6 des **Grundkurs: Theoretische Physik** angeboten wird. Sie begründet die Begriffe und Gesetzmäßigkeiten der phänomenologischen Thermodynamik über die mikroskopische Struktur der Systeme, und das mit Hilfe der Konzepte der Klassischen Mechanik bzw. der Quantenmechanik. Ihre prinzipiellen Probleme liegen auf der Hand: Makroskopische Systeme *mikroskopisch korrekt* beschreiben zu wollen, hieße, 10^{23} gekoppelte Bewegungsgleichungen mit komplizierten Wechselwirkungstermen zu lösen. Dies ist unmöglich, aber auch unnötig, da ein Messprozess ja immer eine Mittelung bedeutet (s. (2.179), Bd. 3). Also besteht die entscheidende Aufgabe der Statistischen Mechanik darin, die relevanten makroskopischen Observablen mit statistischen Methoden (Häufigkeitsverteilungen, Mittelwerte, Wahrscheinlichkeiten, ...) aus mikroskopischen Daten festzulegen. – Eine weitere wichtige Aufgabe der Statistischen Mechanik liegt in der Begründung von Größen wie *Temperatur* und *Wärme*, die, wie erwähnt, für die Thermodynamik typisch und direkt mit der *großen Teilchenzahl* korreliert sind.

In diesem Abschnitt soll es jedoch ausschließlich um die phänomenologische Thermodynamik gehen. Wir werden uns deshalb zunächst damit abfinden müssen, das tiefere, sozusagen *mikroskopische* Verständnis einiger wichtiger Begriffe und Konzepte auf einen späteren Zeitpunkt zu verschieben.

1.1 Thermodynamische Systeme

Als *thermodynamisches System* bezeichnen wir jedes makroskopische System, das aus sehr vielen *Elementargebilden* (Atomen, Elektronen, Photonen, Feldmoden, ...) aufgebaut ist. Thermodynamische Systeme sind also Systeme mit sehr vielen Freiheitsgraden, deren Mikrozustände uns jedoch hier nicht interessieren.

Beispiele

Ein Liter Hörsaalluft, galvanisches Element, Dampfmaschine, ferromagnetisches Eisen, strahlungserfüllter Hohlraum, *Kasten mit Inhalt*, ...

Ein wichtiger Aspekt der thermodynamischen Systeme besteht in der Möglichkeit ihrer

Abgrenzung gegen die Umgebung durch **Wände**,

wodurch Wechselwirkungen zwischen System und Umgebung ganz oder teilweise ausgeschlossen werden.

Um diesen Aspekt genauer zu verstehen, müssen wir im Folgenden bereits einige Begriffe verwenden, die zwar aus dem täglichen Sprachgebrauch vertraut sind, genau genommen aber erst in späteren Abschnitten für die Thermodynamik definiert werden:

Isoliertes (abgeschlossenes) System

Keinerlei Austausch von *Eigenschaften* und *Inhalten* mit der Umgebung; d. h. kein Teilchen- oder Energieaustausch, keine Wechselwirkung mit äußeren Feldern usw.

Geschlossenes System

Kein Materie- (Teilchen-) Austausch mit der Umgebung.

Ein solches System kann durchaus noch Kontakt mit der Umgebung haben.

Beispiele

1) Wärmeaustauschkontakt (thermischer Kontakt)

Dieser führt zum Temperaturausgleich zwischen System und Umgebung durch Austausch von Energie in Form von Wärme. Kann man die Umgebung als *sehr großes* System auffassen, dessen Temperatur sich bei Entnahme einer endlichen Wärmemenge praktisch nicht ändert, so sagt man, das System befinde sich in einem

- Wärmebad.

Ein System ohne den Kontakt 1) heißt **thermisch isoliert.**

2) Arbeitsaustauschkontakt

Durch Arbeitsleistung vom System an der Umgebung oder umgekehrt werden gewisse Systemeigenschaften geändert. Es kann sich dabei um mechanische (Abb. 1.1), elektromagnetische, chemische oder eventuell andere Formen von Arbeit handeln:

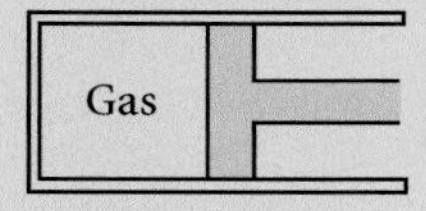

Abb. 1.1 Kompression eines Gases durch Kolbenbewegung als Beispiel für einen Arbeitsaustauschkontakt

Offenes System

Keinerlei Einschränkungen, d. h. auch Teilchen- (Stoffmengen-)Austausch mit der Umgebung.

1.2 Zustand, Gleichgewicht

Zur Beschreibung eines thermodynamischen Systems benutzen wir die Resultate von repräsentativen Messungen an charakteristischen makroskopischen Observablen, den so genannten

▸ Zustandsgrößen (Zustandsvariablen).

Welche Größen letztlich in Betracht kommen, ist nicht eindeutig vorgegeben, sondern richtet sich weitgehend nach Interesse und Zweckmäßigkeit. Gesichtspunkte bei der Auswahl können dabei sein:

- **einfache** Messungen,
- **unabhängige** Observable,
- ausreichend detaillierte (**vollständige**) Beschreibung, ...

Von einem *vollständigen* Satz unabhängiger Zustandsgrößen spricht man genau dann, wenn sich alle anderen thermodynamischen Größen des Systems als Funktionen dieser Variablen darstellen lassen. Typisch für die Thermodynamik ist, dass bereits wenige Zustandsgrößen trotz vieler Freiheitsgrade zur Beschreibung ausreichen, weil der atomare (mikroskopische) Aufbau des Systems nicht interessiert.

Beispiele

Gas-Flüssigkeit:

Druck p, Volumen V, Temperatur T, Teilchenzahl N, Entropie S, innere Energie U...,

Magnet:

Magnetfeld $\boldsymbol{H}$, magnetisches Moment $\boldsymbol{m}$, Magnetisierung $\boldsymbol{M}(\boldsymbol{r})$, Temperatur T, ...

Nicht alle Zustandsgrößen sind unabhängig; es gibt Relationen zwischen ihnen. Man unterscheidet deshalb zwischen abhängigen und unabhängigen Zustandsvariablen. Die abhängigen nennt man

- Zustandsfunktionen.

Man unterscheidet:

1) **Extensive Zustandsgrößen** (*Quantitätsgrößen*)
   Diese sind **mengenproportional**, d. h., sie verhalten sich additiv bei der Zusammensetzung von Systemen, z. B.
   $$V,\ \boldsymbol{m},\ \text{Masse}\ M,\ U,\ \ldots$$
2) **Intensive Zustandsgrößen** (*Qualitätsgrößen*)
   Diese sind **mengenunabhängig**, z. B. T, p, $\boldsymbol{M}$, $\rho = N/V, \ldots$

In der Thermodynamik hat man es praktisch ausschließlich mit extensiven oder mit intensiven Zustandsgrößen zu tun. Wir listen weitere wichtige Begriffe auf:

Zustandsraum:

Raum, der von einem **vollständigen** Satz unabhängiger Zustandsgrößen aufgespannt wird.

Zustand:

Werte eines **vollständigen** Satzes von unabhängigen Zustandsgrößen; Punkt im Zustandsraum.

Gleichgewicht:

Zustand, in dem sich die Werte der Basis-Zustandsgrößen zeitlich nicht mehr ändern.

Erfahrungsgemäß geht jedes isolierte System *von allein* in einen Zustand, der sich mit der Zeit nicht mehr ändert. Dieses ist dann der Gleichgewichtszustand. Die Zeit, die das System benötigt, um diesen zu erreichen, wird **Relaxationszeit** genannt. Diese kann von System zu System um Größenordnungen variieren. In der Thermodynamik versteht man unter einem Zustand, wenn nicht ausdrücklich anders angegeben, stets einen Gleichgewichtszustand.

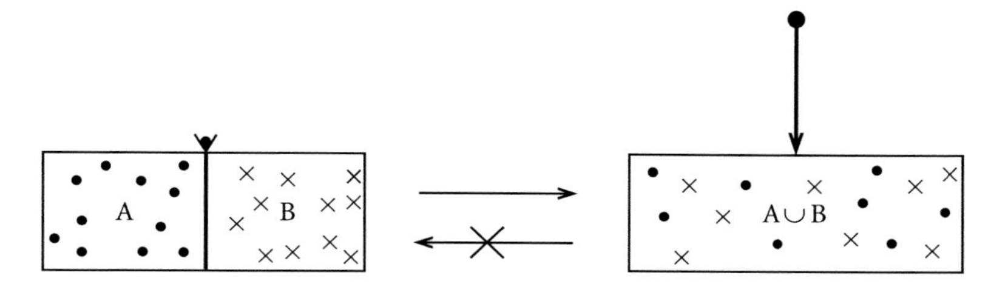

Abb. 1.2 Durchmischung zweier Gase als Beispiel für eine irreversible Zustandsänderung

Zustandsänderung, Prozess:

Folge von Zuständen, die das System durchläuft. War der Ausgangszustand ein Gleichgewichtszustand, so kann eine Zustandsänderung nur durch Änderung der äußeren Bedingungen veranlasst werden.

Die Zustandsänderung wird

- quasistatisch

genannt, wenn sie so langsam gegenüber den Relaxationszeiten verläuft, dass sie praktisch aus einer Folge von Gleichgewichtszuständen besteht. Sie beschreibt eine Kurve im Zustandsraum.

Die Zustandsänderung wird

- reversibel

genannt, wenn es sich um eine umkehrbare Folge von Gleichgewichtszuständen handelt, d. h., wenn einer zeitlichen Umkehr der Änderung der äußeren Bedingungen eine zeitliche Umkehr der vom System durchlaufenen Zustände entspricht.

Eine **irreversible** Zustandsänderung ist demzufolge **nicht** umkehrbar. Paradebeispiel ist die Durchmischung zweier Gase (siehe Abb. 1.2).

Das Hineinschieben der Trennwand nach der Durchmischung führt nicht wieder zum Ausgangszustand. Reale Prozesse sind in der Regel weder quasistatisch noch reversibel.

Eine wichtige Rolle wird im Folgenden der

- Kreisprozess

spielen, dass **alle** Zustandsgrößen, nicht nur die unabhängigen, zu denselben Werten zurückkehren.

Dieser Band des **Grundkurs: Theoretische Physik** beschäftigt sich ausschließlich mit der Gleichgewichts-Thermodynamik (besser eigentlich: „Thermo**statik**"). Die Nicht-Gleichgewichts-Thermodynamik ist außerordentlich kompliziert.

1.3 Der Temperaturbegriff

Wenn wir nun beginnen, thermodynamische Zustände und ihre Prozesse zu diskutieren, so können wir Bedeutung und Messvorschrift der meisten Observablen von anderen Disziplinen der Physik, wie z. B. der Mechanik ($p, V, \rho, \dots$) oder der Elektrodynamik ($\boldsymbol{H}, \boldsymbol{M}, \dots$), übernehmen. Begriff und Messvorschrift der Temperatur müssen wir jedoch neu einführen. Dieses soll in mehreren, immer präziser werdenden Schritten erfolgen.

Der Temperaturbegriff ist uns natürlich im Zusammenhang mit gefühlsmäßigen Wahrnehmungen von *warm* und *kalt* gewissermaßen seit unserer Geburt vertraut. Es handelt sich also einerseits um einen recht elementaren Begriff. Andererseits wissen wir aber auch, dass Empfindungen von *warm* und *kalt* höchst subjektiv und damit nicht reproduzierbar sind. Es ist deshalb keinesfalls selbstverständlich, dass die *Temperatur* auch als eine **physikalische** Messgröße aufgefasst werden kann. Wir **postulieren** ihre Existenz!

Definition 1.3.1 ***Nullter Hauptsatz***

1. Jedes makroskopische System besitzt eine

   ▸ Temperatur T.

   Es handelt sich dabei um eine **intensive** Zustandsgröße, die in einem sich selbst überlassenen, **isolierten** System überall denselben Wert annimmt, d. h. einem homogenen Gleichgewichtswert zustrebt.
2. T ist durch **eine** Zahl gekennzeichnet, ist also eine skalare Messgröße.
3. Von zwei, sich in ihrem Gleichgewicht befindlichen Systemen A und B kann stets gesagt werden:

$$T_\mathrm{A} > T_\mathrm{B} \quad \text{oder} \quad T_\mathrm{A} < T_\mathrm{B} \quad \text{oder} \quad T_\mathrm{A} = T_\mathrm{B} \quad (\textbf{Anordnungsaxiom})\,.$$

4. A, B, C seien thermodynamische Systeme. Dann folgt aus $T_\mathrm{A} > T_\mathrm{B}$ und $T_\mathrm{B} > T_\mathrm{C}$ stets

$$T_\mathrm{A} > T_\mathrm{C} \qquad (\textbf{Transitivität})\,.$$

5. Systeme **A** und **B** seien in *thermischem Kontakt*, das Gesamtsystem $A \cup B$ sei isoliert, dann gilt im Gleichgewicht:

$$T_{\mathrm{A}} = T_{\mathrm{B}} = T_{\mathrm{A} \cup \mathrm{B}} .$$

6. Sei für zwei zunächst getrennte Systeme

$$T_{\mathrm{A}}^{(a)} < T_{\mathrm{B}}^{(a)} ,$$

dann gilt nach Herstellung des thermischen Kontakts im Gleichgewicht:

$$T_{\mathrm{A}}^{(a)} < T_{\mathrm{A} \cup \mathrm{B}} < T_{\mathrm{B}}^{(a)} .$$

Als vorläufige Messvorschrift benutzt man die Auswirkung der Temperatur auf andere Observable. Jede physikalische Eigenschaft, die sich monoton und eindeutig mit T ändert, kann zur Konstruktion eines **Thermometers** verwendet werden:

Quecksilberthermometer	(Volumen) ,
Gasthermometer	(Druck) ,
Widerstandsthermometer	(elektrischer Widerstand) .

Einzelheiten zur Wirkungsweise entnehme man Büchern zur Experimentalphysik.

Man beachte, dass jede Temperaturmessung ganz entscheidend die Eigenschaft 5. des *thermischen Gleichgewichts* benutzt. Jedes Thermometer misst ja eigentlich seine eigene Temperatur, die erst im thermischen Gleichgewicht mit der des zu untersuchenden Systems übereinstimmt. Bei unterschiedlichen Ausgangstemperaturen tritt wegen 6. stets eine gewisse Verfälschung der Systemtemperatur ein.

1.4 Zustandsgleichungen

Unter *Zustandsgleichungen* verstehen wir Relationen zwischen gewissen extensiven und intensiven Zustandsvariablen Z_i des Systems:

$$f(Z_1, Z_2, \ldots, Z_n) = 0 . \tag{1.1}$$

Sie müssen eindeutig umkehrbar, d. h. nach allen Variablen Z_i auflösbar sein. Man kann mit ihrer Hilfe abhängige in unabhängige Zustandsvariable verwandeln und umgekehrt.

Die in der Thermodynamik verwendeten Zustandsgleichungen werden ohne Ableitung als experimentell verifizierte Tatsachen hingenommen. Sie folgen in der Regel aus einfachen theoretischen Modellvorstellungen über das zugrunde liegende physikalische System. Die vier wichtigsten Beispiele wollen wir kurz andiskutieren:

1.4.1 Ideales Gas

Wir beginnen mit dem einfachsten System, einem Gas aus N Molekülen, das die folgenden zwei idealisierenden **Annahmen** erfüllen möge:

1. keine Eigenvolumina der Moleküle (Massenpunkte),
2. keine Wechselwirkungen der Teilchen untereinander.

Diese Voraussetzungen sind in einem realen Gas streng genommen nur bei unendlicher Verdünnung erfüllt.

Eine Menge Gas aus N Teilchen sei in einem Volumen V eingeschlossen. Es befinde sich in thermischem Kontakt mit einem Wärmebad einer bestimmten Temperatur. Nach dem Nullten Hauptsatz nimmt das Gas im Gleichgewicht dieselbe Temperatur an. Im Gas herrscht ein homogener Druck p. Bei Änderung des Volumens V ändert sich auch der Druck p.

Experimentelle Beobachtung:

Bei hinreichender Verdünnung $\rho = N/V \to 0$ verhalten sich alle Gase gleich und befolgen das

Boyle-Mariotte'sche Gesetz

$$\frac{p\,V}{N} = K = \text{const} . \tag{1.2}$$

Man kann (1.2) als Definitionsgleichung für das **ideale Gas** auffassen. Die Konstante K nimmt für Wärmebäder unterschiedlicher Temperatur verschiedene Werte an und kann deshalb benutzt werden, eine Messvorschrift für die Temperatur festzulegen.

Ansatz:

$$K(\vartheta) = K_0(1 + \alpha\,\vartheta) . \tag{1.3}$$

Celsius-Skala:

$$\vartheta = 0\,^\circ\mathrm{C}: \quad \text{Gefrierpunkt des Wassers}\,,$$
$$\vartheta = 100\,^\circ\mathrm{C}: \quad \text{Siedepunkt des Wassers bei } p = 1\,\mathrm{atm}\,.$$

Aus den Messwerten für $K_0 = K(0\,^\circ\mathrm{C})$ und $K(100\,^\circ\mathrm{C})$ folgt:

$$\alpha = \frac{K(100\,^\circ\mathrm{C}) - K(0\,^\circ\mathrm{C})}{100\,^\circ\mathrm{C}\,K(0^\circ\mathrm{C})} = \frac{1}{273{,}2}\,. \tag{1.4}$$

Dieses Ergebnis ist unabhängig von der Art des Gases, falls nur (1.2) gilt. Mit (1.2) bis (1.4) lässt sich die Temperatur eines jeden Wärmebades bzw. Gases bestimmen.

Kelvin-Skala (absolute Temperatur):

$$T = \alpha^{-1} + \vartheta = 273{,}2\,\mathrm{K} + \vartheta\,. \tag{1.5}$$

Die Konstante

$$k_\mathrm{B} = K_0\,\alpha$$

ist universell, heißt **Boltzmann-Konstante** und hat den Wert

$$k_\mathrm{B} = 1{,}3805 \cdot 10^{-23}\,\mathrm{J/K}\,. \tag{1.6}$$

Damit lautet die

Zustandsgleichung des idealen Gases

$$p\,V = N\,k_\mathrm{B}\,T\,. \tag{1.7}$$

Dies kann man noch etwas anders formulieren, wenn man

$$N_\mathrm{A} = 6{,}02252 \cdot 10^{23}\,\mathrm{mol}^{-1}\,, \tag{1.8}$$

die **Avogadro-Konstante** (früher: Loschmidt-Zahl) oder

$$R = k_\mathrm{B}\,N_\mathrm{A} = 8{,}3166\,\frac{\mathrm{J}}{\mathrm{mol\,K}}\,, \tag{1.9}$$

die **allgemeine Gaskonstante** benutzt. Bezeichnet man mit $n = N/N_\mathrm{A}$ die Zahl der Mole, dann gilt auch

$$p\,V = n\,R\,T\,. \tag{1.10}$$

Die so definierte Temperaturskala hat einen universellen Charakter, da (1.2) unabhängig von der Art des idealen Gases ist. p, V, N sind positive Größen, somit auch die absolute Temperatur T. Ein Nachteil dieser Temperaturdefinition besteht darin, dass sie an Gase gebunden ist, die die ideale Gasgleichung erfüllen, benötigt also die beiden Voraussetzungen 1. und 2. Sie wird sicher für $T \to 0$ und/oder große p wegen der dann einsetzenden Verflüssigung unbrauchbar. Dieses Manko wird im Zusammenhang mit dem Zweiten Hauptsatz durch Einführung einer universellen (thermodynamischen) Temperatur behoben. Der in diesem Abschnitt formulierte Temperaturbegriff wird also nur einen vorläufigen Charakter haben.

1.4.2 Van der Waals-Gas

Die Zustandsgleichung des idealen Gases (1.7) kann wegen der beiden Einschränkungen 1. und 2. nur in der Grenze sehr kleiner Teilchendichte für reale Gase verwendbar sein. Insbesondere ist sie nicht in der Lage, den Phasenübergang „Gas ↔ Flüssigkeit" zu beschreiben. Durch den folgenden **Ansatz**

$$p_{\text{eff}}\, V_{\text{eff}} = n\, R\, T \tag{1.11}$$

wollen wir die ideale Gasgleichung (1.10) so verallgemeinern, dass die beiden Bedingungen 1. und 2. wegfallen, andererseits aber in der Grenze starker Verdünnung wieder (1.10) resultiert:

Zu 1.:

Für $p \to \infty$ gilt bei $T = \text{const}$ in der idealen Gasgleichung $V \to 0$ unter Missachtung der *Eigenvolumina* der Gasmoleküle. Für das reale Gas werden wir ein minimales Volumen zu berücksichtigen haben:

$$\begin{aligned} & V_{\min} \approx N\ \textit{Teilchenvolumen} \equiv \frac{b}{N_{\mathrm{A}}} N \\ \Rightarrow\quad & V_{\text{eff}} = V - V_{\min} = V - n\underbrace{b}_{\textbf{Eigenvolumen}}\,. \end{aligned} \tag{1.12}$$

Zu 2.:

Die Teilchen des realen Gases wechselwirken miteinander. Wegen der homogenen Verteilung heben sich die Wechselwirkungskräfte auf ein Teilchen im Gefäßinnern im Mittel heraus. Für ein Teilchen am Rand bleibt allerdings eine resultierende Kraftkomponente nach innen (Abb. 1.3). Das vermindert den Druck des Gases auf die Gefäßwände, wo er andererseits gemessen wird:

$$p_{\text{eff}} > \text{„}\textit{Wanddruck}\text{“}\ p\ .$$

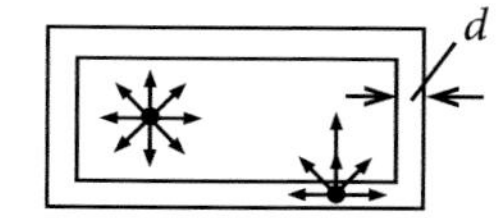

Abb. 1.3 Zur Begründung des Binnendrucks in der van der Waals-Zustandsgleichung

Der Differenzdruck ist proportional zur Zahl der Teilchen-Wechselwirkungen in der Randschicht, deren Dicke d etwa durch die mittlere Reichweite dieser Wechselwirkungen gegeben ist:

Zahl der Wechselwirkungen in der Randschicht:

$$N'(N'-1) \sim (d \cdot S)^2 \left(\frac{N}{V}\right)^2 \sim \left(\frac{N}{V}\right)^2 .$$

(S: Gefäßoberfläche.)

Dem entspricht:

$$p_{\text{eff}} = p + a\,\frac{n^2}{V^2} . \qquad (1.13)$$

↖ **Binnendruck**

Gleichungen (1.12) und (1.13) in (1.11) eingesetzt ergibt die

van der Waals-Zustandsgleichung

$$\left(p + a\,\frac{n^2}{V^2}\right)(V - n\,b) = n\,R\,T . \qquad (1.14)$$

a und b sind phänomenologische Materialkonstanten, wobei a sehr stark, b weniger stark von Substanz zu Substanz variiert. – Wir wollen die Zustandsgleichung (1.14) noch etwas genauer untersuchen:

1) Kritischer Punkt

Man kann (1.14) auf die folgende Gestalt bringen:

$$V^3 - V^2\left(n\,b + \frac{n\,R\,T}{p}\right) + V\,\frac{a\,n^2}{p} - a\,b\,\frac{n^3}{p} = 0 . \qquad (1.15)$$

Dies ist eine Gleichung dritten Grades für das Volumen V, die bei gegebenem p, T für $p < p_c$, $T < T_c$ drei reelle Lösungen, sonst eine reelle und zwei komplexe Lösungen aufweist. Es gibt also einen **kritischen Punkt**

$$(p_c, V_c, T_c) ,$$

bei dem die drei Lösungen gerade zusammenfallen. In diesem speziellen Punkt muss demnach gelten:

$$0 \stackrel{!}{=} (V - V_c)^3 = V^3 - 3V^2 V_c + 3V V_c^2 - V_c^3 \,.$$

Der Koeffizientenvergleich mit (1.15) liefert die kritischen Daten des realen Gases, die sämtlich durch die beiden phänomenologischen Parameter a, b bestimmt sind:

$$V_c = 3\,b\,n\,; \quad p_c = \frac{a}{27\,b^2}\,; \quad R\,T_c = \frac{8\,a}{27\,b}\,. \tag{1.16}$$

Man kann aus diesen Gleichungen natürlich a und b eliminieren und erhält dann:

$$Z_c = \frac{p_c\,V_c}{n\,R\,T_c} = \frac{3}{8}\,. \tag{1.17}$$

Experimentell findet man für praktisch alle realen Gase $Z_c < 3/8$, während für das ideale Gas nach (1.10) $Z_c = 1$ ist. In dieser Hinsicht liefert das van der Waals-Modell eine deutliche Verbesserung.

2) Gesetz von den korrespondierenden Zuständen

Führt man die *reduzierten* Größen

$$\pi = \frac{p}{p_c}\,; \quad v = \frac{V}{V_c}\,; \quad t = \frac{T}{T_c} \tag{1.18}$$

ein, so lässt sich die van der Waals-Gleichung (1.14) in eine Form bringen, die keine Materialkonstanten mehr enthält, deshalb für **alle** Substanzen Gültigkeit haben sollte (s. Aufgabe 1.6.6):

$$\left(\pi + \frac{3}{v^2}\right)(3\,v - 1) = 8\,t\,. \tag{1.19}$$

Man sagt, dass zwei Substanzen mit denselben (π, v, t)-Werten sich in **korrespondierenden Zuständen** befinden. Diese universelle Gleichung ist im Allgemeinen weit besser erfüllt als die ursprüngliche van der Waals-Gleichung (1.14), aus der sie abgeleitet wurde.

3) Maxwell-Konstruktion

Die pV-Isothermen zeigen für $T < T_c$ eine unphysikalische Besonderheit. Es gibt einen Bereich, in dem

$$\left(\frac{\partial p}{\partial V}\right)_T > 0$$

ist. Dieses kann nicht realistisch sein, da eine Volumenabnahme $\mathrm{d}V < 0$ dann auch eine Druckabnahme $\mathrm{d}p < 0$ zur Folge hätte. Das System würde kollabieren. Die Ursache dieser unphysikalischen Besonderheit liegt darin, dass wir implizit bei der Ableitung der van der

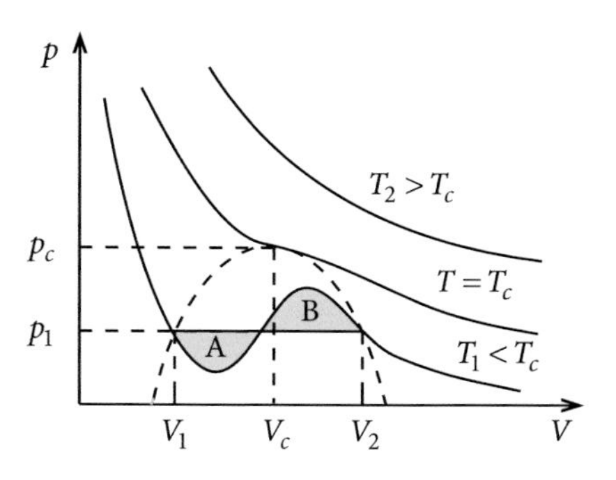

Abb. 1.4 Isothermen des van der Waals-Gases

Waals-Zustandsgleichung davon ausgegangen sind, dass das System aus genau **einer** homogenen Phase besteht. Wir bezeichnen eine Phase als **homogen**, wenn in ihr die intensiven Zustandsgrößen, wie z. B. $\rho, T, p, \ldots$, überall denselben Wert haben. Diese Annahme ist für $T < T_c$ falsch. In dem blau schraffierten Bereich in Abb. 1.4 liegt vielmehr ein Zwei-Phasen-Gebiet vor. Flüssigkeit und Gas stehen miteinander im Gleichgewicht. Man hat hier die van der Waals-Isotherme durch eine Parallele zur V-Achse zu ersetzen, und zwar so, dass die in der Skizze angedeuteten Flächen A und B gleich sind. Man nennt dies die **Maxwell-Konstruktion**, deren physikalische Rechtfertigung wir später nachliefern werden.

Bei der Temperatur T_1, dem Druck p_1 und dem Volumen V_1 besteht das System aus einer homogenen Phase Flüssigkeit. Wird bei konstanter Temperatur das Volumen vergrößert, so bleibt der Druck konstant. Ein Teil der Flüssigkeit verdampft zu Gas. Bei V_2 ist das gesamte System gasförmig, weitere Volumenvergrößerung führt dann zu einer Druckabnahme.

4) Virialentwicklung

Phasenübergänge sind offensichtlich von unstetiger Natur, wie wir am Übergang Flüssigkeit $\Leftrightarrow$ Gas gerade gesehen haben. Man kann deshalb nicht erwarten, dass **exakte** Zustandsgleichungen realer Gase einfache analytische Ausdrücke darstellen. Wir mussten ja für eine erste angenäherte Beschreibung zu der van der Waals-Gleichung bereits die Maxwell-Konstruktion hinzuziehen. Man benutzt deshalb bisweilen Reihenentwicklungen nach der Teilchendichte:

$$p = \frac{N k_B T}{V} \left\{ 1 + B_1 \left(\frac{N}{V} \right) + B_2 \left(\frac{N}{V} \right)^2 + \ldots \right\} . \tag{1.20}$$

Die so genannten **Virialkoeffizienten** B_i drücken die Abweichung vom Verhalten des idealen Gases aus. Sie werden in der Statistischen Mechanik theoretisch begründet. Für das *van der Waals-Gas* findet man:

$$B_1 = \frac{b}{N_A} - \frac{a}{N_A^2 k_B T} ; \quad B_\nu = \left(\frac{b}{N_A} \right)^\nu , \quad \text{für } \nu \geq 2 . \tag{1.21}$$

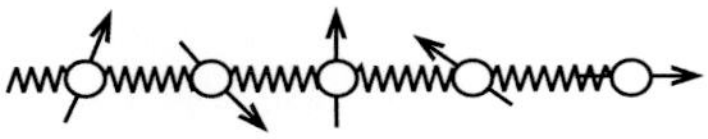

$m_g \quad m_h \quad m_i \quad m_j \quad m_k$

Abb. 1.5 Modell eines Paramagneten, aufgebaut aus an „Gitterplätzen" lokalisierten magnetischen Momenten $\boldsymbol{m}_i$

1.4.3 Idealer Paramagnet

Wir betrachten einen Festkörper, dessen streng periodisch angeordnete Ionen ein permanentes magnetisches Moment $\boldsymbol{m}_i$ aufweisen. Der Index i $(i = 1, 2, \ldots, N)$ nummeriert die einzelnen Momente durch.

Ein Ion besteht aus einem positiv geladenen Kern und einigen, um diesen kreisenden, negativ geladenen Elektronen. Diese stellen Mikro-Kreisströme dar, mit denen nach ((3.43), Bd. 3) ein magnetisches Moment verknüpft ist. Da es sich hierbei um Vektoren mit unterschiedlichen Richtungen handelt, kompensieren sie sich in den meisten Fällen in ihren Wirkungen. In einigen Festkörpern bleibt jedoch pro Ion ein resultierendes Moment, das in Abb. 1.5 durch einen Vektorpfeil angedeutet ist. Eine mögliche Wechselwirkung zwischen den lokalisierten Momenten wird durch kleine Federn symbolisiert. – Physikalische Einzelheiten über magnetische Festkörper entnehme man Abschn. 3.4, Bd. 3. – Wir werden in der Thermodynamik sehr einfache Modelle des Para- und des Ferromagneten benutzen.

Beim *idealen Paramagneten* geht man wie beim idealen Gas davon aus, dass zwischen den Momenten **keine** Wechselwirkung vorliegt. Die Richtungen der einzelnen Momente sind dann statistisch verteilt, sodass das resultierende Gesamtmoment Null ist. Schaltet man nun ein homogenes Magnetfeld,

$$\boldsymbol{H} = H\,\boldsymbol{e}_z \,,$$

auf, so versuchen die elementaren Dipole sich wegen ((3.52), Bd. 3) parallel zum Feld einzustellen. Durch diesen Ausrichtungseffekt entsteht ein makroskopisches Gesamtmoment, das noch von der Temperatur abhängen wird. Wir werden später sehen, dass die mit T anwachsende thermische Energie der Elementarmagnete dem Ausrichtungseffekt entgegengerichtet ist. Wir kommen zur Zustandsgleichung des idealen Paramagneten über die Definitionen:

$$\textbf{Gesamtmoment}: \quad \boldsymbol{m}_{\text{tot}} = \sum_i \boldsymbol{m}_i \,; \quad |\boldsymbol{m}_i| = m \quad \forall i \,,$$

$$\textbf{Magnetisierung}: \quad \boldsymbol{M} = \frac{1}{V}\boldsymbol{m}_{\text{tot}} = M(T, \boldsymbol{H})\,\boldsymbol{e}_z \,.$$

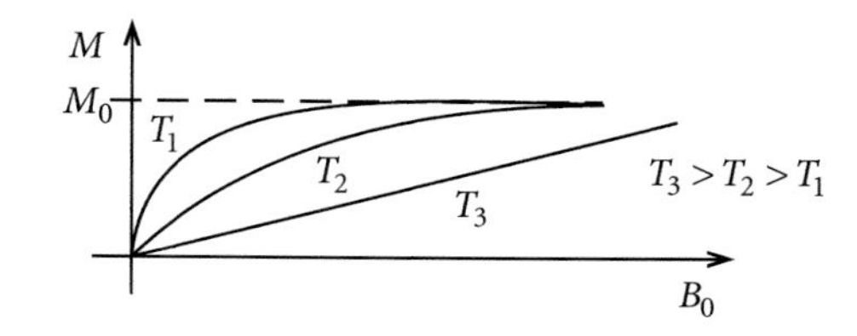

Abb. 1.6 Magnetisierung eines Paramagneten als Funktion einer äußeren magnetischen Induktion für drei verschiedene Temperaturen. $\boldsymbol{M}_0$: Sättigungsmagnetisierung

Da $\boldsymbol{H}$ und $\boldsymbol{M}$ im Allgemeinen parallel sein werden, können wir die Vektornotation unterdrücken. Die **Zustandsgleichung** des idealen Paramagneten lautet dann:

$$M = M_0 \, L\left(m \frac{B_0}{k_B \, T}\right) , \tag{1.22}$$

$$L(x) = \coth x - \frac{1}{x} : \quad \textbf{Langevin-Funktion} , \tag{1.23}$$

$$M_0 = \frac{N}{V} m : \quad \textbf{Sättigungsmagnetisierung} , \tag{1.24}$$

$$B_0 = \mu_0 H .$$

Gleichung (1.22) lässt sich in der Statistischen Mechanik einfach ableiten. Wir begnügen uns hier mit dem Resultat.

Die *Sättigung* ist erreicht, sobald alle Momente parallel ausgerichtet sind (Abb. 1.6). Dann bringt eine weitere Feldsteigerung keinen Zugewinn an Magnetisierung. Typisch für den Paramagneten ist

$$M(H,T) \underset{H \to 0}{\longrightarrow} 0 .$$

Für hohe Temperaturen wird das Argument der Langevin-Funktion sehr klein. Dann können wir wegen $L(x) \underset{x \to 0}{\longrightarrow} x/3$ (1.22) weiter vereinfachen:

$$M = \frac{C}{T} H \quad \textbf{Curie-Gesetz} . \tag{1.25}$$

C ist die so genannte *Curie-Konstante*,

$$C = \mu_0 \frac{N}{V} \frac{m^2}{3 \, k_B} . \tag{1.26}$$

In der Regel benutzt man die Zustandsgleichung des idealen Paramagneten in der vereinfachten Form (1.25).

1.4.4 Weiß'scher Ferromagnet

Das *magnetische Analogon* zum realen Gas ist der Ferromagnet. Eine so genannte **Austauschwechselwirkung** zwischen den lokalisierten Momenten sorgt für die Existenz einer

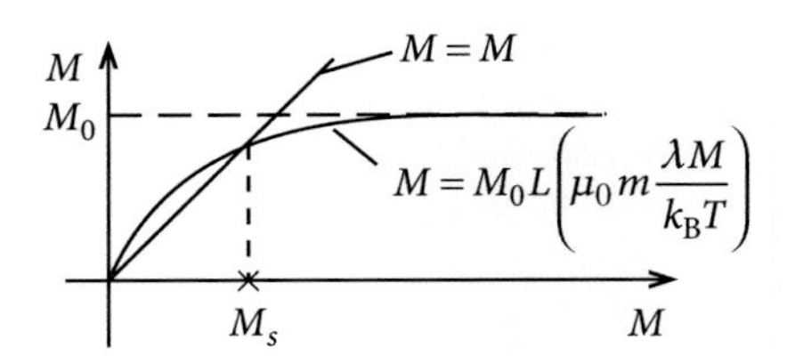

Abb. 1.7 Graphische Bestimmung der spontanen Magnetisierung des Weiß'schen Ferromagneten

kritischen Temperatur T_c, die man *Curie-Temperatur* nennt:

$$\boxed{T \leq T_c} : \quad \begin{array}{l} \textit{spontane}\ \text{Magnetisierung} \\ M(T,H) \underset{H\to 0}{\longrightarrow} M_S(T) \neq 0 \,, \end{array}$$

$$\boxed{T > T_c} : \quad \text{Eigenschaften wie beim Paramagneten} \,.$$

Die immer noch weitgehend unverstandene Austauschwechselwirkung kann man in guter Näherung in ihren Auswirkungen durch ein effektives magnetisches Feld simulieren,

$$B_{\text{eff}} = \mu_0 \, \lambda \, M \,, \tag{1.27}$$

das man als proportional zur Magnetisierung ansetzt. λ ist die so genannte **Austauschkonstante**. Man ersetzt also die wechselwirkenden Momente durch nichtwechselwirkende in einem effektiven Feld der Form B_{eff}. Dieses addiert sich zum äußeren Feld B_0. Ansonsten haben wir in diesem Modell dieselbe Situation wie beim Paramagneten, können also (1.22) in passend modifizierter Form übernehmen:

$$M\,(T, B_0) = M_0 \, L\left[m \frac{B_0 + B_{\text{eff}}}{k_B \, T}\right] . \tag{1.28}$$

Das ist die **Zustandsgleichung des Ferromagneten**, die eine implizite Bestimmungsgleichung für die Magnetisierung darstellt.

Die **spontane** Magnetisierung $M_S(T)$ ergibt sich aus (1.28) für $B_0 = 0$:

$$M_S(T) = M_0 \, L\left[\mu_0 \, m \frac{\lambda \, M_S(T)}{k_B \, T}\right] . \tag{1.29}$$

Man erkennt, dass $M_S(T) \equiv 0$ (Paramagnetismus!) stets Lösung ist. Unter gewissen Umständen gibt es jedoch noch weitere Lösungen. Da $L(x)$ in (1.29) als Funktion von M für große M bei 1 sättigt, gibt es genau dann eine Lösung $M_S \neq 0$, wenn die rechte Seite von (1.29) eine Anfangssteigung größer als 1 hat (Abb. 1.7):

$$\begin{aligned} 1 &\overset{!}{\leq} \frac{\mathrm{d}}{\mathrm{d}M}\left(M_0 \, L\left[\mu_0 \, m \frac{\lambda \, M(T)}{k_B \, T}\right]\right)\Bigg|_{M=0} \\ &= \frac{\mathrm{d}}{\mathrm{d}M}\left(M_0 \mu_0 m \frac{\lambda \, M}{3 \, k_B \, T}\right)\Bigg|_{M=0} = \frac{N}{V} \mu_0 m^2 \frac{\lambda}{3 k_B \, T} = \frac{\lambda \, C}{T} \,. \end{aligned}$$

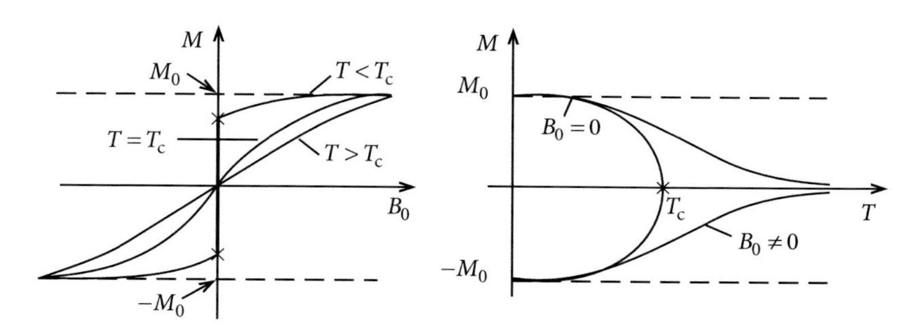

Abb. 1.8 *Links*: Feldabhängigkeit der Magnetisierung des Ferromagneten für Temperaturen oberhalb, unterhalb und gleich der Curie-Temperatur. *Rechts*: Temperaturabhängigkeit der Magnetisierung mit und ohne äußeres Feld

Damit ist die **Curie-Temperatur** T_c festgelegt:

$$T_c = \lambda C . \tag{1.30}$$

$$\boxed{T < T_c} \quad \Leftrightarrow \quad \frac{\lambda C}{T} > 1 \quad \Leftrightarrow \; M_S \neq 0 \text{ existiert} \quad \Leftrightarrow \; \textbf{Ferromagnetismus} ,$$

$$\boxed{T > T_c} \quad \Leftrightarrow \quad \frac{\lambda C}{T} < 1 \quad \Leftrightarrow \; \text{nur } M_S = 0 \text{ ist Lösung} \quad \Leftrightarrow \; \textbf{Paramagnetismus} .$$

Existiert eine Lösung $M_S > 0$, dann ist auch $-M_S$ Lösung, wie man sich wegen $\tanh(-x) = -\tanh x$ leicht an (1.29) klarmacht.

Die genauere Analyse von (1.28) liefert qualitativ das in Abb. 1.8 dargestellte Verhalten.

Weitere Einzelheiten zum Para- und Ferromagnetismus entnehme man der Spezialliteratur.

Man kann die Zustandsgleichung (1.28) wie beim Paramagneten noch weiter vereinfachen, wenn man sich auf *hohe Temperaturen* und **kleine Felder** beschränkt:

$$M \approx M_0 \, m \, \frac{B_0 + B_{\text{eff}}}{3 k_B T} = \frac{C}{T}(H + \lambda M) = \frac{C}{T} H + \frac{T_c}{T} M .$$

Daraus folgt das

Curie-Weiß-Gesetz

$$M(H, T) \approx \frac{C}{T - T_c} H . \tag{1.31}$$

Für die Thermodynamik werden wir uns in der Regel mit dieser vereinfachten Version der Zustandsgleichung eines Ferromagneten zufrieden geben.

Diskutiert man magnetische Systeme, so werden im Allgemeinen Druck- und Volumeneffekte außer Acht gelassen.

1.5 Arbeit

Zustandsänderungen eines thermodynamischen Systems sind im Allgemeinen mit Energieänderungen verknüpft. In der Thermodynamik unterscheidet man nun typischerweise Energieänderungen, die durch am oder vom System geleistete Arbeit (ΔW) hervorgerufen werden, und solche, bei denen sich der Wärmeinhalt (ΔQ) des Systems ändert.

Vorzeichenkonvention:

$$\Delta W \underset{(<)}{>} 0\,, \quad \text{wenn am (vom) System Arbeit geleistet wird}\,,$$

$$\Delta Q \underset{(<)}{>} 0\,, \quad \text{wenn Wärme in das (aus dem) System hinein(heraus)gepumpt wird}\,.$$

Der Begriff der Arbeit wird der Klassischen Mechanik bzw. der Elektrodynamik entnommen:

$q_1, \dots, q_m$: generalisierte Koordinaten ,

$F_1, \dots, F_m$: (zugeordnete) generalisierte Kraftkomponenten .

Die q_i müssen nicht notwendig die Dimension *Länge* haben, und die *Kräfte* F_i müssen nicht unbedingt Kräfte im eigentlichen Sinne sein. Das Produkt qF hat aber in jedem Fall die Dimension einer Energie.

(differentielle, quasistatische) Arbeit

$$\delta W = \sum_{i=1}^{m} F_i \, dq_i \,. \tag{1.32}$$

Beispiele

	F_i	$\mathrm{d}q_i$	δW
Druck	$-p$	$\mathrm{d}V$	$-p\,\mathrm{d}V$
Oberflächenspannung	σ	$\mathrm{d}S$	$\sigma\,\mathrm{d}S$
Magnetfeld	$\boldsymbol{B}_0$	$\mathrm{d}\boldsymbol{m}$	$\boldsymbol{B}_0 \cdot \mathrm{d}\boldsymbol{m}$
elektrisches Feld	$\boldsymbol{E}$	$\mathrm{d}\boldsymbol{P}$	$\boldsymbol{E} \cdot \mathrm{d}\boldsymbol{P}$
chemisches Potential	μ	$\mathrm{d}N$	$\mu\,\mathrm{d}N$

(V: Gasvolumen, S: Oberfläche, $\boldsymbol{m}$: magnetisches Moment, $\boldsymbol{P}$: elektrische Polarisation, N: Teilchenzahl)

Wir haben für die differentielle Arbeitsleistung bewusst den Buchstaben „δ" statt des üblichen „d" gewählt, um anzudeuten, dass es sich bei δW **nicht** um ein totales Differential handelt. Das bedeutet, dass Linienintegrale $\int_C \delta W$ im Allgemeinen wegabhängig sind.

Zwischenbemerkung:

Eine Differentialform

$$\delta A = \sum_{j=1}^{m} a_j\,(x_1, x_2, \ldots, x_m)\,\mathrm{d}x_j$$

ist genau dann ein **totales Differential (integrabel)**, wenn die folgenden **Integrabilitätsbedingungen** erfüllt sind (vgl. (2.235), Bd. 1):

$$\left(\frac{\partial a_j}{\partial x_i}\right)_{x_m,\, m \neq i} = \left(\frac{\partial a_i}{\partial x_j}\right)_{x_m,\, m \neq j} \qquad \forall i,j\,. \tag{1.33}$$

Dann gilt für **jeden** geschlossenen Weg (s. Aufgabe 1.6.3):

$$\oint \delta A = \oint \mathrm{d}A = 0\,.$$

Sei $m = 2$, wie häufig in der Thermodynamik, und

$$\delta A = a_1\,\mathrm{d}x_1 + a_2\,\mathrm{d}x_2$$

kein totales Differential, dann gibt es **immer** einen **integrierenden Faktor** $\mu(x_1, x_2)$, sodass

$$\mathrm{d}f = \mu\,\delta A = (\mu\,a_1)\,\mathrm{d}x_1 + (\mu\,a_2)\,\mathrm{d}x_2$$

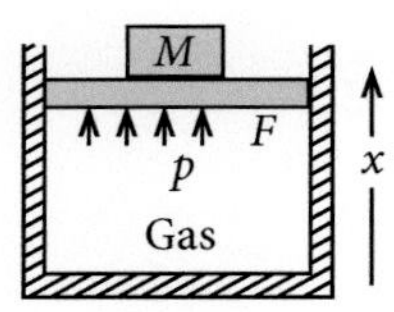

Abb. 1.9 Zum Begriff der Volumenarbeit am Gas

ein totales Differential wird. Dazu muss μ so festgelegt werden, dass

$$\left(\frac{\partial(\mu a_1)}{\partial x_2}\right)_{x_1} = \left(\frac{\partial(\mu a_2)}{\partial x_1}\right)_{x_2} \tag{1.34}$$

gilt. Die Wahl von $\mu = \mu(x_1, x_2)$ ist nicht eindeutig. (Man betrachte dazu Abschn. 2.4.2, Bd. 1.)

Die Zustandsgrößen (Zustandsfunktionen) der Thermodynamik müssen eindeutig sein. Durchläuft das System im Zustandsraum einen geschlossenen Weg, so müssen alle abhängigen wie unabhängigen Zustandsgrößen wieder ihre Ausgangswerte angenommen haben. Von einer Zustandsgröße η fordern wir also, dass

$$\oint \mathrm{d}\eta = 0$$

für alle geschlossenen Wege im Zustandsraum gilt. Dies bedeutet aber, dass $\mathrm{d}\eta$ ein totales Differential darstellt.

In diesem Sinne ist die Energieform *Arbeit* **keine** Zustandsgröße. Die generalisierten Kräfte F_i hängen im Allgemeinen auch von der Zustandsvariablen *Temperatur* ab. Das gilt dann auch für δW, sodass wir statt (1.32) eigentlich schreiben sollten:

$$\delta W = \sum_{i=1}^{m} F_i(q_1, \ldots, q_m, T)\,\mathrm{d}q_i + 0\,\mathrm{d}T\,.$$

Die Integrabilitätsbedingungen (1.33) lassen sich dann nicht erfüllen:

$$\left(\frac{\partial Q_i}{\partial T}\right)_{\ldots} \neq \left(\frac{\partial 0}{\partial q_i}\right)_{\ldots} = 0\,.$$

Wir wollen die wichtigsten Typen von Arbeiten noch etwas genauer untersuchen.

1) Volumenarbeit

In einem zylindrischen Gefäß vom Querschnitt F befinde sich ein Gas. Nach oben sei das Gefäß durch einen reibungslos laufenden Kolben begrenzt, auf dem sich ein Gewicht der Masse M befindet (Abb. 1.9). Gleichgewicht liegt dann vor, wenn der Gasdruck p das Gewicht in der Schwebe hält:

$$pF = Mg\,.$$

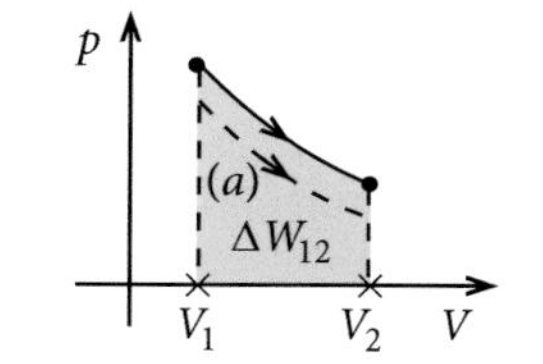

Abb. 1.10 Praktische Durchführung der Messung der Volumenarbeit über den Kolbendruck aus Abb. 1.9

Durch eine infinitesimale Verschiebung des Gewichtes nach oben erhöht sich dessen potentielle Energie um

$$\mathrm{d}E_{\text{pot}} = M\,g\,\mathrm{d}x = p\,F\,\mathrm{d}x = p\,\mathrm{d}V\ .$$

Die vom Gas am Gewicht geleistete, also nach außen abgegebene Arbeit ist demnach:

$$\delta W = -p\,\mathrm{d}V\ . \tag{1.35}$$

Für eine endliche Volumenänderung $V_1 \to V_2 > V_1$ gilt dann:

$$\Delta W_{12} = -\int_{V_1}^{V_2} p(V)\,\mathrm{d}V\ . \tag{1.36}$$

Wie würde man ein entsprechendes Experiment durchführen? Der Druck p wird über die Masse M auf dem Kolben gemessen. Damit das Gas aber überhaupt expandieren kann ($V_2 > V_1$), muss der Kolbendruck etwas kleiner sein als der Gasdruck. Im Experiment bewegt sich das System also längs der Kurve a) in Abb. 1.10. Ist der Differenzdruck groß, so erfolgt eine rasche Expansion des Gases; dieses gewinnt Strömungsenergie, die sich letztlich in die noch zu besprechende *Wärmeenergie* umwandelt. Die Volumenarbeitsleistung ist dann kleiner als das Integral in (1.36). Nur wenn man einen hinreichend langsamen Verlauf der Volumenänderung in Kauf nimmt, den Versuch also **quasistatisch** durchführt, kann der Differenzdruck beliebig klein gemacht werden, sodass a) mit der tatsächlichen $p(V)$-Kurve zusammenfällt. Das entspricht dann offensichtlich einer maximalen Arbeitsleistung.

2) Magnetisierungsarbeit

Wir wollen den Ausdruck

$$\delta W = \boldsymbol{B}_0 \cdot \mathrm{d}\boldsymbol{m} \tag{1.37}$$

begründen. $\boldsymbol{m}$ ist das magnetische Gesamtmoment des Systems, das hier als Zustandsvariable angesehen wird. Das erscheint nicht unproblematisch, da zur Herstellung eines endlichen Moments, z. B. in einem Paramagneten, ein äußeres Magnetfeld $\boldsymbol{H}$ vonnöten ist, durch das selbst im Vakuum eine Feldenergie ins Spiel kommt. Dieser Energiebeitrag soll **nicht** mitgezählt werden, da $\boldsymbol{H}$ ja nur Hilfsmittel zur Erzeugung des Moments $\boldsymbol{m}$ ist. Es

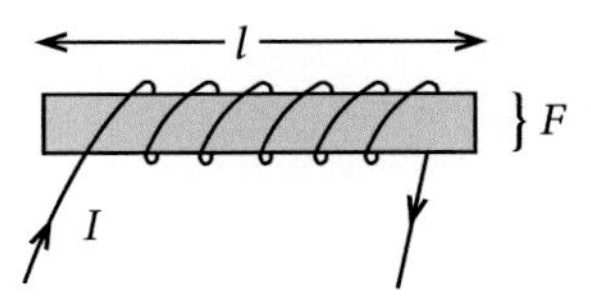

Abb. 1.11 Magnetisches System im Innern einer stromdurchflossenen Spule. Erläuterung des Begriffs der Magnetisierungsarbeit

geht uns nur um **den** Beitrag, der allein von der Magnetisierung bewirkt wird. Das wollen wir an einem **Beispiel** erläutern:

Das System befinde sich im Innern einer langen, dünnen, stromdurchflossenen Spule aus N Windungen (Abb. 1.11). $\boldsymbol{H}, \boldsymbol{B}, \boldsymbol{M}, \boldsymbol{m}$ sind in diesem Fall in Achsenrichtung orientiert, wobei für die Felder nach ((4.68), Bd. 3) gilt:

$$B = \mu_r \mu_0 \frac{N}{l} I \, ; \quad H = \frac{N}{l} I \, .$$

Der magnetische Fluss durch den Querschnitt F beträgt $\Phi = B F$. Nach dem Induktionsgesetz wird in der Spule die Spannung

$$U = -N \dot{\Phi} = -N F \dot{B}$$

induziert. Die an den durch die Spulenwindungen transportierten Ladungen bewirkte Leistung ist dann:

$$\begin{aligned} P = U I &= -N F I \dot{B} = -l H F \dot{B} = -V H \dot{B} \\ &= -V H \mu_0 \left(\dot{H} + \dot{M} \right) \\ &= -\frac{\mu_0}{2} V \frac{\mathrm{d}}{\mathrm{d}t} H^2 - \mu_0 V H \frac{\mathrm{d}}{\mathrm{d}t} M \, . \end{aligned}$$

In der Zeit $\mathrm{d}t$ verrichtet also das System an den Ladungsträgern die Arbeit:

$$-\delta W^* = -\frac{\mu_0}{2} V \mathrm{d}H^2 - V B_0 \, \mathrm{d}M \, . \tag{1.38}$$

Der erste Term stellt die erwähnte magnetische Feldenergie im Vakuum dar, die uns nicht interessiert. In einem Gedankenexperiment *klemmen* wir die durch H partiell ausgerichteten Elementarmagnete *fest*, sodass die Magnetisierung sich nicht mehr ändert, wenn wir anschließend das Hilfsfeld H ausschalten. Dabei gewinnen wir die Feldenergie des Vakuums zurück. Als reine **Magnetisierungsarbeit** bleibt:

$$\delta W = \delta W^* - \frac{\mu_0}{2} V \mathrm{d}H^2 = V B_0 \, \mathrm{d}M = B_0 \, \mathrm{d}m \, .$$

Das erklärt (1.37). Man beachte, dass in diesen Ausdruck die magnetische Induktion des Vakuums $B_0 = \mu_0 H$ eingeht und **nicht** die der Materie $(B = \mu_r \mu_0 H)$!

1.6 Aufgaben

Aufgabe 1.6.1

Untersuchen Sie, ob $\mathrm{d}f$ ein totales Differential darstellt:

1. $\mathrm{d}f = \cos x \sin y \,\mathrm{d}x - \sin x \cos y \,\mathrm{d}y$.
2. $\mathrm{d}f = \sin x \cos y \,\mathrm{d}x + \cos x \sin y \,\mathrm{d}y$.
3. $\mathrm{d}f = x^3 y^2 \mathrm{d}x - y^3 x^2 \mathrm{d}y$.

Aufgabe 1.6.2

x, y, z seien Größen, die eine Funktionalrelation der Form

$$f(x, y, z) = 0$$

erfüllen. Verifizieren Sie die folgenden Beziehungen:

1. $\left(\frac{\partial x}{\partial y}\right)_z = \frac{1}{\left(\frac{\partial y}{\partial x}\right)_z}$.
2. $\left(\frac{\partial x}{\partial y}\right)_z \left(\frac{\partial y}{\partial z}\right)_x \left(\frac{\partial z}{\partial x}\right)_y = -1$.

Aufgabe 1.6.3

1. Das Wegintegral

$$I(C) = \int\limits_{A(C)}^{B} \left\{\alpha(x, y)\,\mathrm{d}x + \beta(x, y)\,\mathrm{d}y\right\}$$

sei für feste Endpunkte A und B in der xy-Ebene zu berechnen. Es wird in der Regel für verschiedene Wege C_i

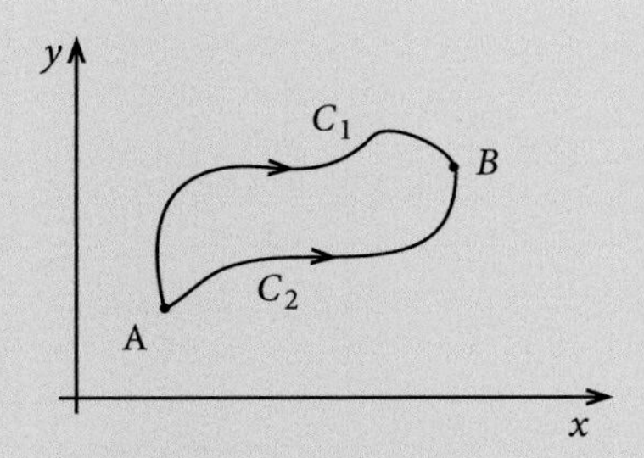

Abb. 1.12 Wege zwischen zwei festen Punkten in der xy-Ebene

in der xy-Ebene zwischen A und B unterschiedliche Werte annehmen. Zeigen Sie, dass I genau dann vom Weg unabhängig ist,wenn

$$\frac{\partial \alpha}{\partial y} = \frac{\partial \beta}{\partial x}$$

gilt.

2. Es seien speziell

$$\alpha(x, y) = y^2 e^x \, ; \quad \beta(x, y) = 2ye^x \, .$$

Berechnen Sie

$$I_{AB} = \int_A^B \left\{ \alpha(x, y)\, \mathrm{d}x + \beta(x, y)\, \mathrm{d}y \right\}$$

für $A = (0, 0); B = (1, 1)$. Überlegen Sie sich zunächst, ob die Fragestellung überhaupt sinnvoll ist. Wenn ja, dann geben Sie den Wert für I_{AB} an!

3. Machen Sie dieselben Untersuchungen wie unter 2. bei vertauschten Rollen von α und β:

$$\alpha(x, y) = 2ye^x \, ; \quad \beta(x, y) = y^2 e^x$$

Aufgabe 1.6.4

Die Zustandsgleichung eines Gases,

$$p = p(V, T) \, ,$$

sei vorgegeben. Drücken Sie die isobare, thermische Volumenausdehnung,

$$\beta = \frac{1}{V} \left(\frac{\partial V}{\partial T} \right)_p \, ,$$

und die isotherme Kompressibilität,

$$\kappa_T = -\frac{1}{V} \left(\frac{\partial V}{\partial p} \right)_T \, ,$$

durch die partiellen Ableitungen von p nach V und T aus.

Aufgabe 1.6.5

Für eine homogene Substanz mit der Molzahl n seien folgende Beziehungen gefunden worden:

$$\beta = \frac{nR}{pV}\,; \quad \kappa_T = \frac{1}{p} + \frac{a}{V}\,.$$

β und κ_T sind wie in Aufgabe 1.6.4 definiert, R ist die allgemeine Gaskonstante und a eine Konstante.

Wie lautet die Zustandsgleichung

$$f(T,p,V) = 0\,?$$

Aufgabe 1.6.6

Die van der Waals-Gleichung beschreibt qualitativ den Übergang Gas → Flüssigkeit.

1. Drücken Sie die Konstanten a und b in der van der Waals-Gleichung durch V_c und T_c aus.
2. Formulieren Sie die van der Waals-Gleichung in den *reduzierten* Größen:
$$\pi = \frac{p}{p_c}\,; \quad v = \frac{V}{V_c}\,; \quad t = \frac{T}{T_c}\,.$$
3. Berechnen Sie die isotherme Kompressibilität
$$\kappa_T = -\frac{1}{V}\left(\frac{\partial V}{\partial p}\right)_T$$
für $V = V_c$. Welches Verhalten zeigt κ_T, wenn die Temperatur von oben her gegen T_c geht? Wie lässt sich dieses Verhalten physikalisch deuten?
4. Untersuchen Sie wie unter 3. den isobaren Volumenausdehnungskoeffizienten
$$\beta = \frac{1}{V}\left(\frac{\partial V}{\partial T}\right)_p\,.$$

Aufgabe 1.6.7

Die thermische Zustandsgleichung eines realen Gases sei gegeben durch

$$p = nRT(V - nb)^{-1}\,e^{-\frac{na}{RTV}}\,.$$

$n = N/N_A$ sei die Zahl der Mole, R die allgemeine Gaskonstante, und a, b seien Materialkonstanten (*Dieterici-Gas*).

1. Bestimmen Sie aus der Virialentwicklung nach der Teilchendichte $\rho = N/V$,
$$p = k_B T \rho \left(1 + \sum_{\nu=1}^{\infty} B_\nu \rho^\nu\right) ,$$
den ersten Koeffizienten B_1. Drücken Sie die *Boyle-Temperatur* T_B, für die $B_1 = 0$ gilt, durch die Konstanten a und b aus.
2. Vergleichen Sie den Ausdruck für B_1 mit dem entsprechenden Virialkoeffizienten der van der Waals-Gleichung. Welche Bedeutung haben die Größen a und b?
3. Wie hängt die Größe $\left(\frac{\partial p}{\partial \rho}\right)_T$ mit der isothermen Kompressibilität κ_T zusammen? Welches Vorzeichen muss aufgrund physikalischer Argumente für $\left(\frac{\partial p}{\partial \rho}\right)_T$ erwartet werden?
4. Berechnen Sie $\left(\frac{\partial p}{\partial \rho}\right)_T$ für das Dieterici-Gas und bestimmen Sie die Temperatur $T_0(\rho)$, für die dieser Differentialquotient Null wird. Skizzieren Sie $T_0(\rho)$. Ermitteln Sie die *kritische* Temperatur T_c als das Maximum von $T_0(\rho)$. Drücken Sie die Größen a und b durch T_c und die *kritische* Dichte ρ_c aus. Welcher Zusammenhang besteht zwischen T_c und T_B?
5. Zeichnen Sie qualitativ die durch die Dieterici-Gleichung bestimmten Isothermen im p-ρ-Diagramm. In welchem Bereich sind die Kurven unphysikalisch? Für welche Temperaturen kann das Gas durch Druckerhöhung verflüssigt werden?

Aufgabe 1.6.8

Die Abweichungen im Verhalten realer Gase von dem eines idealen Gases berücksichtigt man näherungsweise z. B. durch folgende Zustandsgleichungen:

1. Berücksichtigung des Eigenvolumens:
$$p(V - nb) = nRT .$$
2. Virialentwicklung nach dem Druck:
$$pV = nRT(1 + A_1 p) ; \quad A_1 = A_1(T) .$$
3. Virialentwicklung nach dem Volumen:
$$pV = nRT\left(1 + \frac{B_1}{V}\right) ; \quad B_1 = B_1(T) .$$

Berechnen Sie in den drei Fällen die isotherme Kompressibilität κ_T und die isobare thermische Volumenausdehnung β (s. Aufgabe 1.6.4) und vergleichen Sie mit den Resultaten für das ideale Gas.

Aufgabe 1.6.9

Berechnen Sie die an einem idealen Paramagneten geleistete Arbeit, wenn das Magnetfeld H isotherm (T = const) von H_1 auf H_2 gesteigert wird.

Aufgabe 1.6.10

Die Platten eines Plattenkondensators der Kapazität C tragen die Ladungen Q und $-Q$. Wenn man die Platten einander etwas annähert, wächst die Kapazität um $\mathrm{d}C$ an.

1. Welche mechanische Arbeit muss dabei geleistet werden?
2. Wie ändert sich die Feldenergie im Kondensator?
3. Ist die Zustandsänderung reversibel?

Aufgabe 1.6.11

Gegeben sei die Modell-Zustandsdichte eines Ferromagneten:

$$B_0 = B_0(T;m) = \alpha T \ln\left(\frac{m_0 + m}{m_0 - m}\right) - \gamma m\,.$$

Dabei sind $B_0 = \mu_0 H$ die magnetische Induktion, m das magnetische Moment, $m_0 > 0$ das Sättigungsmoment ($-m_0 \leq m \leq +m_0$) und α, γ positive Konstante.

1. Bei welchen Werten für (T, m) wird die ferromagnetische Phase instabil? Das ist dann der Fall, wenn eine Feldzunahme für eine Reduzierung des magnetischen Moments sorgt:

   $$\left(\frac{\partial B_0}{\partial m}\right)_T (T, m) < 0\,.$$

   Benutzen Sie zur Abkürzung:

   $$T_C = \frac{\gamma m_0}{2\alpha}\,.$$

2. Berechnen Sie die Grenzkurve $m_S = m_S(T)$, die den stabilen von dem instabilen Bereich trennt, die also durch
$$\left(\frac{\partial B_0}{\partial m}\right)_T = 0$$
definiert ist.
3. Zeigen Sie, dass für $T > T_C$ $m = 0$ die einzige Lösung von $B_0(T, m) = 0$ ist (paramagnetische Phase). Benutzen Sie eine graphische Überlegung, die zeigt, dass für $T < T_C$ zwei weitere Nullstellen $\pm m_S \neq 0$ vorliegen (ferromagnetische Phase).
4. Zeichnen Sie qualitativ die Isothermen im B_0, m-Diagramm!

1.7 Kontrollfragen

Zu Abschn. 1.1

1. Was versteht man unter einem *thermodynamischen System*?
2. Wann nennt man ein System *isoliert*, *geschlossen* oder *offen*?
3. Erläutern Sie die Begriffe *Wärmeaustauschkontakt*, *Arbeitsaustauschkontakt* und *Wärmebad*.

Zu Abschn. 1.2

1. Wann spricht man von einem *vollständigen Satz* unabhängiger Zustandsgrößen?
2. Was versteht man unter extensiven, was unter intensiven Zustandsgrößen?
3. Wann befindet sich ein thermodynamisches System im Gleichgewicht?
4. Wie ist der Begriff *Zustand* in der phänomenologischen Thermodynamik gemeint?
5. Was ist ein Prozess? Wann ist dieser *quasistatisch*, *reversibel*, *irreversibel*?
6. Was versteht man unter einem *Kreisprozess*?

Zu Abschn. 1.3

1. Was besagt der Nullte Hauptsatz?
2. Charakterisieren Sie die Zustandsgröße *Temperatur*.
3. Was versteht man unter der Transitivität der Temperatur?
4. Welche Eigenschaft der Temperatur ist für die Wirkungsweise des Thermometers entscheidend?

Zu Abschn. 1.4

1. Was versteht man unter einer *Zustandsgleichung*?
2. Welche Annahmen definieren das *ideale Gas*?
3. Wie kann man über das Boyle-Mariotte'sche Gesetz eine Messvorschrift für die Temperatur festlegen?
4. Wie sind Celsius- und Kelvin-Skalen definiert?
5. Wie lautet die Zustandsgleichung des *idealen Gases*?
6. Welcher Zusammenhang besteht zwischen der Boltzmann- und der allgemeinen Gas-Konstanten?
7. Mit welchem Ansatz versucht man die ideale Gasgleichung auf reale Gase zu verallgemeinern?
8. Was versteht man im Zusammenhang mit dem realen Gas unter den Begriffen *Eigenvolumen* und *Binnendruck*?
9. Begründen Sie die van der Waals-Zustandsgleichung.
10. Wie kann man die Daten p_c, V_c, T_c des kritischen Punktes durch die van der Waals-Konstanten a und b festlegen?
11. Wann befinden sich zwei verschiedene reale Gase in *korrespondierenden Zuständen*?
12. Welches unphysikalische Resultat des van der Waals-Modells wird durch die *Maxwell-Konstruktion* korrigiert?
13. Was versteht man unter *Virialentwicklungen*?
14. Beschreiben Sie den *idealen Paramagneten.*
15. Wie lautet die Zustandsgleichung des idealen Paramagneten?
16. Welchen Zusammenhang zwischen M, T und H liefert das Curie-Gesetz?
17. Wie lautet die Zustandsgleichung des Weiß'schen Ferromagneten?
18. Formulieren Sie das Curie-Weiß-Gesetz.

Zu Abschn. 1.5

1. Nennen Sie mögliche Formen von Energieänderungen in einem thermodynamischen System.
2. Nennen Sie Beispiele für die differentielle Arbeit δW.
3. Wann ist eine Differentialform δA ein totales Differential?
4. Was versteht man unter einem *integrierenden Faktor*?
5. Warum ist die Energieform *Arbeit* keine Zustandsgröße?
6. Begründen Sie die Ausdrücke $\delta W = -p\,\mathrm{d}V$ und $\delta W = \boldsymbol{B}_0 \cdot \mathrm{d}\boldsymbol{m}$.
7. Was versteht man unter *Magnetisierungsarbeit*?

Hauptsätze

2

W. Nolting, *Grundkurs Theoretische Physik 4/2*, Springer-Lehrbuch,
DOI 10.1007/978-3-662-49033-4_2

2.1 Erster Hauptsatz, innere Energie

Es ist ungeheuer schwierig, den Begriff der **Wärme** im Rahmen der phänomenologischen Thermodynamik mit einem hinreichenden Maß an logischer Exaktheit einzuführen. Das wird uns in der Statistischen Mechanik wesentlich glatter gelingen. In der Thermodynamik bleibt es gewissermaßen bei einem **gefühlsmäßigen Selbstverständnis** dieses Begriffs.

Der Erste Hauptsatz, den wir in diesem Abschnitt formulieren wollen, macht eine Aussage über das Wesen der Wärme. Die Erfahrung zeigt, dass man die Temperatur eines Systems ändern kann, ohne an diesem im oben definierten Sinn Arbeit zu leisten. Ein wesentlicher Bestandteil des **Ersten Hauptsatzes** ist deshalb die Aussage:

- „Wärme" = Energieform.

Diese Energieform nimmt das System auf bzw. gibt es ab, wenn es seine Temperatur ändert, ohne dass an ihm oder von ihm Arbeit geleistet wird.

Die kinetische Gastheorie interpretiert *Wärme* als Bewegungsenergie der Gasmoleküle, wobei der Unterschied zur kinetischen Energie makroskopischer Körper in der *Unordnung* besteht. Ein Beispiel möge dies erläutern. Bewegt sich ein gasgefüllter Luftballon, so interpretieren wir die Bewegungsenergie des Schwerpunktes als kinetische Energie des makroskopischen Systems. Hinzu kommt dann aber noch die ungeordnete Bewegung der Gasmoleküle innerhalb des Ballons, die als Wärme gedeutet wird. Ein Wesensmerkmal dieser Energieform ist also die Unordnung. Sie ist deshalb sinnvoll auch nur für Viel-Teilchen-Systeme definierbar.

Wenn wir also, ausgehend von Erfahrungstatsachen, postulieren, dass es eine unabhängige Energieform *Wärme* gibt, und weiter annehmen, dass diese wie jede andere Energieform eine extensive Variable ist, dann können wir ansetzen:

$$\mathrm{d}E_\mathrm{W} = T\,\mathrm{d}S\,.$$

T ist eine intensive und S eine extensive Größe. E_W sei die *Wärmeenergie*. Die Mengenvariable S werden wir später *Entropie* nennen. Sie definiert letztlich die Energieform *Wärme*.

Wir betrachten ein isoliertes System, das aus zwei Teilsystemen besteht, zwischen denen ein Austausch von S und E_W möglich ist (Abb. 2.1). Die Gesamtentropie $S = S_1 + S_2$ verteilt sich

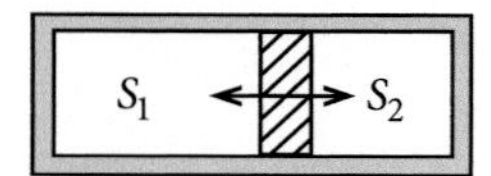

Abb. 2.1 Isoliertes System aus zwei Teilsystemen, zwischen denen Wärme bzw. Entropie ausgetauscht werden kann

dann so auf die beiden Systeme, dass die Energie des Gesamtsystems minimal wird (Erfahrungstatsache!). Im Gleichgewicht ist $E_W = E_W^{(1)} + E_W^{(2)}$ minimal bei $S = S_1 + S_2 = \text{const}$:

$$0 \stackrel{!}{=} \frac{dE_W}{dS_1} = \frac{dE_W^{(1)}}{dS_1} + \frac{dE_W^{(2)}}{dS_1} = \frac{dE_W^{(1)}}{dS_1} + \frac{dE_W^{(2)}}{dS_2}\frac{dS_2}{dS_1}$$

$$= \frac{dE_W^{(1)}}{dS_1} - \frac{dE_W^{(2)}}{dS_2} = T_1 - T_2 \,.$$

Im Gleichgewicht haben dann die beiden Systeme dasselbe T. Der Vorfaktor im obigen Ansatz hat also genau die Eigenschaft, die wir nach dem Nullten Hauptsatz dem Temperaturbegriff zuordnen.

Der Erste Hauptsatz, der also Wärme als Energieform postuliert, muss nun noch in eine mathematische Form gebracht werden. Zu diesem Zweck führen wir eine neue Zustandsvariable,

▸ U : **innere Energie,**

ein, die den gesamten Energieinhalt des Systems darstellt. Es muss sich dabei um eine eindeutige Funktion der unabhängigen Zustandsvariablen, z. B. T und V, handeln. Könnte man nämlich auf zwei Wegen vom Zustand A in den Zustand B gelangen (Abb. 2.2), wobei die Energieänderungen $\Delta U_{AB}^{(1)}$, $\Delta U_{AB}^{(2)}$ unterschiedlich sind, z. B. $\Delta U_{AB}^{(1)} < \Delta U_{AB}^{(2)}$, so würde man auf dem Weg (1) von A nach B unter Aufwendung von $\Delta U_{AB}^{(1)}$ gehen und auf dem Rückweg (2) mehr Energie zurückgewinnen, als man auf dem Hinweg hineingesteckt hat. Man hätte damit Energie aus dem Nichts geschaffen (**perpetuum mobile erster Art**). – Für einen Kreisprozess muss vielmehr gelten:

$$\oint dU = 0 \,. \tag{2.1}$$

dU ist also ein totales Differential!

Nach diesen Vorbereitungen können wir nun den Ersten Hauptsatz mathematisch formulieren. Es ist nichts anderes als der Energiesatz:

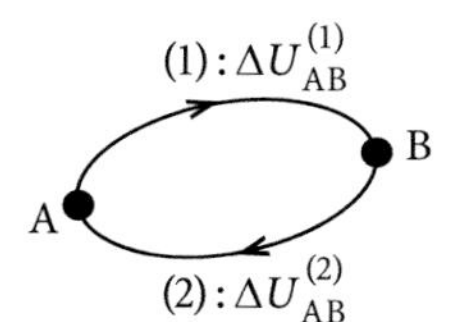

Abb. 2.2 Zur Begründung der inneren Energie U als Zustandsgröße

Satz 2.1.1 ***Erster Hauptsatz***

1) Isolierte Systeme

$$\mathrm{d}U = 0\,. \tag{2.2}$$

2) Geschlossene Systeme

$$\mathrm{d}U = \delta Q + \delta W\,. \tag{2.3}$$

Wir benutzen für die Wärme den üblichen Buchstaben Q. δQ ist wie δW **kein** totales Differential.

$$\begin{aligned} \delta Q &: \text{Wärmeaustauschkontakt}\,,\\ \delta W &: \text{Arbeitsaustauschkontakt}\,. \end{aligned}$$

3) Offene Systeme

$$\mathrm{d}U = \delta Q + \delta W + \delta E_\mathrm{C}\,. \tag{2.4}$$

Dabei gilt:

$$\delta E_\mathrm{C} = \sum_{i=1}^{\alpha} \mu_i\, \mathrm{d}N_i\,, \tag{2.5}$$

δE_C Teilchenaustauschkontakt,
$N_{i,\,i=1,\dots,\alpha}$ Zahl der Teilchen der Sorte i,
μ_i **chemisches Potential.** Das ist die Energie, die bei $\delta W = \delta Q = 0$ benötigt wird, um dem System ein zusätzliches Teilchen der Sorte i hinzuzufügen.

Wir können die Zustandsgröße U als unabhängige Variable auffassen oder aber als Zustandsfunktion anderer unabhängiger Variabler, z. B.:

$$U = U(T, V, N) \qquad \textbf{kalorische}\ \text{Zustandsgleichung}$$

oder

$$U = U(T, p, N)\,, \quad U = U(V, p, N)\,, \quad \dots$$

Man nennt die Relation

$$p = p(T, V, N)$$

zum Unterschied zu $U = U(T, V, N)$ die **thermische** Zustandsgleichung.

Es ist nicht die Aufgabe der Thermodynamik, für spezielle physikalische Systeme die konkrete Form der inneren Energie abzuleiten. Wir übernehmen deshalb die entsprechenden Ausdrücke jeweils ohne Beweis. Drei Beispiele seien hier aufgelistet:

1) Ideales Gas

$$U = U(T)\,, \quad \text{unabhängig von } V\,. \tag{2.6}$$

Dies ist das Ergebnis des Versuchs von Gay-Lussac.

$$U = \tfrac{3}{2} N k_B T: \quad \text{ein-atomige Gasmoleküle}\,,$$

$$U = \tfrac{5}{2} N k_B T: \quad \text{zwei-atomige Gasmoleküle}\,,$$

$$U = 3 N k_B T: \quad \text{räumliche Gasmoleküle}\,.$$

2) Festkörper

Bei sehr hohen Temperaturen reicht für viele Zwecke der folgende, stark vereinfachte Ausdruck:

$$\begin{aligned} U &= U_V(T) + U_{el}(V)\,,\\ U_V(T) &= 3 N k_B T\,,\\ U_{el}(V) &= \frac{1}{2\kappa}\frac{(V-V_0)^2}{V_0}\,. \end{aligned} \tag{2.7}$$

κ ist die *Kompressibilität.*

3) Schwarzer Strahler (Photonengas)

$$U = V\,\varepsilon(T)\,; \quad p = \frac{1}{3}\varepsilon(T)\,. \tag{2.8}$$

Die Energiedichte $\varepsilon(T)$ ist lediglich eine Funktion der Temperatur.

2.2 Wärmekapazitäten

Wärmekapazitäten geben an, mit welcher Temperaturänderung $\mathrm{d}T$ das System auf eine differentielle Wärmezufuhr δQ reagiert. Da es neben der Temperatur T noch andere unabhängige Zustandsvariable gibt, müssen wir zusätzlich angeben, wie sich diese bei der Zustandsänderung verhalten sollen.

Definition 2.2.1 ***Wärmekapazität***

$$C_x = \left(\frac{\delta Q}{\mathrm{d}T}\right)_x\,. \tag{2.9}$$

x: Eine oder mehrere Zustandsgrößen, die bei der Wärmezufuhr δQ konstant gehalten werden.

Definition 2.2.2 ***Spezifische Wärme***

$$\bar{c}_x = \left(\frac{\delta Q}{M\,\mathrm{d}T}\right)_x \; ; \quad M: \text{ Masse des Systems .} \tag{2.10}$$

Definition 2.2.3 ***Molwärme (auch Molare Wärmekapazität)***

$$C_x^{\text{mol}} = \left(\frac{\delta Q}{n\,\mathrm{d}T}\right)_x \; ; \quad n: \text{ Zahl der Mole .} \tag{2.11}$$

Wir setzen ein geschlossenes System ($N_i = \text{const}$) voraus, dessen innere Energie U im Allgemeinen von der Temperatur T und den generalisierten Koordinaten q_i abhängen wird:

$$U = U(T, q_1, \ldots, q_m) \; .$$

Wir lösen den Ersten Hauptsatz in der Form (2.3) nach δQ auf:

$$\begin{aligned} \delta Q &= \mathrm{d}U - \sum_{i=1}^{m} F_i \,\mathrm{d}q_i \\ &= \left(\frac{\partial U}{\partial T}\right)_{\boldsymbol{q}} \mathrm{d}T + \sum_{i=1}^{m} \left[\left(\frac{\partial U}{\partial q_i}\right)_{T, q_{j, j\neq i}} - F_i\right] \mathrm{d}q_i \; . \end{aligned} \tag{2.12}$$

Daran lesen wir die folgenden Spezialfälle ab:

1. $\{q_i\} = \boldsymbol{q} = \text{const}$
   Es sind dann alle $\mathrm{d}q_i$ gleich Null, sodass bleibt:

$$C_{\boldsymbol{q}} = \left(\frac{\delta Q}{\mathrm{d}T}\right)_{\boldsymbol{q}} = \left(\frac{\partial U}{\partial T}\right)_{\boldsymbol{q}} \; . \tag{2.13}$$

2. $\{F_i\} = \boldsymbol{F} = \text{const}$
   Es müssen zunächst die Zustandsgleichungen

$$F_j = F_j(q_1, \ldots, q_m, T) \; ; \quad j = 1, \ldots, m$$

   nach q_i aufgelöst werden:

$$\begin{aligned} q_i &= q_i(F_1, \ldots, F_m, T) \\ \Rightarrow \mathrm{d}q_i &= \sum_{j=1}^{m} \left(\frac{\partial q_i}{\partial F_j}\right)_{T, F_{k, k\neq j}} \mathrm{d}F_j + \left(\frac{\partial q_i}{\partial T}\right)_{\boldsymbol{F}} \mathrm{d}T \; . \end{aligned}$$

Dies ergibt die Wärmekapazität:

$$C_F = \left(\frac{\delta Q}{\mathrm{d}T}\right)_F = \left(\frac{\partial U}{\partial T}\right)_{\boldsymbol{q}} + \sum_{i=1}^{m}\left[\left(\frac{\partial U}{\partial q_i}\right)_{T,q_{j,j\neq i}} - F_i\right]\left(\frac{\partial q_i}{\partial T}\right)_F . \quad (2.14)$$

Wir diskutieren einige wichtige **Beispiele**:

1) Gas

$$q = V ; \quad F = -p .$$

Nach (2.13) gilt dann:

$$C_V = \left(\frac{\delta Q}{\mathrm{d}T}\right)_V = \left(\frac{\partial U}{\partial T}\right)_V . \quad (2.15)$$

Gleichung (2.14) hingegen liefert:

$$C_p = \left(\frac{\delta Q}{\mathrm{d}T}\right)_p = \left(\frac{\partial U}{\partial T}\right)_V + \left[\left(\frac{\partial U}{\partial V}\right)_T + p\right]\left(\frac{\partial V}{\partial T}\right)_p . \quad (2.16)$$

Dies ergibt:

$$C_p - C_V = \left[\left(\frac{\partial U}{\partial V}\right)_T + p\right]\left(\frac{\partial V}{\partial T}\right)_p . \quad (2.17)$$

Spezialfall: ideales Gas

$$\left(\frac{\partial U}{\partial V}\right)_T \overset{(2.6)}{=} 0 ; \quad \left(\frac{\partial V}{\partial T}\right)_p = \frac{nR}{p}$$

$$\Rightarrow \; C_p - C_V = nR = N k_B . \quad (2.18)$$

Es muss also $C_p > C_V$ sein.

2) Magnet

$$q = m ; \quad F = B_0 = \mu_0 H .$$

Gleichung (2.13) ergibt dann:

$$C_m = \left(\frac{\delta Q}{\mathrm{d}T}\right)_m = \left(\frac{\partial U}{\partial T}\right)_m . \quad (2.19)$$

Aus (2.14) leiten wir ab:

$$C_H - C_m = \left[\left(\frac{\partial U}{\partial m}\right)_T - \mu_0 H\right]\left(\frac{\partial m}{\partial T}\right)_H . \quad (2.20)$$

2.3 Adiabaten, Isothermen

Wir wollen spezielle Arten von Zustandsänderungen mit Hilfe des Ersten Hauptsatzes diskutieren. Diese sind dadurch charakterisiert, dass bei ihrer Durchführung gewisse unabhängige oder abhängige Zustandsgrößen konstant gehalten werden.

Adiabatische Zustandsänderungen sind definiert durch

$$\delta Q = 0 \,.$$

Wir kennzeichnen sie durch den Index „ad". Die Zustandsfunktion, die bei diesen Prozessen konstant bleibt, ist die Entropie S, die wir später kennen lernen werden.

Ausgangspunkt ist der Erste Hauptsatz in der Form (2.12):

$$\left(\frac{\partial U}{\partial T}\right)_{q} (\mathrm{d}T)_{\mathrm{ad}} = \sum_{i=1}^{m} \left[F_i - \left(\frac{\partial U}{\partial q_i}\right)_{T,q_{j,j\neq i}} \right] (\mathrm{d}q_i)_{\mathrm{ad}} \,. \tag{2.21}$$

Dies untersuchen wir genauer an einigen Standardbeispielen:

1) Gas

$$q = V \,, \; F = -p$$

$$\Rightarrow \left(\frac{\partial U}{\partial T}\right)_{V} (\mathrm{d}T)_{\mathrm{ad}} = -\left[p + \left(\frac{\partial U}{\partial V}\right)_{T} \right] (\mathrm{d}V)_{\mathrm{ad}} \,.$$

Dies ergibt:

$$\left(\frac{\mathrm{d}T}{\mathrm{d}V}\right)_{\mathrm{ad}} = -\frac{p + \left(\frac{\partial U}{\partial V}\right)_{T}}{C_V} \,. \tag{2.22}$$

Spezialfall: ideales Gas

$$\left(\frac{\partial U}{\partial V}\right)_{T} = 0 \Rightarrow \left(\frac{\mathrm{d}T}{\mathrm{d}V}\right)_{\mathrm{ad}} = -\frac{p}{C_V} = -\frac{nR}{C_V}\frac{T}{V} \,.$$

Mit (2.18) folgt weiter:

$$\left(\frac{\mathrm{d}T}{T}\right)_{\mathrm{ad}} = -\frac{C_p - C_V}{C_V} \left(\frac{\mathrm{d}V}{V}\right)_{\mathrm{ad}} \,.$$

Man definiert:

$$\gamma = \frac{C_p}{C_V} \tag{2.23}$$

und erhält damit:

$$(\mathrm{d}\ln T)_{\mathrm{ad}} = -(\gamma - 1)\,(\mathrm{d}\ln V)_{\mathrm{ad}} \Rightarrow \left(\mathrm{d}\ln T\, V^{\gamma-1}\right)_{\mathrm{ad}} = 0 \,.$$

Dies bedeutet schließlich:

$$T\,V^{\gamma-1} = \text{const}_1 \ . \tag{2.24}$$

Durch Einsetzen der Zustandsgleichung des idealen Gases erhalten wir auch zwei weitere **Adiabatengleichungen**:

$$p\,V^{\gamma} = \text{const}_2 \ ; \qquad T^{\gamma}\,p^{1-\gamma} = \text{const}_3 \ . \tag{2.25}$$

2) Schwarzer Strahler

Unter einem *Schwarzen Strahler* versteht man das elektromagnetische Strahlungsfeld, das sich im thermischen Gleichgewicht in einem Hohlraum des Volumens V einstellt, der von einem Wärmebad der Temperatur T eingeschlossen ist. Die elektromagnetische Strahlung wird dabei von den Hohlraumwänden emittiert (*Wärmestrahlung*). Man kann zeigen, dass ihre Energiedichte $\varepsilon(T)$ lediglich eine Funktion der Temperatur ist, sodass für die innere Energie U (2.8) gilt:

$$U(T,V) = V\,\varepsilon(T) \ .$$

Der Zusammenhang zwischen Strahlungsdruck p und Energiedichte $\varepsilon(T)$ im isotropen Strahlungsfeld,

$$p = \frac{1}{3}\,\varepsilon(T) \ ,$$

lässt sich im Rahmen der klassischen Elektrodynamik zeigen (s. Aufg. 4.3.2, Bd. 3).

Die Atomphysik lehrt, dass Strahlung bestimmter Frequenz ν nur in diskreten Energien

$$\varepsilon_\nu = h\,\nu$$

auftritt. Das führt zum Begriff des **Photons**, das man sich anschaulich als **Quasiteilchen** mit der Energie $h\,\nu$, dem Impuls $(h\,\nu)/c$, der Geschwindigkeit c und der Masse $m = 0$ vorstellen kann. Das Strahlungsfeld in V lässt sich deshalb auch als **Photonengas** interpretieren, das den Gesetzmäßigkeiten der kinetischen Gastheorie genügt. So ist die obige Beziehung für den Strahlungsdruck leicht ableitbar als Impulsübertrag der Photonen auf die Hohlraumwände. (Man führe dies durch!)

Für die Wärmekapazität des Photonengases gilt:

$$C_V = \left(\frac{\partial U}{\partial T}\right)_V = V\,\frac{\mathrm{d}\varepsilon}{\mathrm{d}T} \ . \tag{2.26}$$

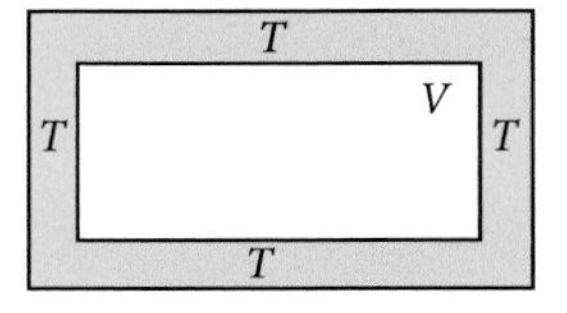

Abb. 2.3 Schema eines Schwarzen Strahlers

Für C_p hätten wir nach (2.17) unter anderem $\left(\frac{\partial V}{\partial T}\right)_p$ zu berechnen. Da $p = \text{const}$ automatisch $T = \text{const}$ nach sich zieht, ist dieser Ausdruck nicht definiert. Das Photonengas hat also kein C_p.

Die Adiabatengleichung (2.22) liefert für den Schwarzen Strahler:

$$\left(\frac{\mathrm{d}T}{\mathrm{d}V}\right)_{\text{ad}} = -\frac{\frac{1}{3}\varepsilon(T) + \varepsilon(T)}{V\frac{\mathrm{d}\varepsilon}{\mathrm{d}T}}$$

$$\Rightarrow \quad -\frac{\mathrm{d}\varepsilon}{\varepsilon} = \frac{4}{3}\frac{\mathrm{d}V}{V} \quad \Leftrightarrow \quad \mathrm{d}\ln\left(V^{4/3}\,\varepsilon\right) = 0\,.$$

Das ergibt schließlich:

$$\varepsilon\, V^{4/3} = \text{const}_4\,; \quad p\, V^{4/3} = \text{const}_5\,. \tag{2.27}$$

Isotherme Zustandsänderungen sind definiert durch

$$\mathrm{d}T = 0\,.$$

Der Erste Hauptsatz in der Form (2.12) liefert dafür:

$$(\delta Q)_T = \sum_{i=1}^{m}\left[\left(\frac{\partial U}{\partial q_i}\right)_{T,q_{j,j\neq i}} - F_i\right](\mathrm{d}q_i)_T\,. \tag{2.28}$$

Dies bedeutet für ein **Gas** mit $q = V$ und $F = -p$:

$$\left(\frac{\delta Q}{\mathrm{d}V}\right)_T = \left(\frac{\partial U}{\partial V}\right)_T + p\,. \tag{2.29}$$

1) Ideales Gas

$$\left(\frac{\partial U}{\partial V}\right)_T = 0 \Rightarrow (\delta Q)_T = (p\,\mathrm{d}V)_T\,. \tag{2.30}$$

2) Photonengas

$$\left(\frac{\delta Q}{\mathrm{d}V}\right)_T = \frac{4}{3}\varepsilon(T) = \text{const}\,. \tag{2.31}$$

Adiabatische und isotherme Zustandsänderungen zeigen im pV-Diagramm qualitativ den in Abb. 2.4 skizzierten Verlauf.

Wegen $\gamma > 1$ ist beim idealen Gas die Adiabate steiler als die Isotherme.

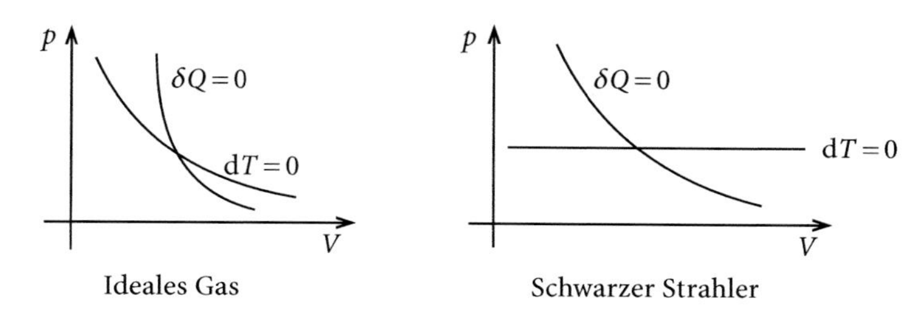

Abb. 2.4 Isothermen und Adiabaten des idealen Gases (*links*) und des Schwarzen Strahlers (*rechts*)

2.4 Zweiter Hauptsatz

Der Erste Hauptsatz reicht zur Beschreibung von thermodynamischen Systemen ganz offensichtlich noch nicht aus. Man kann sich leicht physikalische Vorgänge überlegen, die nach dem Energiesatz durchaus erlaubt sind, in der Natur jedoch nie beobachtet werden:

1. Warum wird nie beobachtet, dass ein am Erdboden liegender Stein unter Abkühlung aufs Hausdach springt?
2. Warum fährt ein Ozeandampfer nicht ohne Antrieb, allein durch Verwandlung von Wärme aus dem riesigen Wasserreservoir in Arbeit, die dann in Form von Reibungswärme sogar teilweise wieder an den Ozean zurückgegeben würde?

Die Erfahrung lehrt, dass eine Reihe von Energieumwandlungen, bei denen Wärme mit im Spiel ist, nicht umkehrbar sind. Wir wissen, dass Arbeit z. B. durch Reibung vollständig in Wärme verwandelt werden kann. Man denke z. B. an einen durch einen Anfangsimpuls in Bewegung gesetzten makroskopischen Körper, der auf einer rauen, ebenen Unterlage gleitet. Er kommt nach endlicher Zeit zur Ruhe. Mechanische Arbeit ist durch Reibung in Wärme verwandelt worden. Die Umkehrung, dass der ruhende Körper sich unter Abkühlung wieder in Bewegung setzt, ist nach dem Ersten Hauptsatz durchaus denkbar, findet aber nicht statt. Gäbe es diesen inversen Prozess, so hätten wir ein

perpetuum mobile zweiter Art:

Das ist eine **periodisch** (zyklisch) arbeitende thermodynamische *Maschine*, die nichts anderes bewirkt, als dass bei einem Umlauf Arbeit verrichtet wird, wobei nur einem einzigen Wärmereservoir eine Wärmemenge ΔQ entnommen wird.

Satz 2.4.1 ***Zweiter Hauptsatz***

Ein perpetuum mobile zweiter Art gibt es nicht!

In der Thermodynamik wird dieser Satz ohne strenge Begründung als **nie widerlegte Erfahrungstatsache** hingenommen.

Die obige Formulierung des Zweiten Hauptsatzes nennt man die **Kelvin'sche Aussage**. Sie besagt also, dass es keine Zustandsänderung geben kann, deren **einzige** Wirkung darin besteht, eine Wärmemenge einem Wärmereservoir entzogen und vollständig in Arbeit verwandelt zu haben.

Es gibt eine äquivalente Formulierung:

Clausius'sche Aussage

*Es gibt keine **periodisch** arbeitende Maschine, die **lediglich** einem kälteren Wärmebad Wärme entzieht und diese einem heißeren Wärmebad zuführt.*

Die Schlüsselworte dieser Aussage sind streng zu beachten:

periodisch	⇔	Kreisprozess,
lediglich	⇔	sonst passiert nichts,
		auch nicht in der Umgebung.

In diesem Zusammenhang führen wir einen neuen Begriff ein.

Definition 2.4.1 ***Wärmekraftmaschine***

Das ist ein thermodynamisches System, das einen Kreisprozess zwischen zwei Wärmebädern $WB(T_1)$ und $WB(T_2)$ mit $T_1 > T_2$ durchläuft, wobei genau das Folgende passiert:

1. $\Delta Q_1 > 0$ durch Kontakt mit $WB(T_1)$,
2. $\Delta W < 0$,
3. $\Delta Q_2 < 0$ durch Kontakt mit $WB(T_2)$.

Solche Maschinen verletzen **nicht** den Zweiten Hauptsatz, da sie in Kontakt mit **zwei** Wärmebädern stehen, wobei die dem ersten Wärmebad entzogene Wärme nicht vollständig in Arbeit verwandelt wird. Es ist $|\Delta Q_2| < |\Delta Q_1|$, da auch der Erste Hauptsatz erfüllt sein muss. Man ordnet einer solchen Maschine einen Wirkungsgrad zu:

Definition 2.4.2 ***Wirkungsgrad η***

$$\eta = \frac{\text{vom System geleistete Arbeit}}{\text{zugeführte Wärmemenge}} = \frac{-\Delta W}{\Delta Q_1} \,. \tag{2.32}$$

Wir beweisen schließlich noch die Äquivalenz der beiden Formulierungen des Zweiten Hauptsatzes.

1. Behauptung:

Wenn die Clausius-Aussage falsch ist, dann ist auch die Kelvin-Aussage falsch.

a) Mit einer periodisch arbeitenden Maschine entnehmen wir $\Delta Q_1 > 0$ aus dem Wärmebad $WB(T_2)$ und führen es dem Wärmebad $WB(T_1)$ zu, wobei $T_1 > T_2$ ist. Das geht, da die Clausius-Aussage ja falsch sein soll.
b) Wir betreiben eine Wärmekraftmaschine so, dass ΔQ_1 $WB(T_1)$ entnommen und $\Delta Q_2 < 0$ ($|\Delta Q_2| < \Delta Q_1$) bei Arbeitsleistung $\Delta W < 0$ an $WB(T_2)$ zurückgegeben wird.

Insgesamt wurde also $\Delta Q = \Delta Q_1 + \Delta Q_2 > 0$ aus $WB(T_2)$ vollständig in Arbeit verwandelt. Sonst ist nichts passiert, da sowohl a) als auch b) Kreisprozesse sind. Damit ist auch die Kelvin-Aussage falsch!

2. Behauptung:

Wenn die Kelvin-Aussage falsch ist, dann ist auch die Clausius-Aussage falsch.

a) Wir entnehmen $\Delta Q > 0$ dem Wärmebad $WB(T_2)$ und verwandeln es vollständig mit einer periodisch arbeitenden Maschine in Arbeit. Das geht, weil die Kelvin-Aussage falsch sein soll.
b) Wir verwandeln die Arbeit aus a) vollständig in Wärme. Das geht immer, nur die umgekehrte Richtung nicht. Die so gewonnene Wärme übertragen wir auf $WB(T_1)$ mit $T_1 > T_2$.

Insgesamt wurde lediglich $\Delta Q > 0$ von $WB(T_2)$ auf $WB(T_1)$ trotz $T_1 > T_2$ übertragen. Damit ist die Clausius-Aussage falsch! Die beiden Behauptungen ergeben kombiniert die Äquivalenz der Clausius'schen und der Kelvin'schen Formulierungen.

2.5 Carnot-Kreisprozess

Bei einem *Kreisprozess* durchläuft das thermodynamische System verschiedene (Wärme-, Arbeits- und Teilchen-)Austauschkontakte und kehrt schließlich in seinen Ausgangszustand zurück. Wohlgemerkt, nur das thermodynamische System kehrt in seinen Ausgangszustand zurück, die **Umgebung** kann sich durchaus geändert haben, da z. B. Energie in Form von Arbeit und Wärme zwischen verschiedenen *Reservoiren* ausgetauscht worden sein kann. Zwar gilt nach dem Ersten Hauptsatz

$$0 = \oint \mathrm{d}U = \oint \delta Q + \oint \delta W ,$$

die beiden Terme auf der rechten Seite können jedoch von Null verschieden sein!

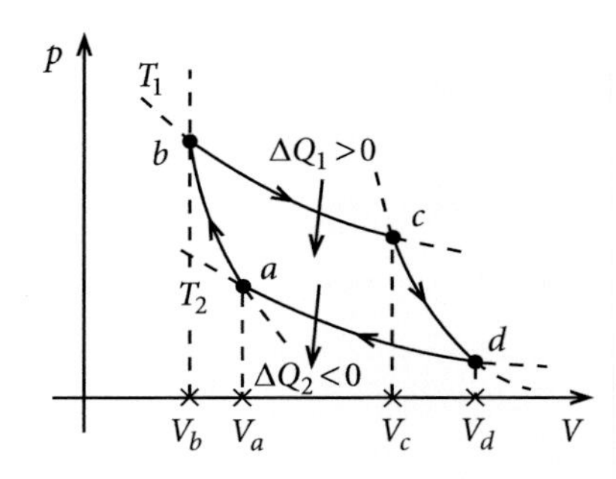

Abb. 2.5 Adiabaten und Isothermen des Carnot-Kreisprozesses im *pV*-Diagramm

Wir wollen nun einen ganz speziellen Kreisprozess, eine ganz spezielle *Wärmekraftmaschine* diskutieren.

Carnot-Prozess: Reversibler Kreisprozess aus zwei Adiabaten und zwei Isothermen zwischen zwei Wärmebädern $WB(T_1)$ und $WB(T_2)$ mit $T_1 > T_2$. Er besteht aus den folgenden Teilstücken:

$\boxed{a \to b}$

Adiabatische Kompression mit

$$\Delta T = T_1 - T_2 > 0 \, .$$

$\boxed{b \to c}$

Isotherme Expansion, dabei Wärmeaufnahme $\Delta Q_1 > 0$ aus $WB(T_1)$.

$\boxed{c \to d}$

Adiabatische Expansion mit $\Delta T = T_2 - T_1 < 0$.

$\boxed{d \to a}$

Isotherme Kompression unter Wärmeabgabe $\Delta Q_2 < 0$ an $WB(T_2)$.

Die bei einem Umlauf geleistete Arbeit entspricht gerade der vom Weg $a \to b \to c \to d$ umschlossenen Fläche.

Wir symbolisieren den Carnot-Prozess durch das Diagramm in Abb. 2.6. Der Erste Hauptsatz fordert zunächst:

$$0 = \oint dU = \Delta Q_1 + \Delta Q_2 + \Delta W \, .$$

Damit lautet der Wirkungsgrad dieser Wärmekraftmaschine:

$$\eta = \frac{-\Delta W}{\Delta Q_1} = \frac{\Delta Q_1 + \Delta Q_2}{\Delta Q_1} = 1 + \frac{\Delta Q_2}{\Delta Q_1} \, . \tag{2.33}$$

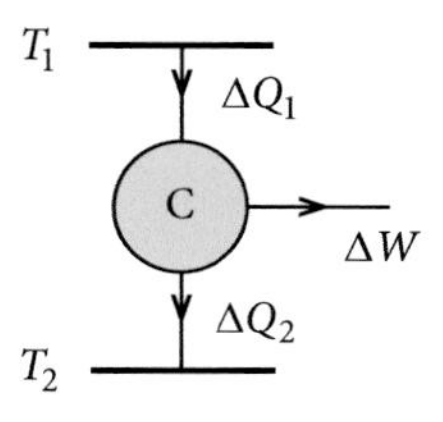

Abb. 2.6 Symbolische Darstellung des Carnot-Prozesses als Wärmekraftmaschine

Wegen $\Delta Q_2/\Delta Q_1 < 0$ ist stets $\eta < 1$. Da der Carnot-Prozess reversibel sein soll, lässt sich der Durchlaufsinn umkehren (Abb. 2.7):

$$\Delta Q_2 > 0\,; \quad \Delta Q_1 < 0\,; \quad \Delta W > 0$$
$$|\Delta Q_1| > \Delta Q_2\,.$$

Die Maschine arbeitet dann als

- Wärmepumpe.

Die **Arbeitssubstanz** der Carnot-Maschine sei das **ideale Gas**. Damit wollen wir nun den Wirkungsgrad explizit ausrechnen.

$\boxed{a \to b}$

Adiabate

$$\text{Daraus folgt: } \Delta Q = 0 \;\Leftrightarrow\; \Delta W = \Delta U$$
$$\Rightarrow \quad \Delta W_{ab} = C_V\,(T_1 - T_2) = -\Delta W_{cd}\,.$$

$\boxed{b \to c}$

Isotherme

$$\Delta W_{bc} = -\int_b^c p(V)\,\mathrm{d}V = -n\,R\,T_1 \int_{V_b}^{V_c} \frac{\mathrm{d}V}{V}$$
$$= -n\,R\,T_1 \ln \frac{V_c}{V_b}\,. \tag{2.34}$$

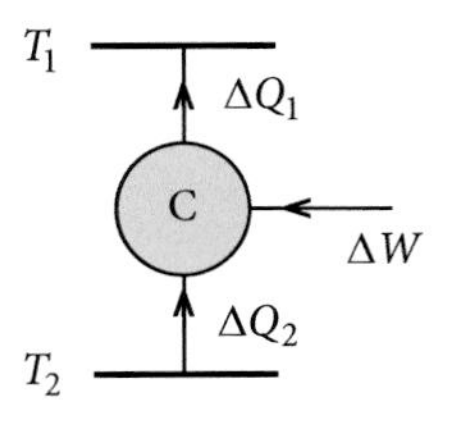

Abb. 2.7 Symbolische Darstellung des Carnot-Prozesses als Wärmepumpe

$\boxed{c \to d}$

Adiabate s. $(a \to b)$

$\boxed{d \to a}$

Isotherme

$$\Delta W_{da} = -n\,R\,T_2 \ln \frac{V_a}{V_d}\,. \tag{2.35}$$

Auf den Adiabaten gilt nach (2.24):

$$T_2\,V_a^{\gamma-1} = T_1\,V_b^{\gamma-1}\,,$$
$$T_2\,V_d^{\gamma-1} = T_1\,V_c^{\gamma-1} \quad \Rightarrow \quad \frac{V_a}{V_d} = \frac{V_b}{V_c}\,.$$

Damit ergibt sich für die gesamte Arbeitsleistung:

$$\Delta W = \Delta W_{ab} + \Delta W_{bc} + \Delta W_{cd} + \Delta W_{da}$$
$$= \Delta W_{bc} + \Delta W_{da}$$
$$\Rightarrow \quad \Delta W = -n\,R\,(T_1 - T_2) \ln \frac{V_d}{V_a} < 0\,. \tag{2.36}$$

Auf der Isothermen $b \to c$ ist $\Delta U = 0$ und damit

$$\Delta Q_1 = -\Delta W_{bc} = n\,R\,T_1 \ln \frac{V_c}{V_b} = n\,R\,T_1 \ln \frac{V_d}{V_a} > 0\,.$$

Dies ergibt nach (2.32) als **Wirkungsgrad** η_C der **Carnot-Maschine:**

$$\eta_C = 1 - \frac{T_2}{T_1}\,. \tag{2.37}$$

Als direkte Folge des Zweiten Hauptsatzes leiten wir nun die folgenden beiden **Behauptungen** ab:

1. Der Carnot-Prozess hat den **höchsten** Wirkungsgrad von allen periodisch zwischen zwei Wärmebädern arbeitenden Maschinen.
2. η_C wird von allen **reversibel** arbeitenden Maschinen erreicht.

Beweis

Die Maschinen seien so dimensioniert, dass $\Delta Q_{b_2} = -\Delta Q_{a_2} < 0$ ist, d. h., das Wärmebad $WB(T_2)$ bleibt unbeeinflusst (Abb. 2.8). $WB(T_1)$ tauscht dagegen mit dem Gesamtsystem $C_a \cup C_b^*$ die Wärme

$$\Delta Q = \Delta Q_{b_1} + \Delta Q_{a_1}$$

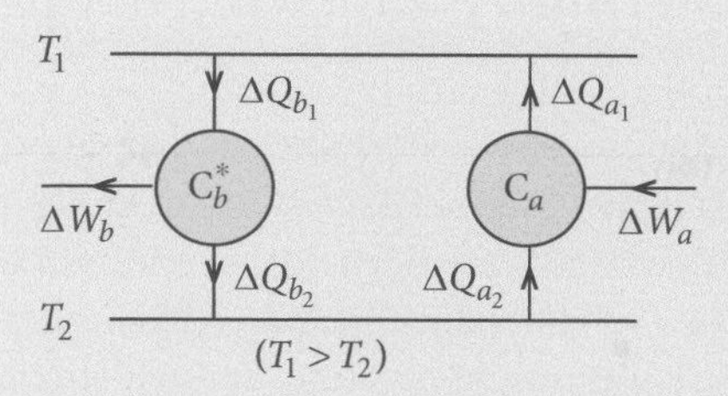

Abb. 2.8 Schematische Anordnung einer Carnot-Maschine und einer Wärmekraftmaschine zur Untersuchung des Wirkungsgrades des Carnot-Prozesses. C_a: Carnot-Maschine als Wärmepumpe geschaltet. C_b^*: Wärmekraftmaschine, nicht notwendig reversibel

aus. Nach dem Zweiten Hauptsatz muss

$$\Delta Q \leq 0$$

sein, da sonst vom System $C_a \cup C_b^*$ nichts anderes bewirkt würde, als Wärme dem Bad $WB(T_1)$ zu entnehmen und vollständig in Arbeit zu verwandeln.

$$\eta_{C_a} = \eta_C = 1 + \frac{-\Delta Q_{a_2}}{-\Delta Q_{a_1}} \Leftrightarrow \Delta Q_{a_1} = \Delta Q_{a_2} \frac{1}{\eta_C - 1},$$

$$\eta_{C_b^*} = 1 + \frac{\Delta Q_{b_2}}{\Delta Q_{b_1}} = 1 - \frac{\Delta Q_{a_2}}{\Delta Q_{b_1}} \Leftrightarrow \Delta Q_{b_1} = -\Delta Q_{a_2} \frac{1}{\eta_{C_b^*} - 1}.$$

Nach Einsetzen ergibt sich:

$$0 \geq \Delta Q_{b_1} + \Delta Q_{a_1} = \Delta Q_{a_2} \left(\frac{1}{\eta_C - 1} - \frac{1}{\eta_{C_b^*} - 1} \right).$$

Da ΔQ_{a_2} positiv ist, folgt die Behauptung 1.:

$$\eta_{C_b^*} \leq \eta_C . \tag{2.38}$$

Handelt es sich bei C_b^* um eine reversible Maschine, so lässt sich der Umlaufsinn in der skizzierten Anordnung auch umkehren. Alle obigen Ausdrücke behalten ihre Gültigkeit, bis auf die Aussage $\Delta Q_{a_2} > 0$, die nun $\Delta Q_{a_2} < 0$ lauten muss. Für Maschinen, die zwischen den beiden Wärmebädern reversibel arbeiten, gilt dann neben (2.38) auch $\eta_{C_b^*} \geq \eta_C$. Es kann also nur das Gleichheitszeichen richtig sein. Damit ist auch die Behauptung 2. bewiesen.

Der Wirkungsgrad η_C **reversibler** Kreisprozesse ist also universell!

2.6 Absolute, thermodynamische Temperaturskala

Wir haben gesehen, dass der universelle Wirkungsgrad η_C der Carnot-Maschine nur von den Temperaturen der beteiligten Wärmebäder $WB(T_1)$ und $WB(T_2)$ abhängt, wenn wir als Arbeitssubstanz ein ideales Gas verwenden. Dabei erinnern wir uns, dass wir die Temperatur T selbst in (1.3) bzw. (1.5) über die Zustandsgleichung des idealen Gases eingeführt haben. Es ist natürlich eine etwas unschöne Sache, dass wir ein im strengen Sinne gar nicht existierendes System zur Definitionsgrundlage eines so wichtigen Begriffes wie *Temperatur* haben machen müssen und außerdem damit eine Maschine betreiben, über die wir noch eine Fülle weit reichender Folgerungen ableiten wollen.

Es stellt sich aber heraus, dass wir auch **umgekehrt** den universellen Wirkungsgrad η_C der Carnot-Maschine ausnutzen können, um die Temperaturen ϑ_1, ϑ_2 der beteiligten Wärmebäder erst zu **definieren**. Das geht deshalb, weil der Beweis der Universalität des Wirkungsgrades reversibler Kreisprozesse, so wie wir ihn im letzten Abschnitt geführt haben, die Voraussetzung *ideales Gas* gar nicht benötigte, sondern ganz allgemein aus dem Zweiten Hauptsatz resultierte. – Da andererseits η_C als Verhältnis zweier Energiebeträge direkt und bequem messbar ist, wollen wir über η_C jetzt eine

- universelle, substanzunabhängige, thermodynamische Temperaturskala

einführen.

ϑ: Willkürliche Temperaturskala, so eingerichtet, dass gilt:

$$\textit{wärmer} \Leftrightarrow \textit{größeres}\ \vartheta\ .$$

Wir betrachten drei Wärmebäder $WB(\vartheta_1)$, $WB(\vartheta_2)$ und $WB(\vartheta_3)$ mit $\vartheta_1 > \vartheta_2 > \vartheta_3$ (Abb. 2.9):

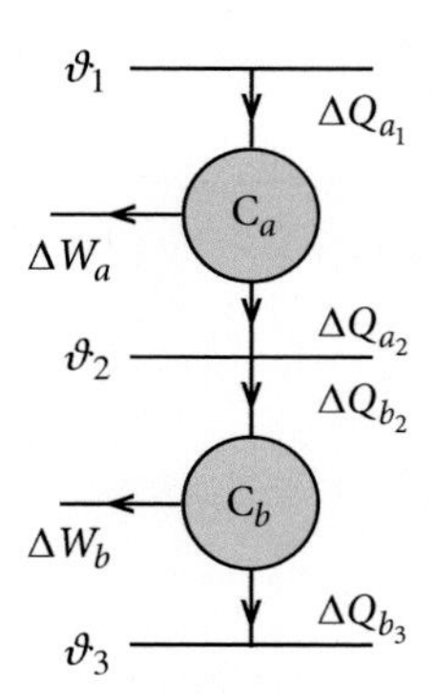

Abb. 2.9 Schematische Kombination von Carnot-Maschinen zur Festlegung einer absoluten, substanzunabhängigen Temperaturskala

C_a, C_b seien irgendwelche, zwischen $WB(\vartheta_1)$ und $WB(\vartheta_2)$ bzw. zwischen $WB(\vartheta_2)$ und $WB(\vartheta_3)$ reversibel arbeitende Wärmekraftmaschinen. Die Maschine C_b sei dabei so dimensioniert, dass

$$\Delta Q_{b_2} = -\Delta Q_{a_2} \ .$$

Mit $WB(\vartheta_2)$ geschieht also insgesamt nichts. Die Wirkungsgrade der beiden Maschinen

$$\eta_{C_a} = 1 + \frac{\Delta Q_{a_2}}{\Delta Q_{a_1}} \ ,$$
$$\eta_{C_b} = 1 + \frac{\Delta Q_{b_3}}{\Delta Q_{b_2}}$$

sind universell, d. h., jede andere reversible Maschine würde denselben Wirkungsgrad liefern. Die Wirkungsgrade sind ferner unabhängig von der Arbeitssubstanz. Wenn aber die Art der Maschine keine Rolle spielt, so können die Wirkungsgrade nur von den *Temperaturen* ϑ_i der Wärmebäder abhängen. Andere unterscheidende Merkmale gibt es in dem obigen System nicht. Deshalb sind die folgenden Ansätze sinnvoll:

$$\eta_{C_a} = 1 - f(\vartheta_1, \vartheta_2) \ ,$$
$$\eta_{C_b} = 1 - f(\vartheta_2, \vartheta_3) \ .$$

Da die Maschinen so dimensioniert sind, dass $WB(\vartheta_2)$ letztlich inaktiv bleibt, können wir das Gesamtsystem auch als eine einzige zwischen $WB(\vartheta_1)$ und $WB(\vartheta_3)$ reversibel laufende Maschine auffassen:

$$\eta_{C_{ab}} = 1 - f(\vartheta_1, \vartheta_3) \ .$$

Für die Arbeitsleistungen gilt damit:

$$-\Delta W_a = \Delta Q_{a_1} (1 - f(\vartheta_1, \vartheta_2)) \ ,$$
$$-\Delta W_b = \Delta Q_{b_2} (1 - f(\vartheta_2, \vartheta_3)) \ ,$$
$$-\Delta W_{ab} = \Delta Q_{a_1} (1 - f(\vartheta_1, \vartheta_3)) \ .$$

Ferner gilt:

$$\Delta Q_{b_2} = -\Delta Q_{a_2} = -\Delta Q_{a_1} (\eta_{C_a} - 1) = \Delta Q_{a_1} f(\vartheta_1, \vartheta_2) \ .$$

Nutzt man dann noch

$$\Delta W_{ab} = \Delta W_a + \Delta W_b$$

aus, so bleibt:

$$\big(1 - f(\vartheta_1, \vartheta_3)\big) = \big(1 - f(\vartheta_1, \vartheta_2)\big) + f(\vartheta_1, \vartheta_2) \big(1 - f(\vartheta_2, \vartheta_3)\big) \ .$$

Dies liefert die folgende Bestimmungsgleichung:

$$f(\vartheta_1, \vartheta_3) = f(\vartheta_1, \vartheta_2) f(\vartheta_2, \vartheta_3) \ . \tag{2.39}$$

Wegen

$$\ln f(\vartheta_1, \vartheta_3) = \ln f(\vartheta_1, \vartheta_2) + \ln f(\vartheta_2, \vartheta_3)$$

folgt dann auch

$$\frac{\partial}{\partial \vartheta_1} \ln f(\vartheta_1, \vartheta_3) = \frac{\partial}{\partial \vartheta_1} \ln f(\vartheta_1, \vartheta_2) \; .$$

Dieses kann wiederum nur dann richtig sein, wenn sich f wie folgt schreiben lässt:

$$f(\vartheta_1, \vartheta_2) = \alpha(\vartheta_1)\, \beta(\vartheta_2) \; .$$

Dies wird in (2.39) eingesetzt:

$$\alpha(\vartheta_1)\, \beta(\vartheta_3) = \alpha(\vartheta_1)\, \beta(\vartheta_2)\, \alpha(\vartheta_2)\, \beta(\vartheta_3)$$
$$\Leftrightarrow \; 1 = \alpha(\vartheta_2)\, \beta(\vartheta_2) \; \Leftrightarrow \; \alpha(\vartheta) = \beta^{-1}(\vartheta) \; .$$

Das bedeutet für f

$$f(\vartheta_1, \vartheta_2) = \frac{\beta(\vartheta_2)}{\beta(\vartheta_1)}$$

und damit für den Wirkungsgrad:

$$\eta_{C_a} = 1 - \frac{\beta(\vartheta_2)}{\beta(\vartheta_1)} \; . \tag{2.40}$$

$\beta(\vartheta)$ ist dabei eine zunächst noch völlig willkürliche Funktion. Dieser Ausdruck ist formal identisch mit dem η_C, das wir in (2.37) mit dem idealen Gas als Arbeitssubstanz gefunden hatten. $\beta(\vartheta)$ ist bestimmt, falls wir einem einzigen Wärmebad einen Wert

$$T^* = \beta(\vartheta^*)$$

zuordnen. Dann liefert jede reversible Maschine eindeutig die Temperaturverhältnisse T/T^*. Man vereinbart:

$$T^* = 273{,}16\,\mathrm{K} : \quad \text{Tripelpunkt des Wassers.} \tag{2.41}$$

Damit definiert $T = \beta(\vartheta)$ eine absolute, substanzunabhängige Temperatur

$$T = T^* \left(1 - \eta_C(T^*, T)\right) , \tag{2.42}$$

die mit der bisher verwendeten idealen Gastemperatur identisch ist.

2.7 Entropie als Zustandsgröße

Die bisherigen Schlussweisen, die sämtlich auf dem Zweiten Hauptsatz basierten, erlauben uns nun, die für die Thermodynamik wohl wichtigste Größe einzuführen, nämlich die **Entropie**.

Wir hatten für den Wirkungsgrad der Carnot-Maschine gefunden:

$$\eta_C = 1 - \frac{T_2}{T_1} = 1 + \frac{\Delta Q_2}{\Delta Q_1} .$$

Dies bedeutet:

$$\frac{\Delta Q_1}{T_1} + \frac{\Delta Q_2}{T_2} = 0 . \tag{2.43}$$

Dieses Ergebnis wollen wir nun weiter verallgemeinern.

Ein thermodynamisches System durchlaufe quasistatisch einen (nicht notwendig reversiblen) Kreisprozess K. Zur Beschreibung der Temperaturänderung zerlegen wir den Zyklus in n Schritte (Abb. 2.10), während derer die Temperatur des Systems durch dessen Kontakt mit einem Wärmebad

$$WB(T_i) ; \quad i = 1, 2, \ldots, n$$

konstant ist. Dabei findet ein Wärmeaustausch δQ_i statt, der positiv wie negativ sein kann. Nach dem Ersten Hauptsatz gilt dann für die gesamte Arbeitsleistung auf K:

$$\Delta W_K = -\sum_{i=1}^{n} \delta Q_i .$$

Wir koppeln nun an jedes $WB(T_i)$ eine Carnot-Maschine C_i, die zwischen diesem $WB(T_i)$ und einem Wärmebad $WB(T_0)$ arbeitet, wobei

$$T_0 > T_i \qquad \forall i$$

gelten soll. Jedes C_i kann sowohl als Wärmekraftmaschine als auch als Wärmepumpe arbeiten (Abb. 2.11). Wir dimensionieren die C_i so, dass sie gerade die Wärmemenge von $WB(T_i)$ aufnehmen, die von dem System an $WB(T_i)$ abgegeben wurde (bzw. umgekehrt):

$$\delta Q_{C_i} = -\delta Q_i \qquad \forall i .$$

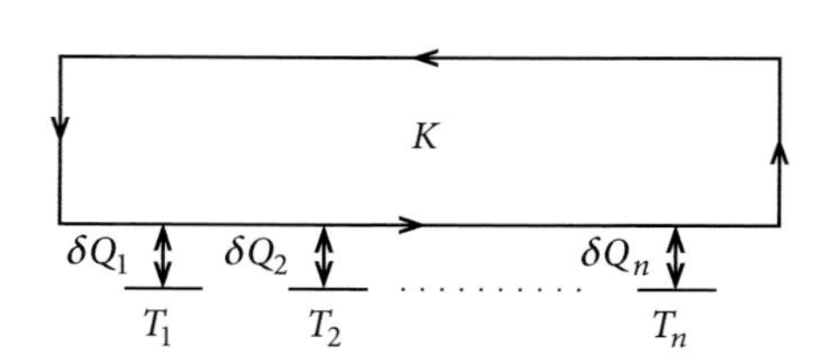

Abb. 2.10 Kreisprozess in Kontakt mit n Wärmebädern verschiedener Temperaturen

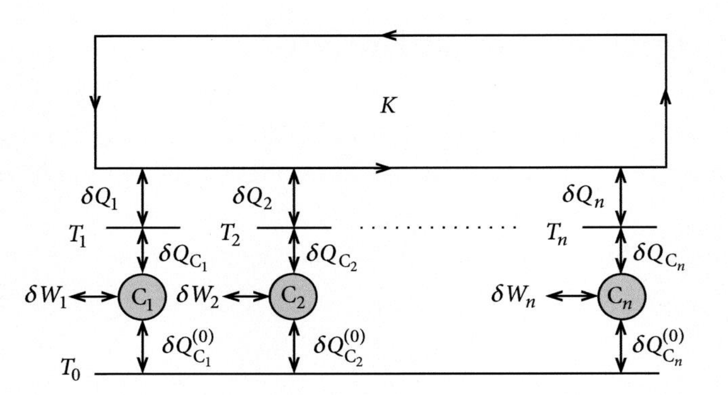

Abb. 2.11 Kreisprozess in Kontakt mit n Wärmebädern unterschiedlicher Temperaturen T_i, wobei an jedes Wärmebad eine Carnot-Maschine angekoppelt ist, die zwischen T_i und der festen Temperatur T_0 arbeitet. (Beweis der Clausius'schen Ungleichung)

Für jede Carnot-Maschine gilt:

$$\delta Q_{\mathrm{C}_i}^{(0)} = -\frac{T_0}{T_i}\delta Q_{\mathrm{C}_i} = \frac{T_0}{T_i}\,\delta Q_i \,.$$

Das System der Carnot-Maschinen leistet dann insgesamt die Arbeit:

$$\Delta W_{\mathrm{C}} = \sum_{i=1}^{n} \delta W_i = -\sum_{i=1}^{n} \eta_{\mathrm{C}_i}\,\delta Q_{\mathrm{C}_i}^{(0)}$$
$$= -\sum_{i=1}^{n}\left(1 - \frac{T_i}{T_0}\right)\frac{T_0}{T_i}\,\delta Q_i = \sum_{i=1}^{n}\left(1 - \frac{T_0}{T_i}\right)\delta Q_i \,.$$

Bei dem **gesamten Zyklus**

$$K + \{\mathrm{C}_1 + \mathrm{C}_2 + \ldots + \mathrm{C}_n\} \qquad (\textit{Kreisprozess})$$

wird die Wärmemenge

$$\Delta Q^{(0)} = \sum_{i=1}^{n} \delta Q_{\mathrm{C}_i}^{(0)} = T_0 \sum_{i=1}^{n} \frac{\delta Q_i}{T_i} \tag{2.44}$$

mit $WB(T_0)$ ausgetauscht und dabei die Arbeit

$$\Delta W = \Delta W_K + \Delta W_{\mathrm{C}} = -T_0 \sum_{i=1}^{n} \frac{\delta Q_i}{T_i} \tag{2.45}$$

geleistet. Sonst ist nichts passiert. Der Erste Hauptsatz ist offensichtlich erfüllt:

$$\Delta W = -\Delta Q^{(0)} \,.$$

Der Zweite Hauptsatz fordert nun aber, dass

$$\Delta W \geq 0 \tag{2.46}$$

ist. Im umgekehrten Fall wäre nämlich nichts anderes passiert, als dass das thermodynamische Gesamtsystem Wärme $\Delta Q^{(0)}$ aus $WB(T_0)$ aufgenommen und vollständig in Arbeit $\Delta W \leq 0$ verwandelt hätte. Das ist aber unmöglich. Damit folgt aus (2.45) und (2.46) das wichtige Ergebnis

$$\sum_{i=1}^{n} \frac{\delta Q_i}{T_i} \leq 0 \,, \tag{2.47}$$

das nur noch *Daten* des ursprünglichen Zyklus K enthält. Ist dieser sogar reversibel, dann lässt sich der Durchlaufsinn von K umkehren. An den obigen Überlegungen ändert sich überhaupt nichts. Die Größen δQ_i in (2.47) haben jedoch ihr Vorzeichen geändert. Da (2.47) aber für beide Durchlaufrichtungen gleichermaßen richtig ist, führt nur das Gleichheitszeichen nicht zum Widerspruch:

$$\sum_{i=1}^{n} \frac{\delta Q_i}{T_i} = 0 \quad \Leftrightarrow \quad K \text{ reversibel} \,. \tag{2.48}$$

Durch Verallgemeinerung auf $n \to \infty$ Teilschritte ergibt sich aus (2.47) und (2.48) die fundamentale

Clausius'sche Ungleichung

$$\oint \frac{\delta Q}{T} \leq 0 \,. \tag{2.49}$$

Für reversible Prozesse gilt:

$$\oint \frac{\delta Q_{\text{rev}}}{T} = 0 \,. \tag{2.50}$$

Diese letzte Beziehung definiert eine Zustandsgröße. Sei

$$A_0 : \text{fester Punkt des Zustandsraums,}$$

dann ist das Integral

$$\int_{A_0}^{A} \frac{\delta Q_{\text{rev}}}{T}$$

unabhängig vom Weg, auf dem wir im Zustandsraum vom Zustand A_0 zum Zustand A gelangen, und bei festem A_0 eine eindeutige Funktion des Zustands A. Die so genannte **Entropie** S,

$$S(A) = \int_{A_0}^{A} \frac{\delta Q_{\text{rev}}}{T} , \tag{2.51}$$

ist also eine bis auf eine additive Konstante festgelegte Zustandsgröße mit dem **totalen** Differential

$$\mathrm{d}S = \frac{\delta Q_{\text{rev}}}{T} . \tag{2.52}$$

$1/T$ ist somit der integrierende Faktor (1.34), der aus der nicht integrablen Differentialform δQ ein totales Differential macht (s. Aufgabe 2.9.1).

Man beachte, dass die Entropie stets über einen reversiblen Weg von A_0 nach A zu **berechnen** ist. Dabei ist es unerheblich, wie das System den Zustand A **tatsächlich erreicht** hat, ob reversibel oder irreversibel (Abb. 2.12). Man benötigt zur Bestimmung von $S(A)$ also stets einen reversiblen *Ersatzprozess*. Für eine **beliebige** Zustandsänderung Z gilt:

$$S(A_2) - S(A_1) \geq \int_{\substack{A_1 \\ (Z)}}^{A_2} \frac{\delta Q}{T} . \tag{2.53}$$

Beweis

R: reversibler Ersatzprozess. Auf diesem gilt:

$$S(A_2) - S(A_1) = \int_{\substack{A_1 \\ (R)}}^{A_2} \frac{\delta Q}{T} .$$

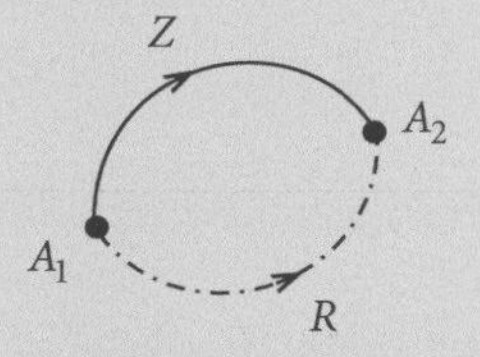

Abb. 2.12 Weg einer nicht notwendig reversiblen Zustandsänderung Z, gekoppelt mit einem reversiblen Ersatzprozess R

Da der Weg R reversibel ist, lässt er sich auch umkehren und mit Z zu einem Kreisprozess kombinieren, für den dann nach der Clausius'schen Ungleichung (2.49) gelten muss:

$$\int\limits_{\substack{A_1\\(Z)}}^{A_2} \frac{\delta Q}{T} + \int\limits_{\substack{A_2\\(-R)}}^{A_1} \frac{\delta Q}{T} \leq 0 \Leftrightarrow -\int\limits_{\substack{A_2\\(-R)}}^{A_1} \frac{\delta Q}{T} \geq \int\limits_{\substack{A_1\\(Z)}}^{A_2} \frac{\delta Q}{T}$$

$$\Leftrightarrow \; S(A_2) - S(A_1) \geq \int\limits_{\substack{A_1\\(Z)}}^{A_2} \frac{\delta Q}{T} \qquad \text{q. e. d.}$$

Zur Ableitung der Ergebnisse (2.49) bis (2.53) haben wir lediglich die Gültigkeit des Zweiten Hauptsatzes voraussetzen müssen. Wir gewinnen deshalb umgekehrt aus diesen Resultaten eine

mathematische Formulierung des Zweiten Hauptsatzes

$$\mathrm{d}S \geq \frac{\delta Q}{T} \, . \tag{2.54}$$

(Gleichheitszeichen für reversible Prozesse!)

Kombiniert man den Ersten und den Zweiten Hauptsatz, so ergibt sich die

Grundrelation der Thermodynamik

$$T\,\mathrm{d}S \geq \mathrm{d}U - \delta W - \delta E_C \, . \tag{2.55}$$

Mit dieser Grundrelation, mit der Definition der Entropie als neuer Zustandsgröße (2.51) sowie der Einführung der thermodynamischen Temperatur (2.42) sind die zentralen Begriffe der phänomenologischen Thermodynamik begründet. Die folgenden Überlegungen stellen deshalb mehr oder weniger Schlussfolgerungen aus diesem Grundkonzept dar.

Betrachten wir als ersten **Spezialfall** ein

$$\text{isoliertes System:} \quad \mathrm{d}S \geq 0 \, . \tag{2.56}$$

Das isolierte System kann per definitionem keine Wärme mit der Umgebung austauschen. Solange in einem solchen System noch (irreversible) Prozesse ablaufen können, kann die

Kapitel 2

Entropie nur zunehmen. Sie ist deshalb **maximal** im Gleichgewichtszustand. Der Übergang ins Gleichgewicht ist irreversibel. Entropie-Zuwachs ohne Austausch kennzeichnet irreversible Prozesse. Wir wollen die physikalische Bedeutung der Entropie an einem einfachen Beispiel illustrieren:

- isotherme Expansion des idealen Gases.

1) Reversibel

Das Gas verschiebe einen Kolben, der mit einer Feder an einer Wand befestigt ist (Abb. 2.13). Die Arbeit, die das Gas beim Verschieben des Kolbens leistet, ist in der Feder gespeichert und kann im Prinzip dazu dienen, die Verschiebung wieder rückgängig zu machen. Die Expansion des Gases ist damit reversibel. – Das Gas befinde sich in einem Wärmebad $WB(T)$, sämtliche Zustandsänderungen verlaufen damit isotherm:

$$U = U(T) \Rightarrow \Delta U = 0 \,.$$

Nach dem Ersten Hauptsatz gilt dann:

$$\Delta Q = -\Delta W = \int_{V_1}^{V_2} p\,\mathrm{d}V = n\,R\,T \ln\frac{V_2}{V_1} \,.$$

Bei dieser reversiblen Zustandsänderung ändert sich gemäß (2.54) die Entropie:

$$(\Delta S)_{\mathrm{Gas}} = \frac{\Delta Q}{T} = n\,R \ln\frac{V_2}{V_1} \,.$$

Die zur Arbeitsleistung benötigte Wärmemenge ΔQ wurde dem Wärmebad entnommen und kann durch Kompression des Gases beim Entspannen der Feder an dieses wieder zurückgegeben werden. Auch die Vorgänge im Wärmebad sind deshalb reversibel:

$$(\Delta S)_{WB} = \frac{-\Delta Q}{T} = -(\Delta S)_{\mathrm{Gas}} \,.$$

Die Entropie des Gesamtsystems hat sich also nicht geändert.

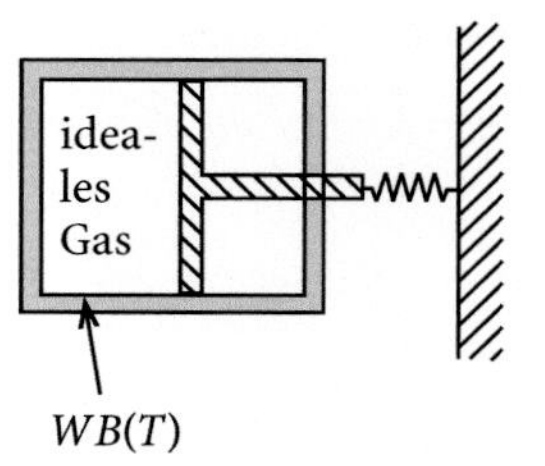

Abb. 2.13 Schematische Anordnung für eine reversible Expansion des idealen Gases

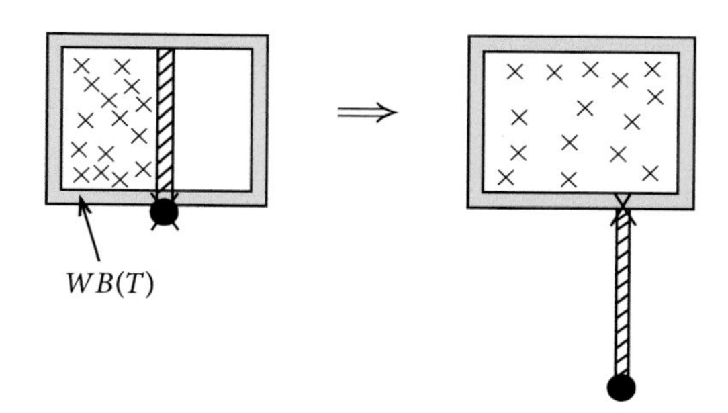

Abb. 2.14 Freie Expansion des idealen Gases als Beispiel eines irreversiblen Prozesses

2) Irreversibel

Der analoge irreversible Prozess wäre die **freie** Expansion des idealen Gases (Abb. 2.14): Bei der freien Expansion leistet das Gas keine Arbeit. Es wird deshalb dem Wärmespeicher keine Wärme entzogen. Den Zeitablauf dieses irreversiblen Prozesses können wir nicht beschreiben. Anfangs- und Endzustand sind jedoch Gleichgewichtszustände. Sie entsprechen denen des Vorgangs 1). 1) ist also der reversible Ersatzprozess für 2). Die Entropieänderung des Gases ist deshalb dieselbe wie unter 1):

$$(\Delta S)_{\text{Gas}} = n R \ln \frac{V_2}{V_1} .$$

Wegen $\Delta Q = 0$ ist jedoch

$$(\Delta S)_{WB} = 0 .$$

Die Entropie des Gesamtsystems hat sich demnach erhöht. $T(\Delta S)_{\text{tot}}$ ist gerade der Energiebetrag, der im reversiblen Fall 1) in *verwertbare* Arbeit $(-\Delta W)$ umgewandelt wurde. Das bedeutet:

- Irreversibilität verschenkt verwertbare Energie.

2.8 Einfache Folgerungen aus den Hauptsätzen

Wir betrachten reversible Prozesse in geschlossenen Systemen. Dafür liest sich die Grundrelation (2.55) wie folgt:

$$T\,\mathrm{d}S = \mathrm{d}U - \delta W . \tag{2.57}$$

Eine Reihe von wichtigen Schlussfolgerungen ergeben sich bereits aus der Tatsache, dass $\mathrm{d}S$ und $\mathrm{d}U$ totale Differentiale sind. Wir denken zunächst an T und V als unabhängige Zustandsvariable (Gas!):

$$S = S(T, V)\,; \quad U = U(T, V)$$

$$\Rightarrow \mathrm{d}S = \left(\frac{\partial S}{\partial T}\right)_V \mathrm{d}T + \left(\frac{\partial S}{\partial V}\right)_T \mathrm{d}V = \frac{1}{T}\mathrm{d}U + \frac{p}{T}\mathrm{d}V ,$$

$$\mathrm{d}U = \left(\frac{\partial U}{\partial T}\right)_V \mathrm{d}T + \left(\frac{\partial U}{\partial V}\right)_T \mathrm{d}V \,.$$

Einsetzen ergibt:

$$\mathrm{d}S = \frac{1}{T}\left(\frac{\partial U}{\partial T}\right)_V \mathrm{d}T + \frac{1}{T}\left[\left(\frac{\partial U}{\partial V}\right)_T + p\right] \mathrm{d}V \,. \tag{2.58}$$

Da $\mathrm{d}S$ ein totales Differential ist, sind die Integrabilitätsbedingungen erfüllt:

$$\frac{1}{T}\left[\frac{\partial}{\partial V}\left(\frac{\partial U}{\partial T}\right)_V\right]_T = -\frac{1}{T^2}\left[\left(\frac{\partial U}{\partial V}\right)_T + p\right] + \frac{1}{T}\left\{\left[\frac{\partial}{\partial T}\left(\frac{\partial U}{\partial V}\right)_T\right]_V + \left(\frac{\partial p}{\partial T}\right)_V\right\} .$$

Da auch $\mathrm{d}U$ ein totales Differential ist, vereinfacht sich dieser Ausdruck zu:

$$\left(\frac{\partial U}{\partial V}\right)_T = T\left(\frac{\partial p}{\partial T}\right)_V - p \,. \tag{2.59}$$

Die rechte Seite ist allein durch die Zustandsgleichung bestimmt. Bei bekannter Wärmekapazität C_V lässt sich somit die innere Energie $U(T, V)$ allein aus der Zustandsgleichung herleiten.

Beispiele

1) Ideales Gas

$$\left(\frac{\partial U}{\partial V}\right)_T = T\frac{nR}{V} - p = 0 \,. \tag{2.60}$$

Die Aussage des Gay-Lussac-Versuchs, dass die innere Energie des idealen Gases nicht vom Volumen abhängt, ist also eine unmittelbare Folge der Grundrelation:

$$U = U(T) = C_V\, T + \text{const} \,. \tag{2.61}$$

2) Van der Waals-Gas

Mit der Zustandsgleichung (1.14) in (2.59) findet man (s. Aufgabe 2.9.11):

$$\left(\frac{\partial U}{\partial V}\right)_T = a\frac{n^2}{V^2} \,. \tag{2.62}$$

Aufgrund der Teilchenwechselwirkungen ist die innere Energie nun volumenabhängig:

$$U = U(T, V) = C_V\, T - a\frac{n^2}{V} + \text{const} \tag{2.63}$$

(C_V = const vorausgesetzt!)

3) Photonengas

Setzen wir (2.8) in (2.59) ein, so folgt:

$$\varepsilon(T) = \frac{1}{3}T\frac{\mathrm{d}\varepsilon}{\mathrm{d}T} - \frac{1}{3}\varepsilon(T) \Leftrightarrow 4\varepsilon(T) = T\frac{\mathrm{d}\varepsilon}{\mathrm{d}T} .$$

Die Lösung ist das **Stefan-Boltzmann-Gesetz**:

$$\varepsilon(T) = \text{const}\, T^4 . \tag{2.64}$$

Als Folge des Ersten Hauptsatzes hatten wir für die Differenz der **Wärmekapazitäten** C_p und C_V bereits in (2.17)

$$C_p - C_V = \left[\left(\frac{\partial U}{\partial V}\right)_T + p\right]\left(\frac{\partial V}{\partial T}\right)_p$$

gefunden. Daraus wird mit (2.59):

$$C_p - C_V = T\left(\frac{\partial p}{\partial T}\right)_V \left(\frac{\partial V}{\partial T}\right)_p . \tag{2.65}$$

Diese Differenz ist also allein durch die thermische Zustandsgleichung bestimmt.

Die rechte Seite lässt sich durch relativ leicht messbare *Response-Funktionen* ausdrücken.

Definition 2.8.1

1.

$$\beta = \frac{1}{V}\left(\frac{\partial V}{\partial T}\right)_p , \tag{2.66}$$

isobarer, thermischer Ausdehnungskoeffizient.

2.

$$\kappa_{T(S)} = -\frac{1}{V}\left(\frac{\partial V}{\partial p}\right)_{T(S)} , \tag{2.67}$$

isotherme (adiabatische) Kompressibilität.

Mit der *Kettenregel* (Aufgabe 1.6.2)

$$\left(\frac{\partial p}{\partial T}\right)_V \left(\frac{\partial T}{\partial V}\right)_p \left(\frac{\partial V}{\partial p}\right)_T = -1 \tag{2.68}$$

sowie

$$\left(\frac{\partial T}{\partial V}\right)_p = \frac{1}{\left(\frac{\partial V}{\partial T}\right)_p} = \frac{1}{V\beta}$$

folgt:

$$\left(\frac{\partial p}{\partial T}\right)_V = \frac{\beta}{\kappa_T} . \tag{2.69}$$

Eingesetzt in (2.65) ergibt dies:

$$C_p - C_V = \frac{T\,V\,\beta^2}{\kappa_T} . \tag{2.70}$$

Die mechanische Stabilität des Systems erfordert

$$\kappa_T \geq 0 . \tag{2.71}$$

Diese plausible Relation lässt sich in der Statistischen Mechanik auch explizit beweisen. Sie hat zur Folge:

$$C_p > C_V . \tag{2.72}$$

Diese Relation ist anschaulich klar, da bei konstantem Druck p für die gleiche Temperaturerhöhung $\mathrm{d}T$ „mehr δQ“ notwendig ist als bei konstantem Volumen, da im ersten Fall auch Volumenarbeit zu leisten ist, die bei C_V wegen $V = \text{const}$, d. h. $\mathrm{d}V = 0$, wegfällt.

Wir haben bisher T und V als unabhängige Zustandsvariable vorausgesetzt. Experimentelle Randbedingungen könnten jedoch T und p bzw. V und p als *bequemer messbar* erscheinen lassen. Man hat dann die relevanten Zustandsfunktionen in dem betreffenden Variablensatz zu formulieren. Das wollen wir zum Schluss am Beispiel der Entropie demonstrieren. Wir leiten die so genannten ***T* dS-Gleichungen** ab.

1. $\boxed{S = S(T, V)}$

Das ist der Fall, den wir schon diskutiert haben. Setzt man (2.59) in (2.58) ein und nutzt (2.69) aus, so bleibt:

$$T\,\mathrm{d}S = C_V\,\mathrm{d}T + T\frac{\beta}{\kappa_T}\,\mathrm{d}V . \tag{2.73}$$

Auch die Berechnung der Entropie erfordert neben der thermischen Zustandsgleichung ($\Rightarrow \beta, \kappa_T$) nur die Kenntnis von C_V.

2. $\boxed{S = S(T, p)}$

$$V = V(T, p) \Rightarrow \mathrm{d}V = \left(\frac{\partial V}{\partial T}\right)_p \mathrm{d}T + \left(\frac{\partial V}{\partial p}\right)_T \mathrm{d}p .$$

Das wird in (2.58) eingesetzt:

$$\begin{aligned}T\,\mathrm{d}S &= \left(\frac{\partial U}{\partial T}\right)_V \mathrm{d}T + \left[\left(\frac{\partial U}{\partial V}\right)_T + p\right]\left(\frac{\partial V}{\partial T}\right)_p \mathrm{d}T \\ &\quad + \left[\left(\frac{\partial U}{\partial V}\right)_T + p\right]\left(\frac{\partial V}{\partial p}\right)_T \mathrm{d}p \\ &\overset{(2.16)}{=} C_p\,\mathrm{d}T + T\left(\frac{\partial p}{\partial T}\right)_V \left(\frac{\partial V}{\partial p}\right)_T \mathrm{d}p \\ &\overset{(2.69)}{=} C_p\,\mathrm{d}T + T\left(\frac{\beta}{\kappa_T}\right)(-V\kappa_T)\,\mathrm{d}p\,.\end{aligned}$$

Damit lautet die $T\,\mathrm{d}S$-Gleichung in den Variablen (T,p):

$$T\,\mathrm{d}S = C_p\,\mathrm{d}T - T\,V\,\beta\,\mathrm{d}p\,. \tag{2.74}$$

3. $\boxed{S = S(V,p)}$

$$T = T(p,V) \Rightarrow \mathrm{d}T = \left(\frac{\partial T}{\partial p}\right)_V \mathrm{d}p + \left(\frac{\partial T}{\partial V}\right)_p \mathrm{d}V\,.$$

Einsetzen in (2.58),

$$T\,\mathrm{d}S = C_V\,\mathrm{d}T + T\left(\frac{\partial p}{\partial T}\right)_V \mathrm{d}V\,,$$

ergibt als Zwischenergebnis:

$$T\,\mathrm{d}S = C_V\left(\frac{\partial T}{\partial p}\right)_V \mathrm{d}p + \left[C_V\left(\frac{\partial T}{\partial V}\right)_p + T\left(\frac{\partial p}{\partial T}\right)_V\right]\mathrm{d}V\,. \tag{2.75}$$

Mit (2.69) folgt:

$$C_V\left(\frac{\partial T}{\partial p}\right)_V = C_V\frac{\kappa_T}{\beta}\,,$$

$$\begin{aligned}\left[C_V\left(\frac{\partial T}{\partial V}\right)_p + T\left(\frac{\partial p}{\partial T}\right)_V\right] &= \left(\frac{\partial T}{\partial V}\right)_p\left[C_V + T\left(\frac{\partial p}{\partial T}\right)_V\left(\frac{\partial V}{\partial T}\right)_p\right] \\ &\overset{(2.65)}{=} C_p\left(\frac{\partial T}{\partial V}\right)_p \overset{(2.66)}{=} \frac{C_p}{V\beta}\,.\end{aligned}$$

Damit haben wir die dritte $T\,\mathrm{d}S$-Gleichung gefunden:

$$T\,\mathrm{d}S = C_V\,\frac{\kappa_T}{\beta}\,\mathrm{d}p + \frac{C_p}{V\beta}\,\mathrm{d}V\,. \tag{2.76}$$

Wertet man diese $T\,\mathrm{d}S$-Gleichungen speziell für adiabatisch-reversible Prozesse ($S = \text{const}$) aus, so ergeben sich einige weitere nützliche Relationen:

$$(2.73) \Rightarrow \left(\frac{\partial V}{\partial T}\right)_S = -\frac{C_V\,\kappa_T}{T\beta}\,,$$

$$(2.74) \Rightarrow \left(\frac{\partial p}{\partial T}\right)_S = \frac{C_p}{T\,V\,\beta}$$

$$\Rightarrow \frac{C_p}{V\,C_V\,\kappa_T} = -\left(\frac{\partial p}{\partial T}\right)_S \left(\frac{\partial T}{\partial V}\right)_S = -\left(\frac{\partial p}{\partial V}\right)_S = \frac{1}{V\,\kappa_S}\,.$$

Dies ergibt:

$$\frac{C_p}{C_V} = \frac{\kappa_T}{\kappa_S}\,. \tag{2.77}$$

Wegen (2.72) ist also stets $\kappa_T > \kappa_S$. Wenn wir diese Gleichung mit (2.70) kombinieren, so können wir noch explizit nach C_p und C_V auflösen:

$$C_p - C_V = \frac{T\,V\,\beta^2}{\kappa_T} = C_p - \frac{\kappa_S}{\kappa_T}\,C_p$$

$$\Rightarrow C_p = \frac{T\,V\,\beta^2}{\kappa_T - \kappa_S}\,, \tag{2.78}$$

$$C_V = \frac{T\,V\,\beta^2\,\kappa_S}{\kappa_T\,(\kappa_T - \kappa_S)}\,. \tag{2.79}$$

Analoge Beziehungen, wie wir sie hier für das fluide System (Gas-Flüssigkeit) abgeleitet haben, gelten auch für **magnetische Systeme**, wenn man die entsprechenden *Response-Funktionen* einsetzt. Die Kompressibilität wird durch die

isotherme (adiabatische) Suszeptiblität

$$\chi_{T(S)} = \left(\frac{\partial M}{\partial H}\right)_{T(S)} = \frac{1}{V}\left(\frac{\partial m}{\partial H}\right)_{T(S)} \tag{2.80}$$

ersetzt. Man beachte jedoch, dass Suszeptibilitäten im Gegensatz zu den Kompressibilitäten auch negativ werden können. (Diamagnetismus!, vgl. Abschn. 3.4.2, Band. 3.) Der Ausdehnungskoeffizient hat sein Analogon in der Größe

$$\beta_H = \left(\frac{\partial M}{\partial T}\right)_H = \frac{1}{V}\left(\frac{\partial m}{\partial T}\right)_H\,, \tag{2.81}$$

die im Bereich des Magnetismus keinen speziellen Namen trägt. – Das Volumen V ist für die magnetischen Systeme als konstanter Parameter anzusehen, also keine Zustandsvariable wie im fluiden System. Beachtet man die Zuordnungen:

Magnet $\longleftrightarrow$	**Gas**
$\mu_0 H$	p
m	$-V$
$\frac{V}{\mu_0}\chi_{T(S)}$	$V\,\kappa_{T(S)}$
$C_{H,m}$	$C_{p,V}$
$V\,\beta_H$	$-V\,\beta\,,$

dann findet man mit (2.70), (2.77) und (2.78):

$$\chi_T = \mu_0 V \frac{T\,\beta_H^2}{C_H - C_m}\,, \tag{2.82}$$

$$C_H = \mu_0 V \frac{T\,\beta_H^2}{\chi_T - \chi_S}\,, \tag{2.83}$$

$$\frac{C_H}{C_m} = \frac{\chi_T}{\chi_S}\,. \tag{2.84}$$

2.9 Aufgaben

Aufgabe 2.9.1

1. Zeigen Sie, dass δQ kein totales Differential ist. Benutzt werden darf der Erste Hauptsatz und die Tatsache, dass $\mathrm{d}U$ dagegen ein solches totales Differential darstellt.
2. Suchen Sie am Beispiel des idealen Gases einen *integrierenden* Faktor $\mu(T,V)$, der aus δQ ein totales Differential $\mathrm{d}y = \mu(T,V)\,\delta Q$ macht und
   a) nur von T $(\mu = \mu(T))$,
   b) nur von V $(\mu = \mu(V))$
   abhängt.

Aufgabe 2.9.2

Zeigen Sie, dass längs der Kurve

$$p\,V^n = \text{const} \qquad (n = \text{const})$$

für ein ideales Gas das Verhältnis von zugeführter Wärme und geleisteter Arbeit konstant ist.

Aufgabe 2.9.3

Die Volumenänderung eines idealen Gases erfolge gemäß

$$\frac{\mathrm{d}p}{p} = a\frac{\mathrm{d}V}{V}$$

Dabei ist a eine vorgegebene Konstante. Bestimmen Sie $p = p(V)$, $V = V(T)$ und die Wärmekapazität $c_a = \left(\frac{\delta Q}{\mathrm{d}T}\right)_a$. Wie muss a gewählt werden, damit die Zustandsänderung isobar, isochor, isotherm bzw. adiabatisch verläuft?

Aufgabe 2.9.4

1. Leiten Sie die allgemeine Form der thermischen Zustandsgleichung für eine System ab, das die Beziehung

$$\left(\frac{\partial U}{\partial V}\right)_T = 0$$

erfüllt.
2. Ein Gas mit konstanter Teilchenzahl erfülle die Beziehungen:

$$p = \frac{1}{V}f(T) \;\; ; \;\; \left(\frac{\partial U}{\partial V}\right)_T = bp \quad (b = \text{const.})$$

Bestimmen Sie die Funktion $f(T)$!

Aufgabe 2.9.5

Beweisen Sie, dass sich eine Adiabate und eine Isotherme nicht zweimal schneiden können!

Aufgabe 2.9.6

Für nicht zu tiefe Temperaturen stellt das Curie-Gesetz die Zustandsgleichung des idealen Paramagneten dar.

1. Zeigen Sie, dass für die Wärmekapazitäten

$$C_m = \left(\frac{\partial U}{\partial T}\right)_m ; \quad C_H = \left(\frac{\partial U}{\partial T}\right)_H + \mu_0 \frac{V}{C} M^2$$

gilt (C = Curie-Konstante).

2. Leiten Sie für adiabatische Zustandsänderungen die folgende Beziehung ab:

$$\left(\frac{\partial m}{\partial H}\right)_{\text{ad}} = \frac{C_m}{C_H} \frac{\mu_0 m - \left(\frac{\partial U}{\partial H}\right)_T}{\mu_0 H - \left(\frac{\partial U}{\partial m}\right)_T} .$$

Aufgabe 2.9.7

Ein thermisch isolierter Zylinder enthält in der Mitte eine reibungslos verschiebbare, thermisch isolierende Wand. In den beiden Kammern befinden sich zwei ideale Gase mit den in der Abbildung angegebenen Anfangsdaten. In der **linken** Kammer wird das Gas so lange erwärmt, bis das Gas in der rechten Kammer den Druck $p_r = 3p_0$ angenommen hat.

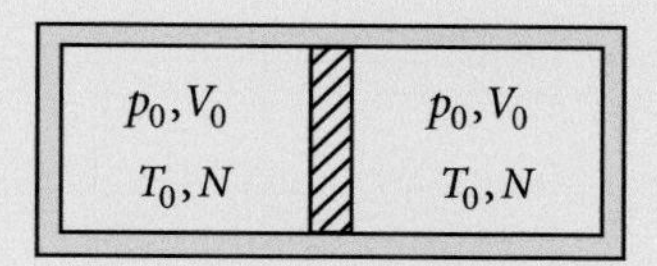

Abb. 2.15 Zwei ideale Gase in einem thermisch isolierten Zylinder, getrennt durch eine reibungslos verschiebbare, thermisch isolierende Wand

1. Welche Wärme hat das Gas rechts aufgenommen? Welche Arbeit wird vom *rechten* Gas geleistet?
2. Wie hoch sind die Endtemperaturen links und rechts?
3. Wie viel Wärme hat das Gas links aufgenommen?

Aufgabe 2.9.8

Ein Mol eines idealen zweiatomigen Gases wird bei konstanter Temperatur von 293 K quasistatisch von einem Anfangsdruck von $2 \cdot 10\,\text{N/m}^2$ auf den Enddruck $1 \cdot 10\,\text{N/m}^2$ entspannt. Über einen verschiebbaren Kolben wird dabei Arbeit geleistet.

1. Wie groß ist die geleistete Arbeit?
2. Welche Wärmemenge muss dem Gas zugeführt werden?

3. Wie groß ist die geleistete Arbeit, wenn die Expansion anstatt isotherm adiabatisch erfolgt?
4. Wie ändert sich dabei die Temperatur?

Aufgabe 2.9.9

Ein großes Gefäß endet in einer vertikalen, glattwandigen Röhre, die mit einer leicht beweglichen, aber dicht schließenden Kugel versehen ist. Das Gefäß sei mit einem idealen Gas gefüllt.

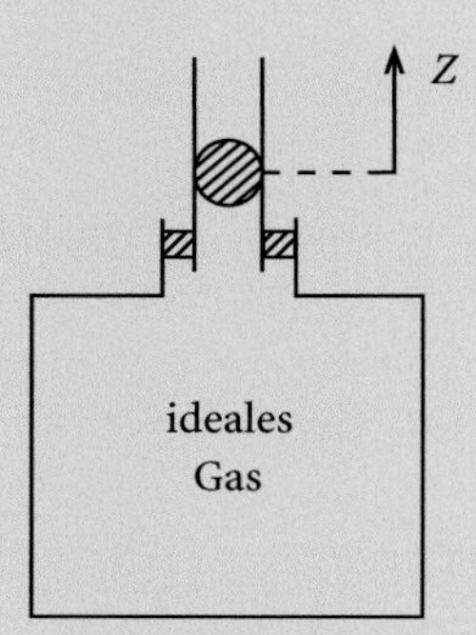

Abb. 2.16 Schematische Anordnung zum Rüchhardt-Versuch

Die Kugel wird ein wenig aus der Ruhelage entfernt und dann losgelassen. Sie führt harmonische Schwingungen um die Ruhelage aus (Dämpfung vernachlässigt!). Die dabei stattfindenden Zustandsänderungen können in guter Näherung als adiabatisch angenommen werden.

Berechnen Sie $\gamma = C_p/C_V$ als Funktion der Periode τ der harmonischen Schwingung (Rüchhardt-Versuch).

Aufgabe 2.9.10

Zwei Systeme A und B, deren innere Energien nur von T abhängen, sollen den Zustandsgleichungen

$$p\,V^2 = \alpha\,N\,T \qquad (A)\,,$$
$$p^2\,V = \beta\,N\,T \qquad (B)$$

genügen, wobei α, β Konstanten mit passender Dimension sind. Untersuchen Sie, ob sich für diese Systeme eine Entropie definieren lässt.

Aufgabe 2.9.11

1. Für ein reales Gas sei der Druck p eine lineare Funktion der Temperatur T:

$$p = \alpha(V)\,T + \beta(V)\ .$$

Zeigen Sie, dass dann die Wärmekapazität C_V nicht vom Volumen V abhängen kann.
2. Berechnen Sie für das van der Waals-Gas die Entropie $S = S(T, V)$ unter der Voraussetzung, dass C_V nicht von T abhängt.
3. Berechnen Sie die Temperaturänderung $\Delta T = T_2 - T_1$, die bei der *freien Expansion* eines van der Waals-Gases auftritt $(C_V \neq C_V(T))$. Dabei bedeutet *freie Expansion*: $U(T_1, V_1) = U(T_2, V_2)$.
4. Berechnen Sie für eine reversible adiabatische Zustandsänderung die *Adiabatengleichungen* des van der Waals-Gases.

Aufgabe 2.9.12

In einfacher Näherung gelte für einen Festkörper die folgende thermische Zustandsgleichung:

$$V = V_0 - \alpha p + \gamma T\ .$$

α und γ seien materialspezifische Parameter. Außerdem sei die Wärmekapazität bei konstantem Druck $c_p = \text{const.}$ gegeben. Berechnen Sie die Wärmekapazität c_V und die innere Energie $U(T, V)$ bzw. $U(T, p)$!

Aufgabe 2.9.13

1. Berechnen Sie für das van der Waals-Gas die Differenz der Wärmekapazitäten $c_p - c_V$. Schätzen Sie für kleine Modellparameter a, b die Korrektur zum idealen Gas ab!
2. Welche Temperaturänderung erfährt das van der Waals-Gas bei einer quasistatischen, reversiblen adiabatischen Expansion von V_0 auf $V > V_0$

Aufgabe 2.9.14

Gegeben sei eine Batterie (reversible elektrochemische Zelle), die im Ladungsbereich q_a bis $q_e > q_a$ ideal sein möge, d. h. die Potentialdifferenz, die durch die Ladungstrennung entsteht,

$$\varphi = \varphi(T, q) \equiv \varphi(T) \qquad q_a \leq q \leq q_e$$

möge von der Ladung q unabhängig sein. Welche Wärmemenge ΔQ muss der Batterie bei isothermer Aufladung ($q_a \to q_e$) zugeführt werden? (Arbeitsdifferential $\delta W = \varphi \mathrm{d}q$)

Aufgabe 2.9.15

Gegeben sei ein kalorisch ideales Gas ($pV = nRT$, $C_V = \text{const}$, $U = U(T)$).

1. Berechnen Sie seine Entropie $S = S(T, V)$.
2. Berechnen Sie die innere Energie U als Funktion von S und V.
3. Berechnen Sie die Entropieänderung, die bei einer freien Expansion des Gases von V_1 auf V_2 eintritt.

Aufgabe 2.9.16

Die Zustandsgleichung eines realen Gases sei durch den Ausdruck

$$p\,V = N\,k_\mathrm{B}\,T\left(1 + \frac{N}{V}f(T)\right)$$

gegeben, wobei $f(T)$ eine experimentell ermittelte Funktion ist. Unter der Voraussetzung, dass

$$C_V = \frac{3}{2}N\,k_\mathrm{B} - N\,k_\mathrm{B}\,\frac{N}{V}\,\frac{\mathrm{d}}{\mathrm{d}t}\left(T^2\frac{\mathrm{d}f}{\mathrm{d}T}\right)$$

gilt, berechnen Sie die innere Energie und die Entropie des Gases.

Aufgabe 2.9.17

Ein ideales Gas (n Mole, C_V bekannt) dehne sich reversibel

1. unter konstantem Druck p_0 (p_0 bekannt!),
2. bei konstanter Temperatur T_0 (T_0 bekannt!),
3. adiabatisch (Anfangsdruck p_1 bekannt!)

vom Volumen V_1 auf das Volumen V_2 aus. Berechnen Sie die Arbeitsleistung ΔW, die ausgetauschte Wärme ΔQ und die Entropieänderung ΔS als Funktionen von V_1 und V_2.

Aufgabe 2.9.18

In einem idealen Gas wird reversibel und ohne Volumenänderung der Druck erhöht. Berechnen Sie ΔQ, ΔW und ΔS.

Aufgabe 2.9.19

Die Zustandsgleichung eines thermodynamischen Systems (Photonengas!) sei

$$p = \alpha\, \varepsilon(T)\,; \qquad \alpha = \text{const}\,.$$

$\varepsilon(T)$ ist dabei die innere Energie pro Volumeneinheit.

1. Bestimmen Sie die Temperaturabhängigkeit der inneren Energie.
2. Berechnen Sie die Entropie.

Aufgabe 2.9.20

Zwei verschiedene ideale Gase mit den Molzahlen n_1 und n_2 seien in einem Behälter vom Volumen $V = V_1 + V_2$ zunächst durch eine wärmeundurchlässige Wand voneinander getrennt. Der Druck p auf beiden Seiten sei gleich, die Temperaturen seien T_1 und T_2. Die Wärmekapazitäten der beiden Gase seien gleich. – Nun werde die Trennwand entfernt.

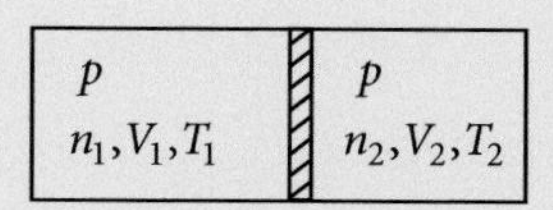

Abb. 2.17 Zwei verschiedene ideale Gase mit unterschiedlichen Temperaturen, zunächst getrennt durch eine wärmeundurchlässige Wand

1. Welche Mischungstemperatur stellt sich ein?
2. Wie groß ist die Entropieänderung?

3. Zeigen Sie, dass das Ergebnis von 2. nicht richtig sein kann, wenn die Gase in den beiden Kammern gleich sind und aus **nicht** unterscheidbaren Teilchen bestehen (Gibb'sches Paradoxon).

Aufgabe 2.9.21

Ein Stahlblock der Masse M und der konstanten Wärmekapazität C_p wird von einer Anfangstemperatur T_U, die gleich seiner Umgebungstemperatur ist, **isobar** auf die Temperatur $T_0 > T_U$ erwärmt.

1. Die Erwärmung möge durch direkten thermischen Kontakt des Blocks mit einem Wärmebad der Temperatur T_0 erfolgen. Welche Wärme gibt das Bad an den Block ab?
2. Zwischen Stahlblock und Wärmebad $WB(T_0)$ seien reversibel arbeitende Carnot-Maschinen geschaltet, die in infinitesimalen Schritten die Temperatur des Blockes durch entsprechende Wärmeentnahmen aus dem Bad erhöhen. Welche Wärmemenge muss das Bad insgesamt abgeben, damit der Block (quasistatisch) auf die Temperatur T_0 erwärmt wird?
3. Berechnen Sie die Entropieänderungen der Erwärmungsprozesse 1) und 2), wobei daran zu denken ist, dass die Erwärmung des Blocks in 1) irreversibel erfolgt. Die Wärmeabgaben des Wärmebades selbst können als reversibel angenommen werden.

$$(\Delta S)_{WB}^{1),2)} = -\frac{\Delta Q_{1,2}}{T_0}$$

Aufgabe 2.9.22

Ein Carnot-Kreisprozess verlaufe zwischen den Temperaturen T_1 und T_2:

$$T_1 = 360\,\mathrm{K}\,; \quad T_2 = 300\,\mathrm{K}\,.$$

Dem ersten Wärmebad wird die Wärme

$$\Delta Q_1 = 1\,\mathrm{kJ}$$

entzogen. Berechnen Sie die bei einem Umlauf geleistete Arbeit.

Aufgabe 2.9.23

Ein ideales Gas mit der Wärmekapazität C_V durchlaufe reversibel den skizzierten Kreisprozess. p_a, V_a, T_a sowie p_b seien bekannt. Berechnen Sie

1. Volumen V und Temperatur T in den Zuständen b und c,
2. ausgetauschte Wärmemengen, Energie- und Entropieänderungen bei jedem Teilprozess,
3. den Wirkungsgrad des Kreisprozesses.

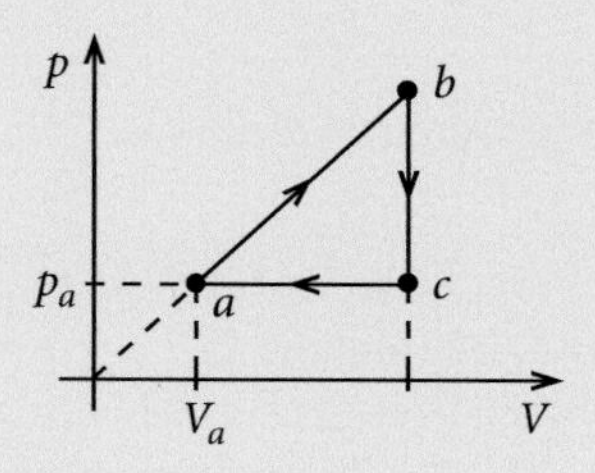

Abb. 2.18 Spezieller reversibler Kreisprozess für das ideale Gas

Aufgabe 2.9.24

Mit einem idealen Gas wird der skizzierte Kreisprozess reversibel durchgeführt. Berechnen Sie den Wirkungsgrad als Funktion von p_1 und p_2.

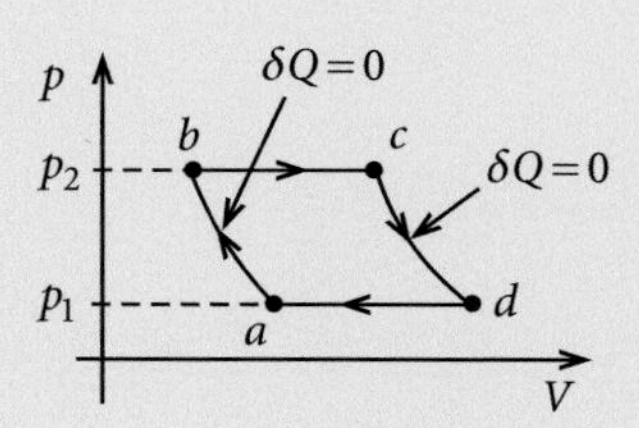

Abb. 2.19 Reversibler Kreisprozess für das ideale Gas aus Adiabaten und Isobaren

Kapitel 2

Aufgabe 2.9.25

Betrachten Sie in der T-S-Ebene den skizzierten reversiblen Kreisprozess eines idealen Gases.

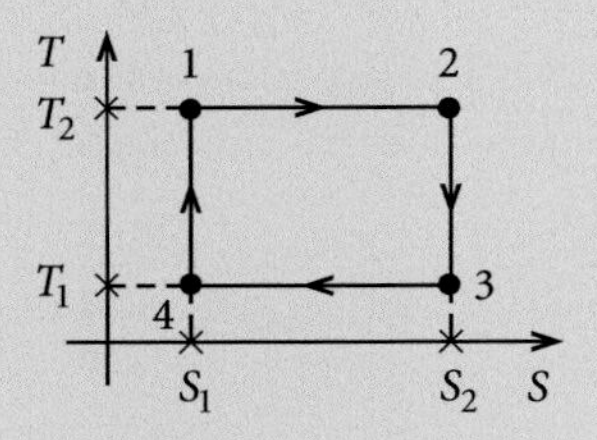

Abb. 2.20 Spezielle Darstellung des Carnot-Prozesses

1. Berechnen Sie die Wärmemengen, die das System auf den vier Teilstücken austauscht, als Funktion von T_1, T_2 und S_1, S_2.
2. Bestimmen Sie die pro Umlauf geleistete Arbeit und geben Sie den Wirkungsgrad η an.
3. Wie sieht das pV-Diagramm dieses Prozesses aus?

Aufgabe 2.9.26

Ein ideales Gas durchlaufe reversibel den skizzierten Kreisprozess aus den Teilstücken (A), (B) und (C).

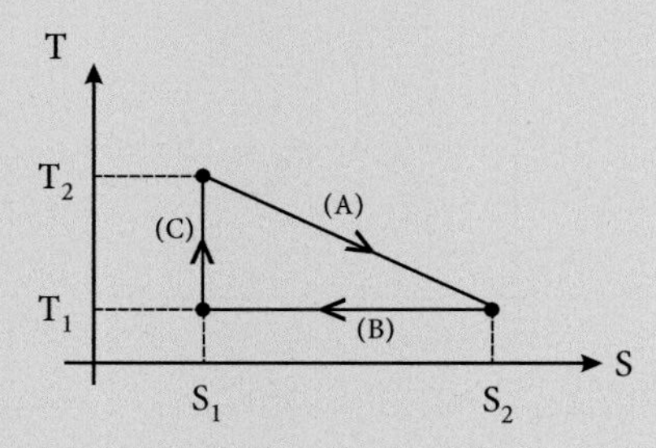

Abb. 2.21 Reversibler Kreisprozess im TS-Diagramm

Berechnen Sie die einzelnen Arbeitsleistungen und Wärmeaustauschbeiträge! Auf welchem Teilstück wird Wärme aufgenommen? Bestimmen Sie den Wirkungsgrad η der Wärmekraftmaschine!

Aufgabe 2.9.27

Betrachten Sie den skizzierten reversiblen Kreisprozess für ein ideales Gas (*Diesel-Prozess*). $(1 \to 2)$ und $(3 \to 4)$ sind Adiabaten. Wie groß ist die während eines Umlaufs vom System geleistete Arbeit? Welche Wärme muss zugeführt, welche muss abgeführt werden?

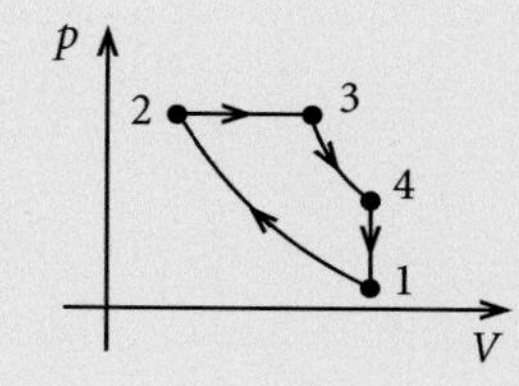

Abb. 2.22 Der Diesel-Prozess als spezieller reversibler Kreisprozess für das ideale Gas

Aufgabe 2.9.28

Der gezeichnete, aus zwei adiabatischen und zwei isochoren Ästen bestehende Kreisprozess werde mit einem idealen Gas als Arbeitssubstanz ausgeführt.

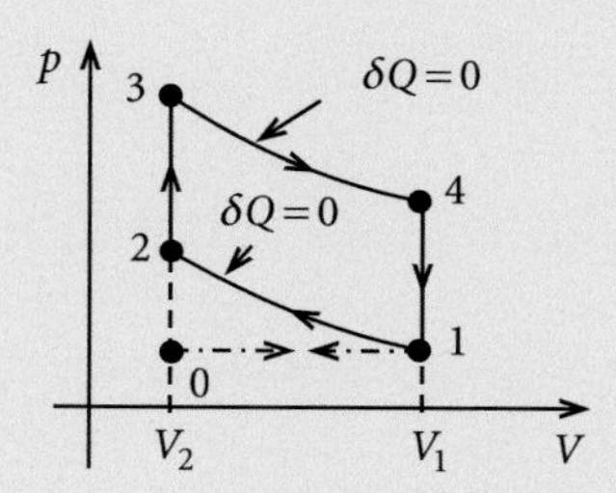

Abb. 2.23 Der Verbrennungsprozess im Otto-Motor als idealisierter Kreisprozess mit zwei Adiabaten und zwei Isochoren

1. Das Diagramm beschreibe einen idealisierten Viertakt-Verbrennungsmotor („Otto-Motor“). Welchen Takten entsprechen die einzelnen Prozesse?
2. Berechnen Sie die im Kreisprozess geleistete Arbeit.
3. Wie würden Sie den Wirkungsgrad der Maschine definieren?
4. Wie verhält sich dieser Wirkungsgrad zu dem einer Carnot-Maschine, die zwischen der höchsten und der niedrigsten Temperatur arbeitet?

Aufgabe 2.9.29

Betrachten Sie den folgenden reversiblen Kreisprozess (Carnot).

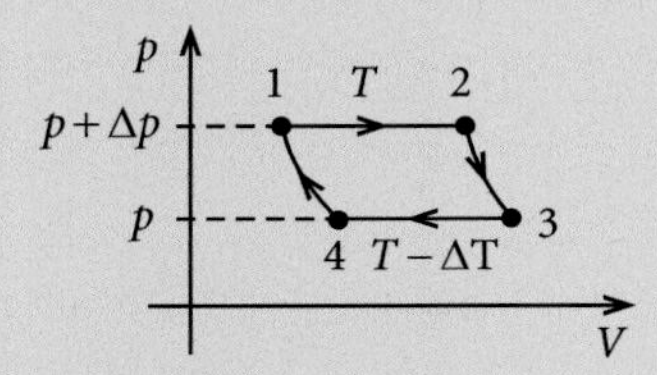

Abb. 2.24 Spezieller reversibler Kreisprozess zur Ableitung der Clausius-Clapeyron-Gleichung

$\boxed{1 \to 2}$ Die bei 1. in Abb. 2.24 vorliegende Flüssigkeit mit dem Volumen V_1 wird bei konstanter Temperatur T und konstantem Druck $p + \Delta p$ verdampft. Ein Teil der Verdampfungswärme wird zur Überwindung der Kohäsionskräfte verbraucht und später beim Kondensieren zurückgewonnen. Der zweite Anteil dient der Expansion des Dampfes $(V_1 \to V_2)$.

$\boxed{2 \to 3}$ Adiabatische Expansion mit Abkühlung um ΔT.

$\boxed{3 \to 4}$ Isotherme Kompression, wobei der Dampf wieder vollständig kondensiert.

$\boxed{4 \to 1}$ Adiabatische Kompression mit Erwärmung um ΔT.

Leiten Sie unter der Voraussetzung, dass die Volumenänderungen auf den Adiabaten vernachlässigbar klein sind, mithilfe des Wirkungsgrades η des Carnot-Kreisprozesses die Clausius-Clapeyron-Gleichung ab,

$$\frac{\Delta p}{\Delta T} = \frac{Q_D}{T\,(V_2 - V_1)}\,,$$

die die Koexistenzkurve von Gas und Flüssigkeit beschreibt.

Aufgabe 2.9.30

Eine bestimmte Wassermenge werde einem Carnot-Prozess zwischen den Temperaturen 2 °C und 6 °C unterworfen. Wegen der Anomalie des Wassers muss auf beiden Isothermen Wärme zugeführt werden. Handelt es sich hier um einen Widerspruch zur Kelvin'schen Formulierung des Zweiten Hauptsatzes?

Aufgabe 2.9.31

Ein ideales Gas durchlaufe den skizzierten *Stirling'schen* Kreisprozess:

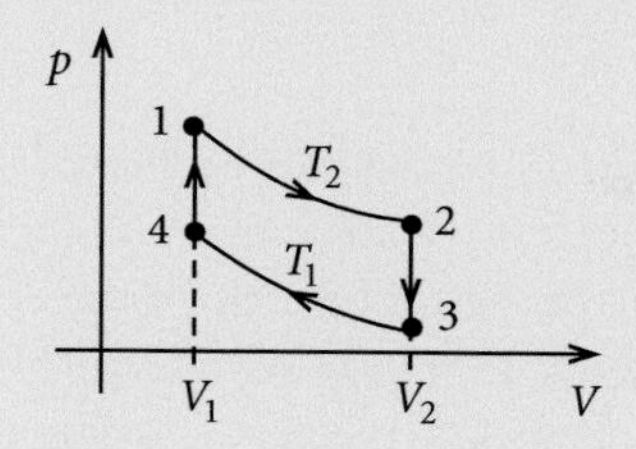

Abb. 2.25 Der Stirling'sche Kreisprozess aus zwei Isothermen und zwei Isochoren

$$1 \to 2;\ 3 \to 4: \text{isotherm},$$
$$2 \to 3;\ 4 \to 1: \text{isochor}.$$

Berechnen Sie den Wirkungsgrad.

Aufgabe 2.9.32

Mit einem idealen Gas wird ein Kreisprozess ausgeführt, der aus den folgenden Zustandsänderungen besteht:

$$(1)\,\{p_1, V_1\} \to (2)\,\{p_1, V_2\} \to (3)\,\{p_2, V_2\} \to (4)\,\{p_2, V_1\} \to (1)\,\{p_1, V_1\}\,.$$

Dabei gelte:

$$p_1\, V_2 = p_2\, V_1\,.$$

1. Stellen Sie den Prozess in der pV-Ebene dar und zeichnen Sie Isothermen ein.
2. Stellen Sie den Prozess in der TV-Ebene dar und zeichnen Sie Isobaren ein.
3. Stellen Sie den Prozess in der pT-Ebene dar und zeichnen Sie Isochoren ein.

Aufgabe 2.9.33

Bei einem Gummifaden wird folgender Zusammenhang zwischen der Länge L, der Zugkraft Z und der Temperatur T festgestellt:

$$L = L_0 + \frac{\alpha Z}{T} \qquad (L_0,\ \alpha: \text{ Konstante})\,.$$

Die Zugkraft $Z = mg$ werde durch ein angehängtes Gewicht der Masse m realisiert. Zum Erwärmen des Fadens um die Temperaturdifferenz 1 K bei fester Länge $L = L_0$ benötigt man, unabhängig von der Ausgangstemperatur, die konstante Wärmemenge $C > 0$.

1. Zeigen Sie, dass die Wärmekapazität des Fadens bei konstanter Länge L weder von der Temperatur T noch von L abhängt.
2. Berechnen Sie die innere Energie $U(T, L)$ und die Entropie $S(T, L)$. Wie lauten die Adiabatengleichungen $T = T(L)$ und $Z = Z(L)$?
3. Skizzieren Sie die Isothermen und Adiabaten in einem Z-L-Diagramm.
4. Berechnen Sie die Wärmekapazität C_Z bei konstanter Belastung Z.
5. Bei konstanter Belastung Z verkürzt sich der Faden bei Erwärmung von T_1 auf $T_2 > T_1$. Welcher Bruchteil β der zugeführten Wärme wird dabei durch Heben des Gewichtes in mechanische Arbeit umgewandelt?
6. Der Faden wird wärmeisoliert von L_1 auf $L_2 > L_1$ gedehnt. Steigt oder sinkt dabei seine Temperatur?

Aufgabe 2.9.34

Betrachten Sie noch einmal das System aus Aufgabe 2.9.33: Benutzen Sie die Teilergebnisse 1. bis 3.

1. Skizzieren Sie im Z-L-Diagramm einen Carnot'schen Kreisprozess. In welcher Richtung muss er durchlaufen werden, damit er als Wärmekraftmaschine wirkt?
2. Die beiden bei dem Carnot-Prozess durchlaufenen Isothermen mögen zu den Temperaturen T_1 und $T_2 > T_1$ gehören. ΔQ_1 und ΔQ_2 seien die auf diesen Isothermen ausgetauschten Wärmemengen. Berechnen Sie ΔQ_1, ΔQ_2 sowie den Wirkungsgrad des Carnot-Prozesses.
3. Diskutieren Sie einen Kreisprozess, der nur aus einem Isothermen- und einem Adiabatenstück besteht und dessen eine Ecke bei $L = L_0$ liegt.

Aufgabe 2.9.35

Für einen Gummifaden gelte wie in Aufgabe 2.9.33 der folgende Zusammenhang zwischen Länge L, Zugkraft Z und Temperatur T:

$$L = L_0 + \frac{\alpha Z}{T} .$$

Der zunächst mit Z belastete Faden werde schlagartig entlastet ($Z = 0$). Die anschließende Kontraktion des Fadens erfolge so schnell, dass dabei kein Wärmeaustausch mit der Umgebung möglich ist. Berechnen Sie die Entropiezunahme ΔS bei diesem irreversiblen Prozess als Funktion von Z und T. Wie kann man den gleichen Endzustand durch einen reversiblen Prozess erreichen und ΔS durch Integration von $\delta Q / T$ berechnen?

Aufgabe 2.9.36

Ein Kristallgitter enthalte an bestimmten Gitterplätzen permanente magnetische Momente. Dieses Momentensystem sei durch eine Magnetisierung

$$M = \widehat{C}\,\frac{H}{T} \qquad (\textit{Curie-Gesetz},\ \widehat{C}:\text{Curie-Konstante})$$

und eine Wärmekapazität bei konstantem H,

$$C_H^{(m)} = \widehat{C}\,\mu_0 V \frac{H^2 + H_r^2}{T^2} \qquad (V, H_r:\ \text{Konstante})\ ,$$

charakterisiert. Das Kristallgitter habe eine Wärmekapazität C_K, deren Temperaturabhängigkeit wegen $C_K \gg C_H^{(m)}$ im Folgenden nicht berücksichtigt zu werden braucht. Der gesamte Kristall sei nach außen thermisch isoliert.

1. Zeigen Sie, dass die von dem Momentensystem bei einem quasistatischen Prozess aufgenommene Wärmemenge durch
$$\delta Q^{(m)} = C_H^{(m)}\,\mathrm{d}T - \mu_0 V H \left(\frac{\partial M}{\partial H}\right)_T \mathrm{d}H$$
beschrieben wird. (Das Volumen V ist hier eine unbedeutende Konstante, keine thermodynamische Variable!)
2. Leiten Sie eine Bestimmungsgleichung für die Temperatur $T(H)$ des magnetischen Systems ab,
   a) falls kein Wärmeaustausch zwischen magnetischem System und Kristallgitter stattfindet;
   b) falls sich die beiden Teilsysteme dauernd im thermischen Gleichgewicht befinden!
3. Das Gesamtsystem habe eine Anfangstemperatur T^* und befinde sich in einem Feld $H = H^*$.
   a) Das Feld werde so schnell abgeschaltet, dass kein Wärmeaustausch zwischen Momentensystem und Kristallgitter stattfindet, andererseits aber auch so langsam, dass der Prozess als quasistatisch behandelt werden kann. Welche Temperatur T_0 hat das Momentensystem nach Abschalten des Feldes?

b) Durch den anschließenden Wärmeaustausch zwischen den Teilsystemen stellt sich ein thermisches Gleichgewicht mit der Temperatur T_g ein. Berechnen Sie T_g.

4. Ausgehend von dem gleichen Anfangszustand wie unter (3a) werde das Feld so langsam abgeschaltet, dass die beiden Teilsysteme immer im thermischen Gleichgewicht sind. Welche Endtemperatur $\widehat{T}_g$ wird nun erreicht?
5. Diskutieren Sie die Ergebnisse aus 3. und 4.
   a) Sind die Prozesse reversibel?
   b) Warum sind die Endtemperaturen T_g und $\widehat{T}_g$ nicht gleich? Welche Temperatur ist höher?

2.10 Kontrollfragen

Zu Abschn. 2.1

1. Was ist die wesentliche Aussage des Ersten Hauptsatzes?
2. Wie ist die innere Energie U definiert? Wie ändert sie sich bei einem Kreisprozess?
3. Was versteht man unter dem chemischen Potential μ?
4. Welche Relation bezeichnet man als *kalorische*, welche als *thermische* Zustandsgleichung?
5. Formulieren Sie den Ersten Hauptsatz für isolierte, geschlossene und offene Systeme.

Zu Abschn. 2.2

1. Wie sind Wärmekapazitäten definiert? Welche physikalischen Aussagen machen sie?
2. Wodurch unterscheiden sich Wärmekapazität, spezifische Wärme und Molwärme?
3. Erklären Sie, warum beim idealen Gas $C_p > C_V$ ist.

Zu Abschn. 2.3

1. Was versteht man unter einer adiabatischen Zustandsänderung?
2. Wie lauten die drei Adiabatengleichungen des idealen Gases?
3. Was kann man über die Wärmekapazitäten C_V und C_p des Schwarzen Strahlers aussagen?
4. Formulieren Sie Adiabatengleichungen des Schwarzen Strahlers.
5. Was ist eine Isotherme?
6. Zeichnen Sie qualitativ für ein ideales Gas im pV-Diagramm eine Isochore, Isobare, Isotherme und Adiabate. Dabei sollen alle Kurven einen gemeinsamen Punkt (p_0, V_0) haben.

Zu Abschn. 2.4

1. Warum reicht der Erste Hauptsatz zur Beschreibung von thermodynamischen Systemen nicht aus?
2. Was versteht man unter einem perpetuum mobile zweiter Art?
3. Was besagt der Zweite Hauptsatz? Geben Sie die Kelvin'sche und die Clausius'sche Aussage an.
4. Wie ist eine *Wärmekraftmaschine* definiert?
5. Was bedeutet ihr *Wirkungsgrad* η?

Zu Abschn. 2.5

1. Definieren Sie den Carnot-Prozess.
2. Was ist eine *Wärmepumpe*?
3. Wie lautet der Wirkungsgrad der Carnot-Maschine?
4. Was kann über den Wirkungsgrad einer beliebigen reversibel und periodisch arbeitenden Maschine gesagt werden?

Zu Abschn. 2.6

1. Welche universelle Eigenschaft der Carnot-Maschine wird zur Festlegung der absoluten thermodynamischen Temperaturskala ausgenutzt?
2. In welcher Weise wird beim Beweis der Universalität des Wirkungsgrades reversibler Kreisprozesse davon Gebrauch gemacht, dass die Arbeitssubstanz ein ideales Gas ist?
3. Skizzieren Sie, wie man mit Hilfe von reversiblen Kreisprozessen eine absolute, substanzunabhängige Temperatur festlegen kann.

Zu Abschn. 2.7

1. Was besagt die Clausius'sche Ungleichung?
2. Wie ist die Entropie S definiert? Ist dieselbe eindeutig?
3. Welcher integrierende Faktor macht aus der Differentialform δQ das totale Differential $\mathrm{d}S$?
4. Wie berechnet man die Entropie, wenn Zustandsänderungen irreversibel verlaufen?
5. Wie formuliert man *mathematisch* den Zweiten Hauptsatz?
6. Was versteht man unter der Grundrelation der Thermodynamik?
7. Was würden Sie als die zentralen Begriffe der phänomenologischen Thermodynamik bezeichnen?
8. Wie verhält sich die Entropie eines isolierten Systems, in dem noch Prozesse ablaufen? Was kann über die Entropie nach Erreichen des Gleichgewichts gesagt werden?
9. Wodurch sind irreversible Prozesse gekennzeichnet?
10. Beschreiben Sie eine reversible und eine irreversible Möglichkeit, das ideale Gas isotherm zu expandieren.

Zu Abschn. 2.8

1. Nennen Sie einige wichtige Schlussfolgerungen, die sich aus der Tatsache ergeben, dass dS und dU totale Differentiale sind.
2. Zeigen Sie, dass sich bei bekannter Wärmekapazität C_V die innere Energie $U(T, V)$ allein aus der Zustandsgleichung ableiten lässt.
3. Begründen Sie die Ungleichung $C_p > C_V$.
4. Zeigen Sie, dass die Aussage des Gay-Lussac-Versuchs eine direkte Folge der Grundrelation der Thermodynamik ist.
5. Verifizieren Sie mit eben dieser Grundrelation für das Photonengas das Stefan-Boltzmann-Gesetz.
6. Was bezeichnet man als *$T\,dS$-Gleichungen*?
7. Welche Analogien bestehen zwischen dem fluiden und dem magnetischen System?

Thermodynamische Potentiale

3

W. Nolting, *Grundkurs Theoretische Physik 4/2*, Springer-Lehrbuch,
DOI 10.1007/978-3-662-49033-4_3

3.1 „Natürliche" Zustandsvariablen

Für reversible Zustandsänderungen, die, wie wir nun wissen, faktisch quasistatisch als Prozesse zwischen Gleichgewichtszuständen ablaufen müssen (Übergang ins Gleichgewicht ist irreversibel!), lautet die

▸ Grundrelation der Thermodynamik

in allgemeinster Form:

$$\mathrm{d}U = T\,\mathrm{d}S + \sum_{i=1}^{m} F_i\,\mathrm{d}q_i + \sum_{j=1}^{\alpha} \mu_j\,\mathrm{d}N_j\ . \tag{3.1}$$

Hier ist also offensichtlich

$$U = U(S, \boldsymbol{q}, \boldsymbol{N})\ . \tag{3.2}$$

Speziell für **Gase** gilt mit $\{\boldsymbol{F}, \boldsymbol{q}\} \to \{-p, V\}$:

$$\mathrm{d}U = T\,\mathrm{d}S - p\,\mathrm{d}V + \sum_{j=1}^{\alpha} \mu_j\,\mathrm{d}N_j\ , \tag{3.3}$$

$$U = \dot{U}(S, V, \boldsymbol{N})\ . \tag{3.4}$$

Da $\mathrm{d}U$ ein totales Differential ist, kann man die innere Energie U in gleicher Form auch als die **Erzeugende** der abhängigen Variablen auffassen. An (3.3) liest man z. B. für das Gas direkt ab:

$$T = \left(\frac{\partial U}{\partial S}\right)_{V,\boldsymbol{N}}\ ; \quad -p = \left(\frac{\partial U}{\partial V}\right)_{S,\boldsymbol{N}}\ ; \quad \mu_j = \left(\frac{\partial U}{\partial N_j}\right)_{S,\,V,\,N_{i,\,i\neq j}}\ . \tag{3.5}$$

Die experimentell wichtigen *Response*-Funktionen ergeben sich aus den zweiten Ableitungen:

$$\left(\frac{\partial^2 U}{\partial S^2}\right)_{V,\boldsymbol{N}} = \left(\frac{\partial T}{\partial S}\right)_{V,\boldsymbol{N}} = \left[\left(\frac{\partial S}{\partial T}\right)_{V,\boldsymbol{N}}\right]^{-1} \overset{\text{rev}}{=} \frac{T}{C_V}$$

$$\Rightarrow\ C_V = T\left[\left(\frac{\partial^2 U}{\partial S^2}\right)_{V,\boldsymbol{N}}\right]^{-1}\ . \tag{3.6}$$

Die zweite Ableitung der inneren Energie nach dem Volumen führt auf die adiabatische Kompressibilität:

$$\left(\frac{\partial^2 U}{\partial V^2}\right)_{S,\boldsymbol{N}} = -\left(\frac{\partial p}{\partial V}\right)_{S,\boldsymbol{N}} = \frac{1}{V\,\kappa_S}$$

$$\Rightarrow\ \kappa_S = \frac{1}{V}\left[\left(\frac{\partial^2 U}{\partial V^2}\right)_{S,\boldsymbol{N}}\right]^{-1}\ . \tag{3.7}$$

Weitere nützliche Relationen ergeben sich schließlich aus der Tatsache, dass dU ein totales Differential ist, d. h. aus den entsprechenden Integrabilitätsbedingungen:

$$\left(\frac{\partial T}{\partial V}\right)_{S,N} = -\left(\frac{\partial p}{\partial S}\right)_{V,N} \;;\quad \left(\frac{\partial T}{\partial N_i}\right)_{V,S,N_{j,\,j\neq i}} = \left(\frac{\partial \mu_i}{\partial S}\right)_{V,N} \,. \tag{3.8}$$

Diese Beziehungen werden **Maxwell-Relationen** genannt.

Die Gleichungen (3.5) bis (3.7) machen klar, dass das gesamte Gleichgewichtsverhalten des Systems eindeutig festgelegt ist, z. B. auch die Zustandsgleichungen, sobald

$$U = U(S, \boldsymbol{q}, \boldsymbol{N})$$

bekannt ist. Eine Größe, die so etwas leistet, nennt man ein

- thermodynamisches Potential.

Dessen unabhängige Zustandsvariablen heißen

- natürliche Variablen.

Die natürlichen Variablen der **inneren Energie** sind also

$$\{S, \boldsymbol{q}, \boldsymbol{N}\}, \text{ und damit speziell für das } \textbf{Gas:}\ \{S, V, \boldsymbol{N}\}\ .$$

Die Bezeichnung *Potential* rührt von einer formalen Analogie mit dem Potential der Klassischen Mechanik her. Dort erhält man die Komponenten der Kräfte direkt als erste Ableitungen des Potentials nach den Koordinaten. – Von **natürlichen Variablen** eines thermodynamischen Potentials spricht man deshalb genau dann, wenn sich die entsprechenden abhängigen Variablen **direkt** durch Ableiten der Potentiale ergeben. Das ist nach (3.5) bei der inneren Energie U genau dann der Fall, wenn wir sie für ein Gas als Funktion von S, V und $\boldsymbol{N}$ darstellen. Das sind die Variablen, in denen die *differentiellen Eigenschaften* von U besonders einfach **und** *vollständig* sind. Es ist daher die kalorische Zustandsgleichung

$$U = U(T, V, \boldsymbol{N})$$

kein geeignetes thermodynamisches Potential. Wegen

$$\left(\frac{\partial U}{\partial T}\right)_V = C_V \;;\quad \left(\frac{\partial U}{\partial V}\right)_T = T\left(\frac{\partial p}{\partial T}\right)_V - p$$

folgen die abhängigen Zustandsvariablen S und p nicht unmittelbar aus den ersten Ableitungen von U.

Es gibt weitere Gesichtspunkte, die die natürlichen Variablen auszeichnen. So werden wir später Gleichgewichtsbedingungen für thermodynamische Systeme formulieren, und zwar in dem Sinne, dass in Systemen, in denen die natürlichen Variablen konstant gehalten werden, alle irreversiblen Prozesse so ablaufen, dass das thermodynamische Potential im Gleichgewicht extremal wird.

Die Einführung anderer thermodynamischer Potentiale, wie wir sie im nächsten Abschnitt durchführen, erfüllt dann lediglich den Zweck, andere *Energiefunktionen* zu finden, die in anderen Variablensätzen ähnlich einfach sind wie U als Funktion von $\{S, \boldsymbol{q}, \boldsymbol{N}\}$.

Löst man die Grundrelation (3.1) nach dS auf,

$$dS = \frac{1}{T}dU - \frac{1}{T}\sum_{i=1}^{m} F_i\, dq_i - \frac{1}{T}\sum_{j=1}^{\alpha} \mu_j\, dN_j\,, \tag{3.9}$$

so erkennt man, dass auch $S = S(U, \boldsymbol{q}, \boldsymbol{N})$ ein thermodynamisches Potential darstellt.

3.2 Legendre-Transformation

Ein Nachteil beim Gebrauch der inneren Energie U als thermodynamisches Potential ist offensichtlich. Die natürlichen Variablen sind sehr unbequem, da z. B. die Entropie S nicht leicht zu kontrollieren ist. Man führt deshalb, je nach experimentellen Randbedingungen, andere thermodynamische Potentiale ein, die als natürliche Variablen gerade solche Größen verwenden, die dem Experiment direkter zugänglich sind. Der Übergang von einem Variablensatz zum anderen erfolgt mithilfe der in Abschn. 2.1, Band 2 dieses **Grundkurs: Theoretische Physik** eingeführten

▸ Legendre-Transformation.

Diese wenden wir auf die innere Energie U an, wobei wir parallel stets das Gas als spezielle Anwendung diskutieren wollen.

1.

Freie Energie: $F = F(T, \boldsymbol{q}, \boldsymbol{N})$,

Gas: $F = F(T, V, \boldsymbol{N})$.

Die *ursprünglich*, d. h. in Bezug auf U, unabhängige Variable S soll durch die Temperatur T ersetzt werden:

$$F = U - S\left(\frac{\partial U}{\partial S}\right)_{\boldsymbol{q},\boldsymbol{N}} = U - TS\,. \tag{3.10}$$

Das totale Differential dF ergibt sich mit (3.1) zu:

$$dF = dU - d(TS) = dU - S\,dT - T\,dS\,,$$

$$dF = -S\,dT + \sum_{i=1}^{m} F_i\, dq_i + \sum_{j=1}^{\alpha} \mu_j\, dN_j\,. \tag{3.11}$$

Dies bedeutet speziell für das Gas:

$$dF = -S\,dT - p\,dV + \sum_{j=1}^{\alpha} \mu_j\,dN_j\,. \tag{3.12}$$

Die **natürlichen Variablen** der freien Energie sind demnach

$$\{T, \boldsymbol{q}, \boldsymbol{N}\}\,; \quad \textit{Gas:}\ \{T, V, \boldsymbol{N}\}\,.$$

Die abhängigen Zustandsgrößen ergeben sich unmittelbar aus den ersten partiellen Ableitungen:

$$-S = \left(\frac{\partial F}{\partial T}\right)_{\boldsymbol{q},\boldsymbol{N}}\,; \quad F_j = \left(\frac{\partial F}{\partial q_j}\right)_{T,\boldsymbol{N},q_{i,i\neq j}}\,. \tag{3.13}$$

Dies bedeutet wiederum speziell für das Gas:

$$S = -\left(\frac{\partial F}{\partial T}\right)_{V,\boldsymbol{N}}\,; \quad p = -\left(\frac{\partial F}{\partial V}\right)_{T,\boldsymbol{N}}\,. \tag{3.14}$$

Ferner gilt z. B. die Maxwell-Relation:

$$\left(\frac{\partial S}{\partial V}\right)_{T,\boldsymbol{N}} = \left(\frac{\partial p}{\partial T}\right)_{V,\boldsymbol{N}} \quad \text{(Gas)}\,. \tag{3.15}$$

2.

$$\textbf{Enthalpie:}\quad H = H(S, \boldsymbol{F}, \boldsymbol{N})\,,$$
$$\textit{Gas:}\quad H = H(S, p, \boldsymbol{N})\,.$$

Ausgehend von U sollen nun die generalisierten Koordinaten $\boldsymbol{q}$ mit den generalisierten Kräften $\boldsymbol{F}$ vertauscht werden:

$$H = U - \sum_{i=1}^{m} q_i \left(\frac{\partial U}{\partial q_i}\right)_{S,\boldsymbol{N},q_{j\neq i}} = U - \sum_{i=1}^{m} q_i F_i\,. \tag{3.16}$$

Dies bedeutet speziell für das Gas:

$$H = U + p\,V\,. \tag{3.17}$$

Zur Berechnung des totalen Differentials dH benutzen wir auch hier (3.1):

$$dH = dU - \sum_{i=1}^{m} (dq_i F_i + q_i\,dF_i) \;\Rightarrow$$

$$dH = T\,dS - \sum_{i=1}^{m} q_i\,dF_i + \sum_{j=1}^{\alpha} \mu_j\,dN_j\,. \tag{3.18}$$

Im Spezialfall des Gases wird daraus:

$$dH = T\,dS + V\,dp + \sum_{j=1}^{\alpha} \mu_j\,dN_j \,. \tag{3.19}$$

Die **natürlichen Variablen** der Enthalpie sind also:

$$\{S, \boldsymbol{F}, \boldsymbol{N}\}\,; \qquad \text{Gas: } \{S, p, \boldsymbol{N}\}\,.$$

Da auch H ein thermodynamisches Potential darstellt, ergeben sich die abhängigen Zustandsvariablen direkt aus den ersten partiellen Ableitungen:

$$T = \left(\frac{\partial H}{\partial S}\right)_{F,\boldsymbol{N}} \,; \quad q_i = -\left(\frac{\partial H}{\partial F_i}\right)_{S,\boldsymbol{N},F_{j\neq i}} \,. \tag{3.20}$$

Die zweite Gleichung lautet im Fall des Gases:

$$V = \left(\frac{\partial H}{\partial p}\right)_{S,\boldsymbol{N}} \,. \tag{3.21}$$

Aus (3.19) folgt auch unmittelbar die folgende Maxwell-Relation:

$$\left(\frac{\partial T}{\partial p}\right)_{S,\boldsymbol{N}} = \left(\frac{\partial V}{\partial S}\right)_{p,\boldsymbol{N}} \quad \text{(Gas)}\,. \tag{3.22}$$

3.

Gibb'sche (freie) Enthalpie: $G = G(T, \boldsymbol{F}, \boldsymbol{N})\,,$

Gas: $G = G(T, p, \boldsymbol{N})\,.$

Ausgehend von U sollen nun S und $\boldsymbol{q}$ gegen T und $\boldsymbol{F}$ mithilfe einer Legendre-Transformation ausgetauscht werden:

$$G = U - S\left(\frac{\partial U}{\partial S}\right)_{\boldsymbol{q},\boldsymbol{N}} - \sum_{i=1}^{m} q_i \left(\frac{\partial U}{\partial q_i}\right)_{S,\boldsymbol{N},q_{j\neq i}} \,,$$

$$G = U - TS - \sum_{i=1}^{m} q_i\,F_i \,. \tag{3.23}$$

Für das Gas gilt:

$$G = U - TS + pV \,. \tag{3.24}$$

Das totale Differential ist wiederum leicht ableitbar:

$$dG = dU - T\,dS - S\,dT - \sum_{i=1}^{m} (q_i\,dF_i + F_i\,dq_i) \ .$$

Setzen wir (3.1) ein,

$$dG = -S\,dT - \sum_{i=1}^{m} q_i\,dF_i + \sum_{j=1}^{\alpha} \mu_j\,dN_j \ , \tag{3.25}$$

so erkennen wir, dass

$$\{T, \boldsymbol{F}, \boldsymbol{N}\} \ ; \quad \text{Gas: } \{T, p, \boldsymbol{N}\}$$

die **natürlichen Variablen** der freien Enthalpie sind. Für das Gas nimmt (3.25) die Gestalt

$$dG = -S\,dT + V\,dp + \sum_{j=1}^{\alpha} \mu_j\,dN_j \tag{3.26}$$

an. Die ersten partiellen Ableitungen von G nach den natürlichen Variablen führen auf die abhängigen Zustandsvariablen:

$$S = -\left(\frac{\partial G}{\partial T}\right)_{\boldsymbol{F},\boldsymbol{N}} \ ; \quad q_i = -\left(\frac{\partial G}{\partial F_i}\right)_{T,\boldsymbol{N},F_{j \neq i}} \ . \tag{3.27}$$

Für das Gas schreibt sich die zweite Gleichung:

$$V = \left(\frac{\partial G}{\partial p}\right)_{T,\boldsymbol{N}} \ . \tag{3.28}$$

Nützlich ist noch die aus (3.26) folgende Maxwell-Relation:

$$-\left(\frac{\partial S}{\partial p}\right)_{T,\boldsymbol{N}} = \left(\frac{\partial V}{\partial T}\right)_{p,\boldsymbol{N}} \ . \tag{3.29}$$

U, F, G und H sind die vier wichtigsten thermodynamischen Potentiale. Eine Fülle von aussagekräftigen Beziehungen resultieren allein aus der Tatsache, dass dU, dF, dH und dG totale Differentiale sind.

3.3 Homogenitätsrelationen

Es muss als Erfahrungstatsache gelten, dass die innere Energie U eine

- extensive Zustandsgröße

darstellt. Dies besagt, dass bei einer Vervielfachung der homogenen Phasen eines thermodynamischen Systems, in denen die **intensiven** Zustandsvariablen überall denselben Wert haben, sich auch U vervielfacht:

$$\left.\begin{array}{l} V \to \lambda V \\ N_j \to \lambda N_j \end{array}\right\} \quad \Rightarrow \; U \to \lambda U \,. \tag{3.30}$$

Dieses ist streng natürlich nur dann richtig, wenn wir Wechselwirkungen zwischen den einzelnen Teilsystemen vernachlässigen können und auf Oberflächeneffekte keine Rücksicht nehmen müssen. (In der Statistischen Mechanik werden wir dazu den **thermodynamischen Limes** einführen!)

Wir wollen nun zeigen, dass auch die anderen thermodynamischen Potentiale extensive Zustandsgrößen sind. Da

$$\mathrm{d}U = T\,\mathrm{d}S + \sum_{i=1}^{m} F_i\,\mathrm{d}q_i + \sum_{j=1}^{\alpha} \mu_j\,\mathrm{d}N_j$$

extensiv ist, die Temperatur T nach Definition in Abschn. 1.3 intensiv, muss notwendig

$$\begin{array}{rl} S,\ \mathrm{d}S & \textbf{extensiv,} \\ \mu_j & \textbf{intensiv,} \\ \sum\limits_{i=1}^{m} F_i\,\mathrm{d}q_i & \textbf{extensiv} \end{array}$$

folgen. Falls die verallgemeinerten Koordinaten q_i extensiv gewählt werden, müssen die zugehörigen verallgemeinerten Kräfte F_i intensiv sein und umgekehrt. An (3.10), (3.11), (3.16), (3.18), (3.23) und (3.25) liest man dann unmittelbar die Behauptung ab:

$\mathrm{d}F,\ \mathrm{d}G,\ \mathrm{d}H$ bzw. $F,\ G,\ H$ sind

extensive Zustandsgrößen!

Nehmen wir einmal an, die Koordinaten q_i seien sämtlich extensiv, wie z. B. das Volumen V beim Gas, dann gelten die **Homogenitätsrelationen:**

$$F(T, \lambda\boldsymbol{q}, \lambda\boldsymbol{N}) = \lambda F(T, \boldsymbol{q}, \boldsymbol{N}) \,, \tag{3.31}$$

$$H(\lambda S, \boldsymbol{F}, \lambda\boldsymbol{N}) = \lambda H(S, \boldsymbol{F}, \boldsymbol{N}) \,, \tag{3.32}$$

$$G(T, \boldsymbol{F}, \lambda\boldsymbol{N}) = \lambda G(T, \boldsymbol{F}, \boldsymbol{N}) \,. \tag{3.33}$$

Aus der Extensivität von G ziehen wir eine wichtige Folgerung. Wir differenzieren beide Seiten der Gleichung (3.33) nach λ und setzen dann $\lambda = 1$:

$$\begin{aligned} G(T, \boldsymbol{F}, \boldsymbol{N}) &= \frac{\mathrm{d}}{\mathrm{d}\lambda}\, G(T, \boldsymbol{F}, \lambda\boldsymbol{N})\big|_{\lambda=1} \\ &= \left(\sum_{j=1}^{\alpha} \left(\frac{\partial G}{\partial(\lambda N_j)}\right)_{T, \boldsymbol{F}, N_{i\neq j}} N_j\right)_{\lambda=1} . \end{aligned}$$

Dies ergibt die

Gibbs-Duhem-Relation

$$G(T, \boldsymbol{F}, \boldsymbol{N}) = \sum_{j=1}^{\alpha} \mu_j N_j \,, \tag{3.34}$$

die bei einer einzigen Teilchensorte ($\alpha = 1$) besonders einfach aussieht:

$$G(T, \boldsymbol{F}, N) = \mu N \,. \tag{3.35}$$

Das chemische Potential μ kann demnach als freie Enthalpie pro Teilchen interpretiert werden. Gleichung (3.34) kann natürlich auch wie folgt geschrieben werden:

$$U - TS - \sum_{i=1}^{m} F_i q_i - \sum_{j=1}^{\alpha} \mu_j N_j = 0 \,. \tag{3.36}$$

3.4 Die thermodynamischen Potentiale des idealen Gases

Bevor wir weitere, allgemein gültige Eigenschaften der thermodynamischen Potentiale ableiten, wollen wir einige spezielle Anwendungen diskutieren. Zunächst berechnen wir in diesem Abschnitt einmal explizit die Potentiale des idealen Gases, wobei wir annehmen wollen, dass das Gas aus nur einer Teilchensorte besteht:

$$\{\boldsymbol{q}, \boldsymbol{F}, \boldsymbol{N}\} \rightarrow \{V, -p, N\} \,.$$

Mit $\overline{C}$ bezeichnen wir die Wärmekapazität pro Teilchen:

$$\overline{C} = \text{const} \tag{3.37}$$

Dann gilt zunächst nach (2.58) und (2.59), falls die Teilchenzahl N konstant ist:

$$\mathrm{d}S = N \overline{C}_V \frac{\mathrm{d}T}{T} + \frac{1}{T} p \,\mathrm{d}V = N \overline{C}_V \,\mathrm{d} \ln T + N k_\mathrm{B} \,\mathrm{d} \ln V \,.$$

Dies lässt sich formal leicht integrieren:

$$S(T, V, N) = S(T_0, V_0, N) + N \overline{C}_V \ln \frac{T}{T_0} + N k_\mathrm{B} \ln \frac{V}{V_0} \,. \tag{3.38}$$

Die Entropie S ist extensiv und muss deshalb homogen in den Variablen V und N sein:

$$S(T, \lambda V, \lambda N) \stackrel{!}{=} \lambda S(T, V, N) \qquad (\lambda \text{ reell}) . \tag{3.39}$$

Das wird offensichtlich von dem Zwischenergebnis (3.38) nicht unmittelbar gewährleistet, insbesondere wegen des $(\ln V)$-Terms auf der rechten Seite. Wir werden deshalb spezielle Forderungen an $S(T_0, V_0, N)$ zu stellen haben:

$$S(T_0, V_0, \lambda N) + (\lambda N)\, \overline{C}_V \ln \frac{T}{T_0} + (\lambda N)\, k_B \ln \frac{\lambda V}{V_0} \stackrel{!}{=}$$
$$\stackrel{!}{=} \lambda S(T_0, V_0, N) + \lambda N \overline{C}_V \ln \frac{T}{T_0} + \lambda N k_B \ln \frac{V}{V_0} .$$

Das ist gleichbedeutend mit

$$\lambda S(T_0, V_0, N) = S(T_0, V_0, \lambda N) + \lambda N k_B \ln \lambda .$$

Da λ beliebig gewählt werden kann, dürfen wir speziell $\lambda = N_0/N$ setzen:

$$S(T_0, V_0, N) = \frac{N}{N_0} S(T_0, V_0, N_0) + N k_B \ln \frac{N_0}{N} .$$

Dies setzen wir in (3.38) ein:

$$S(T, V, N) = N \left\{ \sigma + \overline{C}_V \ln \frac{T}{T_0} + k_B \ln \frac{V/N}{V_0/N_0} \right\} . \tag{3.40}$$

Dabei ist σ nun eine wirkliche Konstante:

$$\sigma = \frac{1}{N_0} S(T_0, V_0, N_0) . \tag{3.41}$$

In der Klammer erscheinen jetzt neben der Konstanten σ nur noch intensive Variable. S ist damit homogen in V und N.

Wir haben mit (3.40) die Entropie eigentlich nicht in ihren natürlichen Variablen dargestellt. Das sind nach (3.9) U, V und N. Mithilfe der kalorischen Zustandsgleichung des idealen Gases,

$$U(T) = N \overline{C}_V T + \text{const} , \tag{3.42}$$

können wir jedoch leicht T durch U in (3.40) ersetzen:

$$S(U, V, N) = N \left\{ \sigma + \overline{C}_V \ln \frac{U/N}{U_0/N_0} + k_B \ln \frac{V/N}{V_0/N_0} \right\} . \tag{3.43}$$

Durch Auflösen nach U erhalten wir die innere Energie des idealen Gases als Funktion ihrer natürlichen Variablen S, V und N:

$$U = N\frac{U_0}{N_0}\exp\left[\frac{1}{\overline{C}_V}\left(\frac{1}{N}S - \sigma - k_B \ln\frac{V/N}{V_0/N_0}\right)\right] .$$

Mit $k_B / \overline{C}_V = \gamma - 1$ können wir U in der Form

$$U(S,V,N) = N\,\overline{C}_V\,T_0\left(\frac{N_0\,V}{N\,V_0}\right)^{1-\gamma}\exp\left[\frac{S}{N\,\overline{C}_V} - \frac{\sigma}{\overline{C}_V}\right] \tag{3.44}$$

darstellen. Die innere Energie U des idealen Gases ist in ihren **natürlichen** Variablen ersichtlich auch volumenabhängig. Das ist **kein** Widerspruch zum Resultat des Gay-Lussac-Versuchs, der sich auf die kalorische Zustandsgleichung (3.42) bezieht, also auf U in den Variablen T, V und N.

Wir berechnen als nächstes die freie Enthalpie, und zwar mithilfe der Gibbs-Duhem-Relation (3.34). Dazu benötigen wir das chemische Potential μ, für das nach (3.9) gilt:

$$-\frac{\mu}{T} = \left(\frac{\partial S}{\partial N}\right)_{U,V} . \tag{3.45}$$

Das können wir mit (3.43) explizit berechnen:

$$\begin{aligned}-\frac{\mu}{T} &= \sigma + \overline{C}_V \ln\frac{U/N}{U_0/N_0} + k_B \ln\frac{V/N}{V_0/N_0}\\ &\quad + N\left[\overline{C}_V\left(-\frac{1}{N}\right) + k_B\left(-\frac{1}{N}\right)\right] .\end{aligned}$$

Daraus folgt mit (3.42), wenn man die Konstante gleich Null setzt:

$$\mu(T,V,N) = \left(k_B + \overline{C}_V - \sigma\right) T - \overline{C}_V\,T\ln\frac{T}{T_0} - k_B\,T\ln\frac{N_0\,V}{N\,V_0} . \tag{3.46}$$

Man erkennt unmittelbar, dass μ eine intensive Variable ist:

$$\mu(T,V,N) \to \mu\left(T,\frac{V}{N}\right) .$$

Entsprechend ist

$$\mu(T,p,N) = \mu(T,p) ,$$

wobei wir letzteres aus (3.46) mithilfe der Zustandsgleichung und wegen $\overline{C}_p = \overline{C}_V + k_B$ ableiten können:

$$\mu(T,p) = \left(\overline{C}_p - \sigma\right) T - \left(\overline{C}_p - k_B\right) T\ln\frac{T}{T_0} + k_B\,T\ln\frac{p/T}{p_0/T_0} . \tag{3.47}$$

Mit (3.34) ergibt sich dann direkt die freie Enthalpie:

$$G(T,p,N) = N\,\mu(T,p)\,. \tag{3.48}$$

Für die freie Energie F benutzen wir:

$$F = G - p\,V = N\,\mu(T,V,N) - N\,k_B\,T\,.$$

Dies führt mit (3.46) zu:

$$F(T,V,N) = N\left(\overline{C}_V - \sigma\right)T - N\,\overline{C}_V\,T\ln\frac{T}{T_0} - N\,k_B\,T\ln\frac{V/N}{V_0/N_0}\,. \tag{3.49}$$

Zur Berechnung der Enthalpie H geht man zweckmäßig von

$$H = U + p\,V = N\left(\overline{C}_V + k_B\right)T = N\,\overline{C}_p\,T \tag{3.50}$$

aus. Zur Darstellung von H in den natürlichen Variablen haben wir T als Funktion von S, p und N zu finden. Das gelingt mithilfe von (3.43) und der Zustandsgleichung des idealen Gases:

$$S - N\sigma - N\,k_B\left(\ln\frac{T}{T_0} - \ln\frac{p}{p_0}\right) = N\,\overline{C}_V\ln\frac{T}{T_0}\,.$$

Mit $\overline{C}_p = \overline{C}_V + k_B$ folgt weiter:

$$\frac{S - N\sigma}{N\,\overline{C}_p} + \frac{\overline{C}_p - \overline{C}_V}{\overline{C}_p}\ln\frac{p}{p_0} = \ln\frac{T}{T_0}\,,$$

$$T = T(S,p) = T_0\left(\frac{p}{p_0}\right)^{(\gamma-1)/\gamma}\exp\left[\frac{S - N\sigma}{N\,\overline{C}_p}\right]. \tag{3.51}$$

Damit sind die thermodynamischen Potentiale des idealen Gases vollständig bestimmt.

3.5 Mischungsentropie

Die Überlegungen des letzten Abschnitts betrafen die Potentiale eines idealen Gases, das aus einer einzigen Teilchensorte besteht. Bei mehrkomponentigen Gasen sind noch einige Zusatzüberlegungen vonnöten.

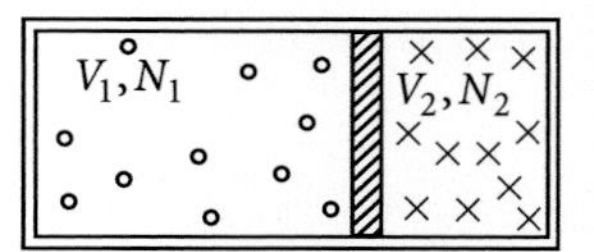

Abb. 3.1 Gedankenexperiment zur Definition der Mischungsentropie

Wir betrachten zwei ideale Gase, bestehend aus unterschiedlichen Teilchentypen:

a) Die beiden Gase seien durch eine Wand getrennt. In jeder Kammer herrsche gleicher Druck p und gleiche Temperatur T (Abb. 3.1). Es gelten dann die Zustandsgleichungen:

$$p\,V_1 = N_1\,k_B\,T\,,$$
$$p\,V_2 = N_2\,k_B\,T\,.$$

Thermodynamische Potentiale sind extensiv, deshalb gilt für die innere Energie U:

$$U_1\,(T,N_1) + U_2\,(T,N_2) = U(T) = \overline{C}_V\,(N_1 + N_2)\,T\,.$$

Beide Teilchensorten sollen dasselbe $\overline{C}_V$ haben.

b) Wir nehmen nun die Trennungswand heraus. Es setzt eine

▸ irreversible Durchmischung

der beiden Gase bis zur homogenen Zusammensetzung des Gesamtsystems ein (Abb. 3.2). Sonst passiert nichts!

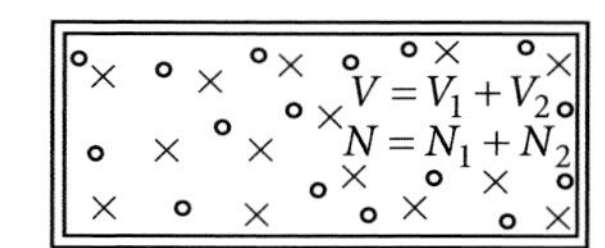

Abb. 3.2 Durchmischung zweier verschiedener idealer Gase

Es findet keine Arbeitsleistung und kein Wärmeaustausch statt. Nach dem Ersten Hauptsatz ist dann

$$U = \text{const} = U(T) = \overline{C}_V\,(N_1 + N_2)\,T\,.$$

Insbesondere bleibt die Temperatur konstant. Dies bedeutet für die Zustandsgleichung

$$p\,(V_1 + V_2) = (N_1 + N_2)\,k_B\,T\,.$$

(p, T, U) ändern sich also nicht, möglicherweise aber die Entropie S. Über diese können wir nach (2.53) die folgende Aussage machen:

$$\Delta S = S(b) - S(a) \geq \int_a^b \frac{\delta Q}{T} = 0\,. \tag{3.52}$$

Explizit können wir ΔS nur mithilfe eines **reversiblen Ersatzprozesses** berechnen:

$(b_1) = (b)$

Das Gasgemisch befinde sich in zwei ineinandergeschobenen Behältern, die zu jeweils einer Seite durch eine **semipermeable** Wand abgeschlossen sind. Die linke Seite ist für die

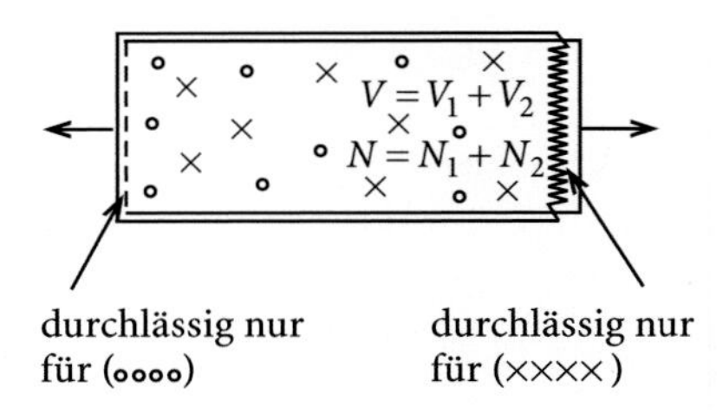

Abb. 3.3 Reversibler Ersatzprozess für die Durchmischung zweier verschiedener idealer Gase (Ausgangszustand mit semipermeabler Wand)

Teilchensorte 2 **un**durchlässig, während die Teilchen vom Typ 1 ungehindert hindurchdiffundieren können. An der rechten Seite ist es umgekehrt (Abb. 3.3).
Wir ziehen nun die beiden Behälter quasistatisch auseinander:

$\boxed{(b_2)}$

Dadurch werden die Gase **reversibel** entmischt, wobei jede Gassorte stets das konstante Volumen V beibehält (Abb. 3.4). Die semipermeablen Wände bewegen sich widerstandslos durch das Gas. Die Entmischung bedarf also keiner Arbeitsleistung

$$\Delta W = 0 \, .$$

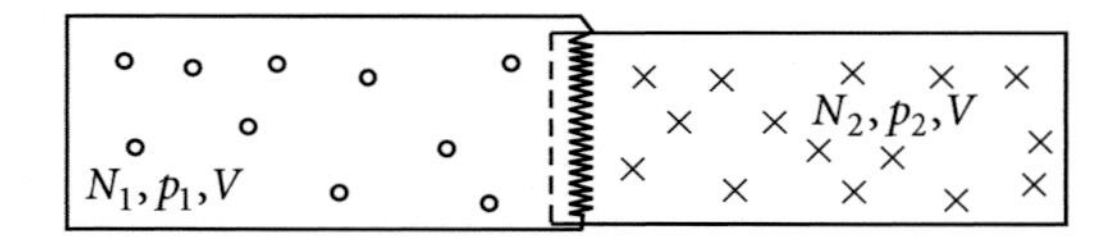

Abb. 3.4 Reversibler Ersatzprozess für die Durchmischung zweier verschiedener idealer Gase. Entmischung erreicht durch semipermeable Wand

Die Temperatur T ändert sich nicht, d. h., $\Delta U = 0$, sodass auch $\Delta Q = 0$ ist. Der Prozess verläuft reversibel, deshalb gilt:

$$\Delta S_{b_1 \to b_2} = 0 \, .$$

Die Drücke haben sich geändert:

$$\begin{aligned} p_1 V &= N_1 k_B T \overset{(a)}{=} p V_1 \\ p_2 V &= N_2 k_B T \overset{(a)}{=} p V_2 \end{aligned} \quad \Rightarrow \quad \begin{aligned} p_i = p \frac{V_i}{V} \, ; \quad i = 1,2 \\ \text{(Dalton-Gesetz)} \, . \end{aligned}$$

$\boxed{(b_3) = (a)}$

Durch eine isotherme, reversible Kompression, wie in Abschn. 2.7 beschrieben, führen wir das System schließlich in den Zustand (a) zurück. Dazu bringen wir das Gesamtsystem in Kontakt mit einem Wärmebad $WB(T)$ (Abb. 3.5).

Da der Prozess isotherm verläuft, ist

$$\Delta U = 0 \, .$$

Kapitel 3

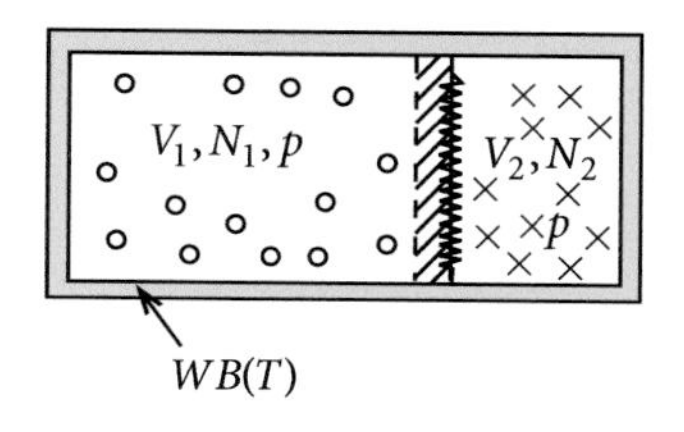

Abb. 3.5 Reversibler Ersatzprozess für die Durchmischung zweier verschiedener idealer Gase. Nach Entmischung durch semipermeable Wand (Abb. 3.4) Rückführung in den Anfangszustand durch isotherme Kompression

Es muss jedoch Arbeit an den beiden Teilsystemen geleistet werden:

$$\begin{aligned}\Delta W &= -\int_V^{V_1} p_1\,(V')\,\mathrm{d}V' - \int_V^{V_2} p_2\,(V')\,\mathrm{d}V' \\ &= -N_1\,k_B\,T \int_V^{V_1} \frac{\mathrm{d}V'}{V'} - N_2\,k_B\,T \int_V^{V_2} \frac{\mathrm{d}V'}{V'} \\ &= -k_B\,T \left\{N_1 \ln \frac{V_1}{V} + N_2 \ln \frac{V_2}{V}\right\} \overset{!}{=} -\Delta Q_{\text{rev}}\ .\end{aligned}$$

Dies entspricht einer Entropieänderung:

$$\Delta S_{b_2 \to b_3} = \frac{1}{T}\,\Delta Q_{\text{rev}}\ .$$

Die gesamte Entropieänderung von $(b,3) = (a)$ nach $(b,1) = (b)$ beträgt dann:

$$\Delta S = S(b) - S(a) = k_B \left\{N_1 \ln \frac{V}{V_1} + N_2 \ln \frac{V}{V_2}\right\}\ . \tag{3.53}$$

Die Entropie hat also zugenommen!

Die Verallgemeinerung von den hier diskutierten zwei auf α verschiedene Gassorten liegt auf der Hand:

$$\textbf{Mischungsentropie:}\quad \Delta S = k_B \sum_{j=1}^{\alpha} N_j \ln \frac{V}{V_j}\ . \tag{3.54}$$

Man beachte, dass die Ableitung dieses Ausdrucks voraussetzt, dass es sich bei den α idealen Gasen um solche aus paarweise unterscheidbaren Teilchen handelt, da sonst der reversible Ersatzprozess nicht funktioniert.

Da die Entropie eine extensive Größe ist, können wir sie für den Zustand der Gase **vor** der Durchmischung direkt angeben:

$$S_v = \sum_{j=1}^{\alpha} S\left(T, V_j, N_j\right)\ . \tag{3.55}$$

Es bleibt dann nur noch (3.38) einzusetzen. Die Gesamtentropie **nach** der Durchmischung berechnet sich schließlich wie folgt:

$$\begin{aligned} S_n &= \Delta S + S_v \\ &= k_B \sum_{j=1}^{\alpha} N_j \ln \frac{V}{V_j} + \sum_{j=1}^{\alpha} N_j \left\{ \sigma + \overline{C}_V \ln \frac{T}{T_0} + k_B \ln \frac{V_j / N_j}{V_0 / N_0} \right\} \\ &= \sum_{j=1}^{\alpha} N_j \left\{ \sigma + \overline{C}_V \ln \frac{T}{T_0} + k_B \ln \frac{V / N_j}{V_0 / N_0} \right\} \\ \Rightarrow \quad S_n &= \sum_{j=1}^{\alpha} S\left(T, V, N_j\right) . \end{aligned} \tag{3.56}$$

Die Entropien vorher und nachher unterscheiden sich also nur durch die Volumina, die den Gassorten zur Verfügung stehen. Vorher sind es die Teilvolumina V_j, nachher ist es für alle Sorten das Gesamtvolumen V. Zur Berechnung der

Mischungsentropie

$$\Delta S = \sum_{j=1}^{\alpha} \left\{ S\left(T, V, N_j\right) - S\left(T, V_j, N_j\right) \right\} \tag{3.57}$$

hätten wir also gleich die Formel (3.38) verwenden können, die für alle Gleichgewichtszustände gültig ist, die von dem ausgewählten Bezugspunkt (Index „0“, Konstante σ (3.41)) zumindest im Prinzip über einen reversiblen Prozess erreichbar sind.

Für gleichartige Gase scheint die Formel (3.54) für die Mischungsentropie zu einem Widerspruch zu führen. Man betrachte z. B. zwei gleiche Gase mit

$$N_1 = N_2 = \frac{N}{2} ; \quad V_1 = V_2 = \frac{V}{2} .$$

Dann ergibt (3.54) für die Durchmischung der beiden **gleichen** Gase

$$\Delta S = N k_B \ln 2 , \tag{3.58}$$

obwohl natürlich die Entropie sich **nicht** geändert haben kann (**Gibb'sches Paradoxon**). Dieser Widerspruch ist aber in Wirklichkeit keiner, da (3.54) für gleiche Gase nicht gilt.

Für solche muss man vielmehr wie folgt argumentieren:

$$\left.\begin{aligned} S_v &= 2\,S\left(T,\frac{V}{2},\frac{N}{2}\right)\,, \\ S_n &= S(T,V,N) = 2\,S\left(T,\frac{V}{2},\frac{N}{2}\right) \end{aligned}\right\} \quad \Rightarrow \quad \Delta S = 0\,.$$

Man muss also auch nach der Durchmischung von einer einzigen Gassorte ausgehen. Für gleiche Gassorten gibt es keine *semipermeablen* Wände, sodass der oben skizzierte *Ersatzprozess* zur Entmischung nicht durchführbar ist.

3.6 Joule-Thomson-Prozess

Wir wollen als weiteres Beispiel für die Anwendung thermodynamischer Potentiale die gedrosselte adiabatische Entspannung eines Gases beschreiben.

Der Joule-Thomson-Drosselversuch lässt sich so durchführen, dass man eine bestimmte Gasmenge mit dem Anfangsvolumen V_1, der Anfangstemperatur T_1 bei konstantem Druck p_1 durch eine poröse Wand in einen Raum mit konstant gehaltenem Druck p_2 presst. Das Endvolumen sei V_2. Man interessiert sich für die Änderung der Gastemperatur von T_1 auf T_2. Die poröse Drosselzone soll das Entstehen von kinetischer Energie verhindern. Das gesamte System ist thermisch isoliert (Abb. 3.6). Nach dem Ersten Hauptsatz gilt zunächst:

$$\Delta U = U_2 - U_1 = \Delta W = -\int_{V_1}^{0} p_1\,\mathrm{d}V - \int_{0}^{V_2} p_2\,\mathrm{d}V = p_1\,V_1 - p_2\,V_2\,.$$

Dies bedeutet:

$$\Delta H = (U_2 + p_2\,V_2) - (U_1 + p_1\,V_1) = 0\,. \tag{3.59}$$

Der Joule-Thomson-Prozess ist also dadurch gekennzeichnet, dass die Enthalpie H konstant bleibt:

$$H = \text{const} \;\Leftrightarrow\; \mathrm{d}H = T\,\mathrm{d}S + V\,\mathrm{d}p = 0 \quad (N = \text{const})\,. \tag{3.60}$$

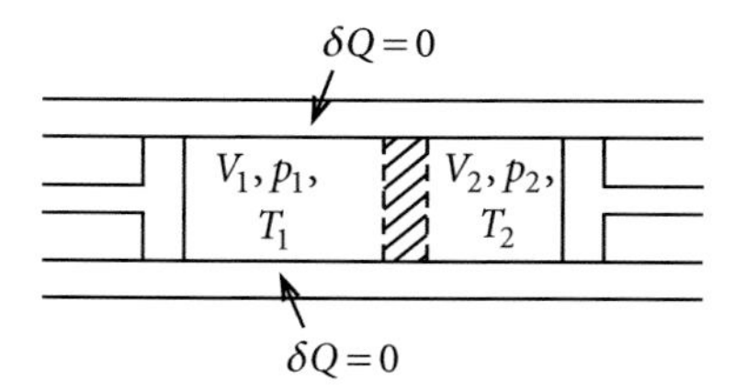

Abb. 3.6 Schematische Anordnung für den Joule-Thomson-Drosselversuch

Interessant ist der

differentielle Joule-Thomson-Koeffizient

$$\delta = \left(\frac{\partial T}{\partial p}\right)_H . \tag{3.61}$$

Da beim *Drosseln* $\mathrm{d}p < 0$ ($p_2 < p_1$) ist, bedeutet

$\delta > 0$: Temperaturerniedrigung,

$\delta < 0$: Temperaturerhöhung.

Wir bringen zunächst δ in eine Form, die sich allein mithilfe der Zustandsgleichung des Gases auswerten lässt:

$$S = S(T, p) \Rightarrow \mathrm{d}S = \left(\frac{\partial S}{\partial p}\right)_T \mathrm{d}p + \left(\frac{\partial S}{\partial T}\right)_p \mathrm{d}T .$$

Dies setzen wir in (3.19) für $\mathrm{d}H$ ein ($N = \text{const} \Leftrightarrow \mathrm{d}N = 0$):

$$\mathrm{d}H = T\left(\frac{\partial S}{\partial T}\right)_p \mathrm{d}T + \left[V + T\left(\frac{\partial S}{\partial p}\right)_T\right] \mathrm{d}p . \tag{3.62}$$

Mit der Maxwell-Relation für die freie Enthalpie G,

$$\left(\frac{\partial S}{\partial p}\right)_T = -\left(\frac{\partial V}{\partial T}\right)_p , \tag{3.63}$$

folgt weiter:

$$\mathrm{d}H = C_p\,\mathrm{d}T + \left[V - T\left(\frac{\partial V}{\partial T}\right)_p\right] \mathrm{d}p . \tag{3.64}$$

Damit erhält man für den Joule-Thomson-Koeffizienten:

$$\delta = \left(\frac{\partial T}{\partial p}\right)_H = \frac{1}{C_p}\left[T\left(\frac{\partial V}{\partial T}\right)_p - V\right] . \tag{3.65}$$

Wir wollen δ für zwei Modellsysteme explizit ausrechnen:

1) Ideales Gas

Mithilfe der Zustandsgleichung erhält man unmittelbar:

$$T\left(\frac{\partial V}{\partial T}\right)_p = T\left(\frac{\partial}{\partial T}\frac{nRT}{p}\right)_p = \frac{nRT}{p} = V .$$

Beim idealen Gas lässt sich wegen

$$\delta = 0 \tag{3.66}$$

demnach kein Kühleffekt erzielen.

2) Van der Waals-Gas

Wir fassen in der Zustandsgleichung

$$\left(p + a\,\frac{n^2}{V^2}\right)(V - n\,b) = n\,R\,T$$

die linke Seite als implizite Funktion von T und p auf $(V = V(T,p))$ und leiten bei festgehaltenem Druck p nach T ab:

$$\left(-2\,a\frac{n^2}{V^3}\right)(V - n\,b)\left(\frac{\partial V}{\partial T}\right)_p + \left(p + a\frac{n^2}{V^2}\right)\left(\frac{\partial V}{\partial T}\right)_p = n\,R\,.$$

Daraus folgt:

$$\left(\frac{\partial V}{\partial T}\right)_p \left(-a\,\frac{n^2}{V^2} + p + 2\,a\,b\,\frac{n^3}{V^3}\right) = n\,R\,.$$

Für den Joule-Thomson-Koeffizienten δ benötigen wir:

$$T\left(\frac{\partial V}{\partial T}\right)_p - V = \frac{n\,R\,T}{p - a\,\frac{n^2}{V^2} + 2\,a\,b\,\frac{n^3}{V^3}} - V\,. \tag{3.67}$$

Wir interessieren uns für die so genannte

- Inversionskurve.

Damit ist die Kurve im pV-Diagramm gemeint, für die $\delta = 0$ gilt. Nach (3.67) muss dazu

$$n\,R\,T = p\,V - a\,\frac{n^2}{V} + 2\,a\,b\,\frac{n^3}{V^2}$$

erfüllt sein. Mit der van der Waals-Zustandsgleichung ist dies für

$$p_i = \frac{2\,a}{b}\,\frac{n}{V} - 3\,a\,\frac{n^2}{V^2} \tag{3.68}$$

der Fall. Die Inversionskurve $p_i(V)$ (Abb. 3.7) hat offensichtlich bei

$$V_0 = \frac{3}{2}\,b\,n$$

eine Nullstelle und bei

$$V_{\text{max}} = 3\,n\,b$$

ein Maximum der Höhe $p_i^{\text{max}} = \frac{1}{3}\,a\,/\,b^2$.

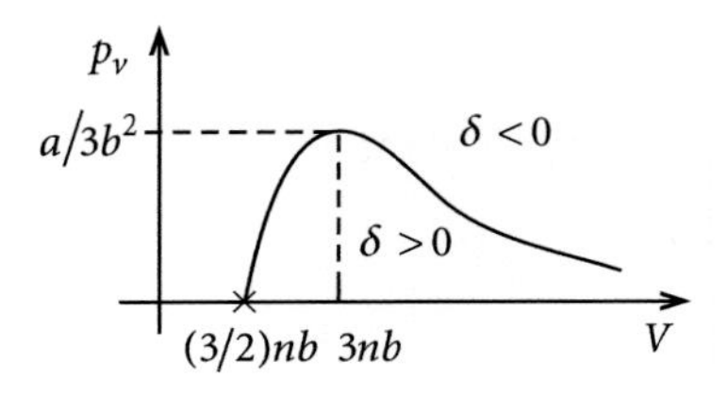

Abb. 3.7 Inversionskurve des van der Waals-Gases beim Joule-Thomson-Prozess

Unterhalb der Inversionskurve ist $\delta > 0$, d. h., die adiabatische Entspannung führt zu einer Kühlung des van der Waals-Gases.

Der Joule-Thomson-Prozess verläuft irreversibel und ist deshalb mit einer Entropieproduktion verbunden. Es gilt:

$$\mathrm{d}S = \frac{1}{T}\,\mathrm{d}H - \frac{V}{T}\,\mathrm{d}p\,.$$

Wegen $\mathrm{d}H = 0$ und $\mathrm{d}p < 0$ nimmt die Entropie also zu:

$$\mathrm{d}S = -\frac{V}{T}\,\mathrm{d}p > 0\,.$$

3.7 Gleichgewichtsbedingungen

Die thermodynamischen Potentiale sind als Funktionen ihrer natürlichen Variablen insbesondere dadurch ausgezeichnet, dass man durch Konstanthalten gewisser Variabler und Verändern der anderen sehr leicht erkennen kann, auf welche Weise Energieaustausch mit der Umgebung erfolgt. Nehmen wir als Beispiel die innere Energie U eines Gases:

$$\mathrm{d}U = T\,\mathrm{d}S - p\,\mathrm{d}V \quad \Rightarrow \quad \begin{array}{ll} 1. \;\; S = \text{const}: & \mathrm{d}U = \underbrace{-p\,\mathrm{d}V}_{\textit{Arbeit}} \\ 2. \;\; V = \text{const}: & \mathrm{d}U = \underbrace{T\,\mathrm{d}S}_{\textit{Wärme.}} \end{array}$$

Die

Grundrelation der Thermodynamik

$$T\,\mathrm{d}S \geq \delta Q = \mathrm{d}U - \sum_{i=1}^{m} F_i\,\mathrm{d}q_i - \sum_{j=1}^{\alpha} \mu_j\,\mathrm{d}N_j$$

lässt sich mithilfe der thermodynamischen Potentiale für die verschiedenen Kontakte von System und Umgebung in besonders einfache Formen bringen. Die Potentiale geben uns die Möglichkeit, die Entwicklung eines thermodynamischen Systems zum Gleichgewicht hin und das Gleichgewicht selbst zu beschreiben. Die verschiedenen Potentiale sind dabei verschiedenen experimentellen Situationen angepasst. Wir betrachten die wichtigsten Spezialfälle.

3.7.1 Isolierte Systeme

Diese Situation haben wir bereits im Zusammenhang mit dem Zweiten Hauptsatz (Abschn. 2.7) diskutiert. Isolierte Systeme sind definiert durch:

$$\mathrm{d}U = 0 \; (\delta Q = 0)\,; \quad \mathrm{d}q_i = 0\,; \quad \mathrm{d}N_j = 0\,. \tag{3.69}$$

Dies bedeutet:

$$\begin{aligned} &\mathrm{d}S \geq 0\,,\\ &\mathrm{d}S = 0 \quad \text{im Gleichgewicht.} \end{aligned} \tag{3.70}$$

Solange in einem isolierten System noch reale, irreversible Prozesse ablaufen, geschehen diese stets so, dass die Entropie dabei zunimmt. Die **Entropie** ist **maximal im stationären Gleichgewicht!**

Solange wir nur den Gleichgewichtswert der Entropie $S = S(U, \boldsymbol{q}, \boldsymbol{N})$ zugrundelegen, können wir über (3.70) hinaus keine weiteren Schlussfolgerungen ziehen, da ja nach Voraussetzung U, $\boldsymbol{q}$ und $\boldsymbol{N}$ konstant sind. Wir erzeugen uns deshalb nun in einem Gedankenexperiment eine einfache Nicht-Gleichgewichtssituation, aus der sich weitere Informationen ableiten lassen.

Das nach außen isolierte System (U = const, V = const, N_j = const) werde durch eine Wand in zwei Teile zerlegt. Der Einfachheit halber nehmen wir an, dass das Gas in den Kammern aus nur einer Teilchensorte besteht ($\alpha = 1$). Die Verallgemeinerung auf mehrere Sorten wird problemlos sein.

Die Wand sei beweglich und für Energie und Teilchen durchlässig!

① U_1, V_1, N_1	② U_2, V_2, N_2

Abb. 3.8 Ein nach außen isoliertes System mit einer für Teilchen und Energie durchlässigen Zwischenwand

V_1, V_2 sowie U_1, U_2 und N_1, N_2 sind also noch variabel, allerdings unter den **Randbedingungen** (Abb. 3.8):

$$U = U_1 + U_2 = \text{const}\,; \qquad V = V_1 + V_2 = \text{const}\,; \qquad N = N_1 + N_2 = \text{const}\,.$$

Die Gesamtentropie ist additiv:

$$S = S(U_1, V_1, N_1) + S(U_2, V_2, N_2) = S_1 + S_2\,.$$

Es gilt somit, da U, V, N konstant sind:

$$\mathrm{d}U_1 = -\mathrm{d}U_2,\ \mathrm{d}V_1 = -\mathrm{d}V_2,\ \mathrm{d}N_1 = -\mathrm{d}N_2\,.$$

Die beiden Teilsysteme werden so lange reagieren, bis die Gleichgewichtsbedingung (3.70) erfüllt ist:

$$\begin{aligned}
0 = \mathrm{d}S &= \mathrm{d}S_1 + \mathrm{d}S_2 \\
&= \left\{\left(\frac{\partial S_1}{\partial U_1}\right)_{V_1, N_1} - \left(\frac{\partial S_2}{\partial U_2}\right)_{V_2, N_2}\right\}\mathrm{d}U_1 \\
&\quad + \left\{\left(\frac{\partial S_1}{\partial V_1}\right)_{U_1, N_1} - \left(\frac{\partial S_2}{\partial V_2}\right)_{U_2, N_2}\right\}\mathrm{d}V_1 \\
&\quad + \left\{\left(\frac{\partial S_1}{\partial N_1}\right)_{U_1, V_1} - \left(\frac{\partial S_2}{\partial N_2}\right)_{U_2, V_2}\right\}\mathrm{d}N_1 \\
&= \left(\frac{1}{T_1} - \frac{1}{T_2}\right)\mathrm{d}U_1 + \left(\frac{p_1}{T_1} - \frac{p_2}{T_2}\right)\mathrm{d}V_1 \\
&\quad + \left(-\frac{\mu_1}{T_1} + \frac{\mu_2}{T_2}\right)\mathrm{d}N_1\,.
\end{aligned} \tag{3.71}$$

U_1, V_1 und N_1 sind unabhängige Zustandsvariable. Die Klammern müssen deshalb jede für sich verschwinden. Das Gleichgewicht ist also durch

$$T_1 = T_2 = T\,; \quad p_1 = p_2 = p\,; \quad \mu_1 = \mu_2 = \mu \tag{3.72}$$

gekennzeichnet. – Wir können in dem Gedankenexperiment die Unterteilung weiter fortsetzen, um schließlich *asymptotisch* zu der Aussage zu kommen, dass

> *in einem isolierten System im Gleichgewicht an allen Orten gleiche Temperatur, gleicher Druck und gleiches chemisches Potential vorliegen!*

3.7.2 Geschlossenes System im Wärmebad ohne Arbeitsaustausch

Damit ist im einzelnen gemeint:

$$\begin{aligned} &\textit{geschlossen} && \Rightarrow \quad N_j = \text{const} \quad \Leftrightarrow \quad \mathrm{d}N_j = 0\,, \\ &\textit{im Wärmebad} && \Rightarrow \quad T = \text{const} \quad \Leftrightarrow \quad \mathrm{d}T = 0\,, \\ &\textit{ohne Arbeitsaustausch} && \Rightarrow \quad q_i \equiv \text{const} \quad \Leftrightarrow \quad \mathrm{d}q_i = 0\,. \end{aligned}$$

Die Grundrelation lautet dann:

$$T\,\mathrm{d}S \geq \mathrm{d}U\,,$$

$$T = \text{const} \quad \Rightarrow \quad T\,\mathrm{d}S = \mathrm{d}(T\,S) \quad \Rightarrow \quad \mathrm{d}(U - T\,S) \leq 0\,.$$

Dies bedeutet:

$$\begin{aligned} &\mathrm{d}F \leq 0\,, \\ &\mathrm{d}F = 0 \quad \text{im Gleichgewicht.} \end{aligned} \tag{3.73}$$

Bei allen irreversiblen Prozessen, die unter den angegebenen Randbedingungen,

$$T = \text{const}\,, \quad \boldsymbol{q} = \text{const}\,, \quad \boldsymbol{N} = \text{const}\,,$$

noch ablaufen können, nimmt die **freie Energie** stets ab. ***F*** ist **minimal im Gleichgewicht.**

Um weitere Aussagen zu bekommen, machen wir ein ähnliches Gedankenexperiment wie im letzten Abschnitt mit dem isolierten System, und zwar wieder als Beispiel mit einem Gas.

Das System wird unterteilt durch eine Wand, die frei verschiebbar und für Teilchen durchlässig sein möge. Das Wärmebad sorgt in beiden Kammern für konstante Temperatur (Abb. 3.9).

$$\begin{aligned} V = V_1 + V_2 = \text{const} \quad &\Rightarrow \quad \mathrm{d}V_1 = -\mathrm{d}V_2\,, \\ N = N_1 + N_2 = \text{const} \quad &\Rightarrow \quad \mathrm{d}N_1 = -\mathrm{d}N_2\,, \\ F = F(T, V_1, N_1) + F(T, V_2, N_2) &= F_1 + F_2\,. \end{aligned}$$

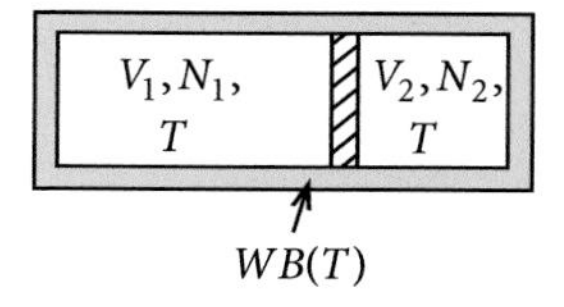

Abb. 3.9 System im Wärmebad mit einer für Teilchen durchlässigen Zwischenwand

Kapitel 3

Im Gleichgewicht gilt:

$$\begin{aligned}
0 = \mathrm{d}F =& \mathrm{d}F_1 + \mathrm{d}F_2 \\
=& \left\{ \left(\frac{\partial F_1}{\partial V_1} \right)_{N_1, T} - \left(\frac{\partial F_2}{\partial V_2} \right)_{N_2, T} \right\} \mathrm{d}V_1 \\
&+ \left\{ \left(\frac{\partial F_1}{\partial N_1} \right)_{V_1, T} - \left(\frac{\partial F_2}{\partial N_2} \right)_{V_2, T} \right\} \mathrm{d}N_1 \\
=& \{-p_1 + p_2\} \, \mathrm{d}V_1 + \{\mu_1 - \mu_2\} \, \mathrm{d}N_1 \, .
\end{aligned}$$

Da V_1 und N_1 unabhängige Variable sind, folgt:

$$p_1 = p_2 = p \, ; \quad \mu_1 = \mu_2 = \mu \, . \tag{3.74}$$

Wir können aus diesem Gedankenexperiment folgern, dass sich

in einem geschlossenen System (Gas), das sich mit konstantem Volumen V in einem Wärmebad befindet, überall gleicher Druck und gleiches chemisches Potential im Gleichgewicht einstellen.

3.7.3 Geschlossenes System im Wärmebad bei konstanten Kräften

Damit sind die folgenden Voraussetzungen gemeint:

$$\mathrm{d}T = 0 \, , \quad \mathrm{d}N_j = 0 \, , \quad \mathrm{d}F_i = 0 \tag{3.75}$$

(Gas: T = const, N = const, p = const).

Die Grundrelation lautet jetzt:

$$\begin{aligned}
T\,\mathrm{d}S = \mathrm{d}(T\,S) \geq \mathrm{d}U - \sum_{i=1}^{m} F_i \, \mathrm{d}q_i = \mathrm{d}U - \mathrm{d}\left(\sum_{i=1}^{m} F_i \, q_i \right) \\
\Rightarrow \mathrm{d}\left(U - \sum_{i=1}^{m} F_i \, q_i - T\,S \right) \leq 0 \, .
\end{aligned}$$

Dies bedeutet:

$$\begin{aligned}
&\mathrm{d}G \leq 0 \, , \\
&\mathrm{d}G = 0 \quad \text{im Gleichgewicht.}
\end{aligned} \tag{3.76}$$

Die freie Enthalpie (Gibb'sches Potential) G nimmt bei irreversiblen Prozessen, die unter den obigen Randbedingungen ablaufen, stets ab. ***Im Gleichgewicht ist G minimal!***

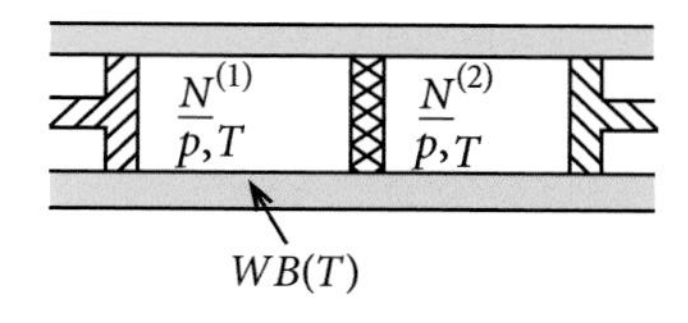

Abb. 3.10 System im Wärmebad der Temperatur T mit einer für Teilchen durchlässigen Zwischenwand; rechts und links durch verschiebbare Kolben begrenzt, die in den Kammern für konstanten Druck p sorgen

Dasselbe Gedankenexperiment wie im letzten Abschnitt mit der Zusatzbedingung $p = \text{const}$ in jeder Kammer soll nun mit mehreren Teilchensorten durchgeführt werden (Abb. 3.10). Die Nebenbedingungen

$$N_j^{(1)} + N_j^{(2)} = N_j = \text{const} \quad \forall j \quad \Leftrightarrow \quad \mathrm{d}N_j^{(1)} = -\mathrm{d}N_j^{(2)}$$

führen mit

$$G = G\left(T, p, \mathbf{N}^{(1)}\right) + G\left(T, p, \mathbf{N}^{(2)}\right) = G_1 + G_2$$

auf den folgenden Ausdruck:

$$\begin{aligned} \mathrm{d}G &= \sum_{j=1}^{\alpha} \left[\left(\frac{\partial G_1}{\partial N_j^{(1)}} \right)_{T, \mathbf{F}, N_{i, i \neq j}^{(1)}} - \left(\frac{\partial G_2}{\partial N_j^{(2)}} \right)_{T, \mathbf{F}, N_{i, i \neq j}^{(2)}} \right] \mathrm{d}N_j^{(1)} \\ &= \sum_{j=1}^{\alpha} \left\{ \mu_j^{(1)} - \mu_j^{(2)} \right\} \mathrm{d}N_j^{(1)} \overset{!}{=} 0 \,. \end{aligned}$$

Dies bedeutet, dass das chemische Potential

$$\mu_j^{(1)} = \mu_j^{(2)} = \mu_j \tag{3.77}$$

im Gleichgewicht im ganzen System denselben Wert annimmt.

3.7.4 Extremaleigenschaften von U und H

Die bisher abgeleiteten Gleichgewichtsbedingungen sind die praktisch wichtigen. Formal lassen sich natürlich auch Bedingungen für U und H ableiten, die jedoch wegen der Forderung, S konstant zu halten, ziemlich *unhandlich* sind.

1) Geschlossenes System konstanter Entropie ohne Arbeitsleistung

Dies bedeutet:

$$\mathrm{d}N_j = 0 \,, \quad \mathrm{d}S = 0 \,, \quad \mathrm{d}q_i = 0 \quad (\delta W = 0) \,. \tag{3.78}$$

Die Grundrelation liefert in diesem Fall:

$$\mathrm{d}U \leq 0,$$
$$\mathrm{d}U = 0 \quad \text{im Gleichgewicht.} \tag{3.79}$$

Für alle Prozesse, die unter den Bedingungen (3.78) noch ablaufen können, nimmt die **innere Energie *U*** ab. Sie ist **minimal im Gleichgewicht**.

2) Geschlossenes System konstanter Entropie mit konstanten Kräften

Unter den Randbedingungen

$$\mathrm{d}N_j = 0\,, \quad \mathrm{d}S = 0\,, \quad \mathrm{d}F_i = 0 \tag{3.80}$$

lautet die Grundrelation:

$$0 \geq \mathrm{d}U - \sum_{i=1}^{m} F_i \,\mathrm{d}q_i = \mathrm{d}\left(U - \sum_{i=1}^{m} F_i\, q_i\right).$$

Dies bedeutet:

$$\mathrm{d}H \leq 0\,,$$
$$\mathrm{d}H = 0 \quad \text{im Gleichgewicht.} \tag{3.81}$$

H nimmt unter den Randbedingungen (3.80) für alle Prozesse, die dann noch ablaufen können, ab und ist **minimal im Gleichgewicht!**

3.8 Der Dritte Hauptsatz (Nernst'scher Wärmesatz)

Mithilfe des Zweiten Hauptsatzes haben wir in Abschn. 2.7 die für die Thermodynamik zentrale Zustandsgröße **Entropie** eingeführt, konnten diese allerdings nur bis auf eine additive Konstante definieren. Eindeutig sind deshalb nur Entropie**differenzen** zwischen zwei Punkten des Zustandsraums, vorausgesetzt, sie lassen sich durch eine reversible Zustandsänderung miteinander verbinden. Das ist jedoch nicht selbstverständlich.

Die Zustandsgleichung des Systems, z. B. $f(T, p, V) = 0$ für ein Gas, definiert eine Zustandsfläche im (p, V, T)-Raum. Befinden sich die beiden Zustände A und B auf demselben

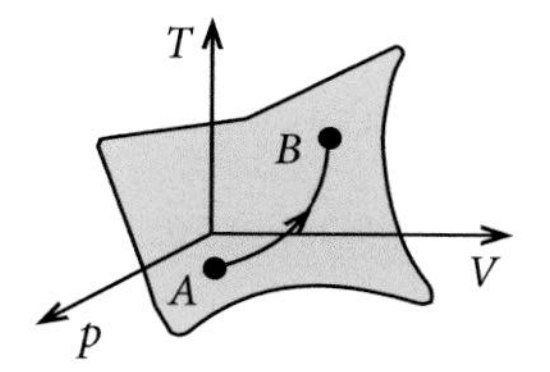

Abb. 3.11 Weg vom Zustand A zum Zustand B auf einem zusammenhängenden Blatt der Zustandsfläche $f(T, p, V) = 0$

zusammenhängenden *Blatt* der Zustandsfläche, so lassen sie sich stets durch einen reversiblen Weg miteinander verbinden (Abb. 3.11). Besteht die Zustandsfläche aus zwei oder mehreren nichtzusammenhängenden Blättern (metastabile Phasen eines Systems, Gemisch verschiedener Substanzen o. Ä.), dann kann es sein, dass ein solcher reversibler Weg nicht existiert. Die unbestimmte Konstante verhindert dann den direkten Vergleich der Entropien in den Zuständen A und B.

Der Satz von Nernst macht eine Aussage über das Verhalten der Entropie für $T \to 0$ und hebt damit teilweise die Unbestimmtheit auf. Es handelt sich um eine Erfahrungstatsache, die erst im Rahmen der Statistischen Mechanik theoretisch begründet werden kann.

Satz 3.8.1 *Dritter Hauptsatz*

Die Entropie eines thermodynamischen Systems bei $T = 0$ ist eine universelle Konstante, die man zu Null wählen kann. Das gilt **unabhängig** von den Werten der anderen Zustandsvariablen:

$$\lim_{T \to 0} S(T, \boldsymbol{q}, \boldsymbol{N}) = 0 \,, \tag{3.82}$$

$$\lim_{T \to 0} S(T, \boldsymbol{F}, \boldsymbol{N}) = 0 \,. \tag{3.83}$$

Dieser Satz gilt für **jedes** System und macht die Entropie eines **jeden** Zustands eindeutig. Wir wollen einige experimentell nachprüfbare **Folgerungen** aus diesem Satz ziehen.

1) Wärmekapazitäten

Behauptung:

$$\lim_{T \to 0} C_{\boldsymbol{q}} = \lim_{T \to 0} T \left(\frac{\partial S}{\partial T} \right)_{\boldsymbol{q}} = 0 \,, \tag{3.84}$$

$$\lim_{T \to 0} C_{\boldsymbol{F}} = \lim_{T \to 0} T \left(\frac{\partial S}{\partial T} \right)_{\boldsymbol{F}} = 0 \,. \tag{3.85}$$

Die Wärmekapazitäten aller Substanzen verschwinden am absoluten Nullpunkt. Das wird experimentell eindeutig bestätigt. Das Modellsystem *ideales Gas* liefert jedoch einen Widerspruch, da $C_V = \text{const}$, $C_p = \text{const}$ sind, ist aber natürlich für $T \to 0$ auch kein realistisches physikalisches System (Kondensation!).

Beweis

Wärmekapazitäten sind nicht negativ. Deshalb gilt:

$$T\left(\frac{\partial S}{\partial T}\right)_{\dots} = \left(\frac{\partial S}{\partial \ln T}\right)_{\dots} \geq 0\,.$$

Man setze: $x = \ln T$. Dann bedeutet $T \to 0$ nichts anderes als $x \to -\infty$. Wäre nun

$$\lim_{x\to-\infty}\left(\frac{\partial S}{\partial x}\right)_{\dots} = \alpha > 0\,,$$

dann gäbe es, da S als Zustandsgröße stetig ist, ein x_0 mit

$$-\infty < x \leq x_0 \quad \text{und} \quad \left(\frac{\partial S}{\partial x}\right) \geq \frac{\alpha}{2} > 0\,.$$

Dies ist gleichbedeutend mit:

$$S(x_0) - S(x) = \int_x^{x_0}\left(\frac{\partial S}{\partial x'}\right) dx' \geq \frac{\alpha}{2}(x_0 - x)\,.$$

Das hieße

$$S(x) \leq \frac{\alpha}{2}x + \text{const}$$

und würde dann wegen

$$\lim_{x\to-\infty} S(x) = -\infty$$

dem Nernst'schen Satz widersprechen. Die Annahme $\alpha > 0$ muss also falsch sein. Es gilt vielmehr $\alpha = 0$, womit die Behauptung bewiesen ist.

Für die **Wärmekapazitäten des Gases** C_p, C_V kann man zeigen, dass ihre Differenz sogar stärker als T gegen Null geht:

Behauptung:

$$\lim_{T\to 0}\frac{C_p - C_V}{T} = 0\,. \tag{3.86}$$

Beweis

Nach (2.65) gilt:

$$\frac{C_p - C_V}{T} = \left(\frac{\partial p}{\partial T}\right)_V \left(\frac{\partial V}{\partial T}\right)_p .$$

Wir benutzen die Maxwell-Relation der freien Energie:

$$\left(\frac{\partial p}{\partial T}\right)_V = \left(\frac{\partial S}{\partial V}\right)_T .$$

Bei $T = 0$ ist S unabhängig von anderen Variablen, deshalb muss

$$\lim_{T \to 0} \left(\frac{\partial S}{\partial V}\right)_T = 0$$

sein, womit die Behauptung bewiesen ist.

2) Ausdehnungskoeffizient

Es gibt noch einige andere *Response*-Funktionen, für die wir aus dem Dritten Hauptsatz Aussagen über ihr $T \to 0$–Verhalten ableiten können.

Behauptung:

$$\beta = \frac{1}{V}\left(\frac{\partial V}{\partial T}\right)_p \xrightarrow[T \to 0]{} 0 . \tag{3.87}$$

Beweis

Wir benutzen die Maxwell-Relation der freien Enthalpie:

$$\left(\frac{\partial V}{\partial T}\right)_p = -\left(\frac{\partial S}{\partial p}\right)_T .$$

Mit derselben Begründung wie oben gilt:

$$\lim_{T \to 0} \left(\frac{\partial S}{\partial p}\right)_T = 0 ,$$

woraus unmittelbar die Behauptung folgt.

Die wohl wichtigste Folgerung aus dem Dritten Hauptsatz dürfte die

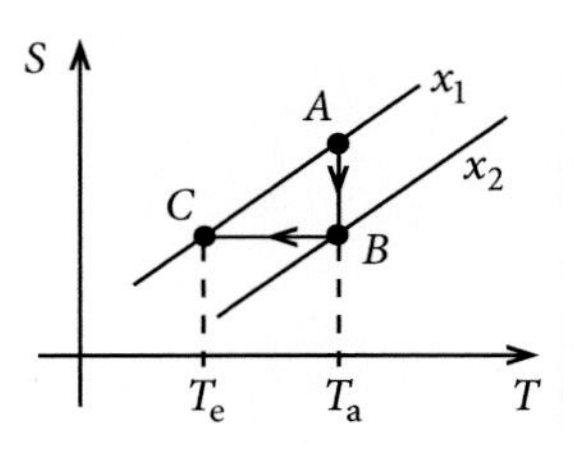

Abb. 3.12 Entropie als Funktion der Temperatur für zwei verschiedene Parameter $(V, p, \ldots)$ mit unterschiedlichen Grenzwerten für $T = 0$

3) Unerreichbarkeit des absoluten Nullpunkts

sein. Tiefe Temperaturen erhält man durch Hintereinanderschalten adiabatischer und isothermer Prozesse mit einer geeigneten Arbeitssubstanz, z. B. mit einem Gas (*Linde-Verfahren*) oder mit einem Paramagneten (*adiabatisches Entmagnetisieren*). Wir erläutern kurz das **Prinzip:**

Die Entropie muss außer von der Temperatur noch von einem anderen Parameter x abhängig sein, z. B. für ein Gas vom Druck p $(p_2 > p_1)$ oder für einen Paramagneten vom Feld H $(H_2 > H_1)$. Man führt dann den folgenden Prozess durch:

$\boxed{A \to B}$

Entropie-Verminderung durch isotherme Änderung des Parameters x von x_1 nach x_2. Dabei muss eine bestimmte Wärmemenge abgeführt werden, die im reversiblen Fall gleich $T_a \, \Delta S$ ist.

$\boxed{B \to C}$

Das System wird thermisch isoliert und der Parameter x längs einer Isentrope auf den ursprünglichen Wert x_1 zurückgebracht. Dabei sinkt die Temperatur von T_a auf T_e.

Würden für $T \to 0$ die Entropiekurven, wie in Abb. 3.12 skizziert, für verschiedene Werte des Parameters x gegen verschiedene Grenzwerte streben, so ließe sich der absolute Nullpunkt ohne Schwierigkeiten erreichen. Ein solches S-Verhalten widerspräche allerdings dem Dritten Hauptsatz, demzufolge alle Entropiekurven für $T \to 0$ in den Ursprung münden. Man macht sich an Abb. 3.13 unmittelbar klar, dass der Punkt $T = 0$ nur durch unendlich viele Teilschritte asymptotisch erreichbar ist. Man kann ihm beliebig nahe kommen, ihn aber nie erreichen.

Formaler ergibt sich dieser Sachverhalt durch die folgende Überlegung:

Wir betrachten einen adiabatischen Prozess,

$$S(T_1, x_1) \xrightarrow{\delta Q = 0} S(T_2, x_2) \; ,$$

für den nach dem Zweiten Hauptsatz $(T \, \mathrm{d}S \geq \delta Q = 0)$

$$S(T_2, x_2) \geq S(T_1, x_1)$$

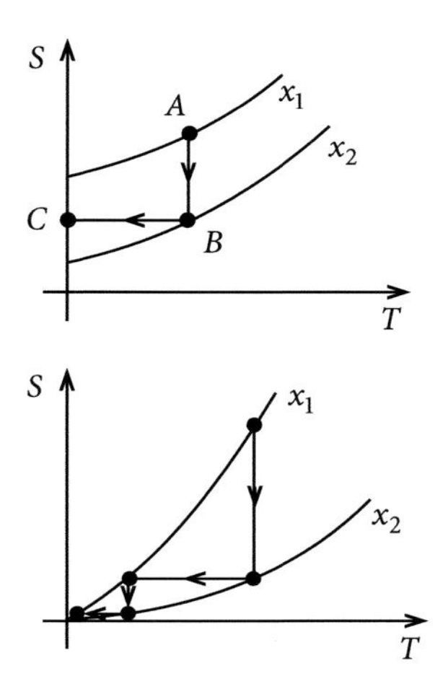

Abb. 3.13 Entropie als Funktion der Temperatur für zwei verschiedene Parameter $(V, p, \ldots)$ mit unterschiedlichen Grenzwerten für $T = 0$ (*oben*), wodurch der absolute Nullpunkt erreichbar wäre. Unerreichbarkeit des absoluten Nullpunkts bei gleichen Grenzwerten (*unten*), dem dritten Hauptsatz entsprechend

gelten muss, wobei das Gleichheitszeichen für einen reversiblen Übergang gilt. Aus dem Dritten Hauptsatz folgt nun:

$$S(T_1, x_1) = \int_0^{T_1} \frac{C_x(x_1, T)}{T} \, \mathrm{d}T \,,$$

$$S(T_2, x_2) = \int_0^{T_2} \frac{C_x(x_2, T)}{T} \, \mathrm{d}T \,.$$

Wäre $T_2 = 0$, so hieße das $S(T_2 = 0, x_2) = 0$ und damit

$$\int_0^{T_1} \frac{C_x(x_1, T)}{T} \, \mathrm{d}T \leq 0 \,.$$

Dies ist aber wegen $T_1 > 0$ und $C_x(x_1, T \neq 0) > 0$ unmöglich. T_2 kann also nicht Null sein, womit die Unerreichbarkeit des absoluten Nullpunkts bewiesen ist.

3.9 Aufgaben

Aufgabe 3.9.1

Ein System habe die folgenden Eigenschaften:

a. Die von ihm durch Expansion von V_0 auf V bei konstanter Temperatur T_0 geleistete Arbeit ist

$$\Delta W_{T_0} = R\,T_0 \ln \frac{V}{V_0} \,.$$

b. Seine Entropie beträgt

$$S = R\frac{V_0}{V}\left(\frac{T}{T_0}\right)^a ,$$

wobei V_0, T_0 und a $(a \neq -1)$ gegebene Konstanten sind.

Bestimmen Sie

1. die freie Energie,
2. die Zustandsgleichung,
3. die bei einer **beliebigen** konstanten Temperatur T durch Expansion von V_0 auf V geleistete Arbeit.

Aufgabe 3.9.2

Für das Photonengas (Schwarzer Strahler) gilt:

$$U(T,V) = V\,\varepsilon(T)\,; \quad p = \frac{1}{3}\,\varepsilon(T)\,.$$

Berechnen Sie damit die thermodynamischen Potentiale als Funktion ihrer natürlichen Variablen.

Aufgabe 3.9.3

Eine Spiralfeder erfülle das Hooke'sche Gesetz, d. h., die Ausdehnung x ist proportional zur Kraft $F_k = -k\,x$. Der Koeffizient k möge gemäß

$$k(T) = \frac{a}{T}\,; \quad a > 0$$

von der Temperatur abhängen. Wie ändert sich die innere Energie U des Systems, wenn die Spiralfeder bis zur Ausdehnung x bei konstanter Temperatur gedehnt wird?

Aufgabe 3.9.4

Ein Gummiband wird durch eine äußere Kraft bis zur Länge L gedehnt. Es habe dann die Spannung σ und die Temperatur T. Bei festgehaltener Länge L misst man:

$$\sigma = \alpha\, T\,; \qquad \alpha > 0\,.$$

1. Zeigen Sie, dass die innere Energie nur von der Temperatur abhängt.
2. Wie ändert sich die Entropie bei isothermer Dehnung des Bandes?
3. Wie ändert sich die Temperatur, wenn das Band adiabatisch gedehnt wird?

Aufgabe 3.9.5

Eine paramagnetische Substanz (Wärmekapazität C_H bekannt!) erfülle das Curie-Gesetz. Berechnen Sie für eine reversible, adiabatische Zustandsänderung

$$\left(\frac{\partial T}{\partial H}\right)_S\,.$$

Aufgabe 3.9.6

Gegeben sei ein Stab der Länge L mit der thermischen Zustandsgleichung

$$Q = Q(T, L)\,.$$

Dabei ist Q die verallgemeinerte Kraft zu L, so dass $\delta W = Q\,\mathrm{d}L$ die zugehörige Arbeitsleistung darstellt. Die Wärmekapazität $C_L(T, L_0)$ bei fester Länge L_0 sei bekannt.

1. Berechnen Sie die Wärmekapazität $C_L(T, L)$, die innere Energie $U(T, L)$, die Entropie $S(T, L)$ und die freie Energie $F(T, L)$ als Funktionale von $Q(T, L)$ und $C_L(T, L_0)$.
2. Werten Sie die Resultate aus 1.) speziell für
$$Q(T, L) = aT^2(L - L_0)\ ; \ C_L(T, L_0) = bT$$
aus, wobei a, b, L_0 Konstante sind.
3. Berechnen Sie mit den Ansätzen aus 2.) den thermischen Ausdehnungskoeffizienten
$$\alpha = \frac{1}{L}\left(\frac{\partial L}{\partial T}\right)_Q\,.$$

4. Der Zustand des Stabes ändere sich adiabatisch-reversibel von (T_1, L) auf (T_2, L_0). Berechnen Sie T_2 als Funktion von T_1, L und L_0!

Aufgabe 3.9.7

Die freie Energie F eines Systems von N gleichen Teilchen im Volumen V sei:

$$F(T,V) = -N k_B T \ln C_0 V - N k_B T \ln C_1 (k_B T)^\alpha ,$$

C_0, C_1 : gegebene Konstanten > 0; α : gegebene Konstante > 1.

Berechnen Sie

1. die Entropie $S = S(T, V)$,
2. den Druck p,
3. die kalorische Zustandsgleichung $U = U(T, V)$,
4. die Wärmekapazität C_V,
5. die isotherme Kompressibilität κ_T.

Aufgabe 3.9.8

Ein geschlossenes Volumen V werde durch eine Wand in zwei Unterkammern der Größen V_1 und V_2 aufgeteilt. In jeder Kammer befinden sich N Teilchen derselben Sorte eines einatomigen idealen Gases. Der Druck sei in beiden Kammern derselbe $p_1 = p_2 = p_0$, was durch unterschiedliche Temperaturen T_1, T_2 realisiert wird. Die Wand wird nun herausgezogen. Berechnen Sie die Mischungsentropie mit Hilfe der Entropiedarstellung (3.43) als Funktion von T_1, T_2 und N. Was ergibt sich für $T_1 = T_2$? Vergleichen Sie das Ergebnis mit Aufgabe 2.9.20!

Aufgabe 3.9.9

Eine paramagnetische Substanz habe die isotherme magnetische Suszeptibilität χ_T.

1. Berechnen Sie die Magnetisierungsabhängigkeit der freien Energie.
2. Leiten Sie daraus die entsprechenden Abhängigkeiten der inneren Energie und der Entropie ab.

Aufgabe 3.9.10

Berechnen Sie die freie Energie und die freie Enthalpie für eine magnetische Substanz, die das Curie-Weiß-Gesetz erfüllt. Zeigen Sie zunächst, dass die Wärmekapazität C_m nur von der Temperatur abhängt, und setzen Sie $C_m(T)$ dann als bekannt voraus.

Aufgabe 3.9.11

Das Volumen eines Systems sei als Funktion von Temperatur und Entropie, $V = V(T, S)$, gegeben. Berechnen Sie die partielle Ableitung der Enthalpie H nach dem Druck p bei konstantem Volumen.

Aufgabe 3.9.12

Betrachten Sie einen gespannten Draht aus piezoelektrischem Material. *Piezoelektrizität* bedeutet, dass bei isothermer oder adiabatischer Änderung der (mechanischen) Spannung τ eine Änderung der elektrischen Polarisation P beobachtet wird oder bei Änderung der elektrischen Feldstärke E eine Änderung der Länge L bzw. der Spannung τ (elektrische (mechanische) Arbeitsleistung: $\delta W_\mathrm{e} = VE\,\mathrm{d}P$ ($\delta W_\mathrm{m} = \tau\,\mathrm{d}m$); V ist keine Variable).

1. Verifizieren Sie:
$$V\left(\frac{\partial P}{\partial \tau}\right)_{T,E} = \left(\frac{\partial L}{\partial E}\right)_{T,\tau}$$
(V: Volumen, wird als konstant angesehen).
2. Wie viele verschiedene thermodynamische Potentiale gibt es für ein solches System?
3. Wie viele Integrabilitätsbedingungen gibt es?

Aufgabe 3.9.13

Für ein System mit der Teilchenzahl N, der inneren Energie U, der Temperatur T, dem Volumen V und dem chemischen Potential μ ist zu zeigen, dass die folgenden

Beziehungen gelten:

1. $$\left(\frac{\partial U}{\partial N}\right)_{T,V} - \mu = -T\left(\frac{\partial \mu}{\partial T}\right)_{V,N},$$
2. $$\left(\frac{\partial N}{\partial T}\right)_{V,\mu/T} = \frac{1}{T}\left(\frac{\partial N}{\partial \mu}\right)_{T,V}\left(\frac{\partial U}{\partial N}\right)_{T,V},$$
3. $$\left(\frac{\partial U}{\partial T}\right)_{V,\mu/T} - \left(\frac{\partial U}{\partial T}\right)_{V,N} = \frac{1}{T}\left(\frac{\partial N}{\partial \mu}\right)_{T,V}\left(\frac{\partial U}{\partial N}\right)^2_{T,V}.$$

Aufgabe 3.9.14

Ein ideales paramagnetisches Gas genügt den Zustandsgleichungen:

$$pV = Nk_\mathrm{B}T\,; \quad M = \frac{\alpha}{T}B_0 = \frac{m}{V}\,.$$

V ist das Volumen, p der Druck, B_0 die magnetische Induktion, m das magnetische Moment, M die Magnetisierung und T die Temperatur des Gases. α ist eine materialspezifische Konstante. Die Wärmekapazität sei durch

$$C_{V,m} = \frac{3}{2}Nk_\mathrm{B}$$

gegeben.

1. Wie lauten die Differentiale der inneren Energie $U = U(S, V, m)$ und der freien Energie $F = F(T, V, m)$?
2. Berechnen Sie mit Hilfe passender Integrabilitätsbedingungen die folgenden Differentialquotienten und werten Sie diese explizit für das ideale paramagnetische Gas aus!
   a) $$\left(\frac{\partial S}{\partial V}\right)_{T,m}$$
   b) $$\left(\frac{\partial S}{\partial m}\right)_{T,V}$$
   c) $$\left(\frac{\partial U}{\partial V}\right)_{T,m}$$
   d) $$\left(\frac{\partial U}{\partial m}\right)_{T,V}.$$

3. Berechnen Sie die Entropie $S(T, V, m)$ und die innere Energie $U(T, V, m)$!
4. Zeigen Sie, dass die Entropie die Homogenitätsrelation erfüllt.

Aufgabe 3.9.15

Eine paramagnetische Substanz habe die isotherme Suszeptibilität χ_T:

$$\chi_T = \left(\frac{\partial M}{\partial H}\right)_T = \frac{\mu_0}{V}\left(\frac{\partial m}{\partial B_0}\right)_T \quad ; \quad (V = \text{const}, B_0 = \mu_0 H)\ .$$

Die freie Energie F, die innere Energie U und die Entropie S wurden bereits in Aufgabe 3.9.9 als Funktionen von T und m berechnet.

1. Wie lauten diese Ergebnisse für magnetische Systeme mit Curie-Weiß-Verhalten,
$$M = \frac{C}{T - T_c} H \quad \left(M = \frac{m}{V}\ ; \quad C: \text{ Curie-Konstante (1.26)}\right)\ ,$$
d. h. für Ferromagnete bei $T > T_c$?
2. Für die Substanz aus 1. gelte außerdem:
$$C_m(T, m = 0) = \gamma T \quad (\gamma > 0)\ .$$
Berechnen Sie damit $F(T, m)$, $S(T, m)$, $S(T, H)$ sowie $U(T, m)$.
3. Berechnen Sie die Wärmekapazitäten C_m und C_H sowie die adiabatische Suszeptibilität χ_S.
4. Diskutieren Sie mit den obigen Teilergebnissen, ob das Curie-Verhalten des idealen Paramagneten ($T_c = 0$) mit dem Dritten Hauptsatz verträglich ist.

Aufgabe 3.9.16

Für den idealen Paramagneten ($T_c = 0$) diskutiere man mit den Ergebnissen aus Aufgabe 3.9.15 das

adiabatische Entmagnetisieren.

1. Der Paramagnet befinde sich in einem Wärmebad $WB(T_1)$. Welche Wärme ΔQ wird abgeführt, wenn das Magnetfeld von Null auf $H \neq 0$ gesteigert wird?
2. Das System werde vom Wärmebad entkoppelt und das Feld adiabatisch reversibel abgeschaltet. Berechnen Sie die Endtemperatur.

Aufgabe 3.9.17

Die freie Energie F eines kompressiblen Festkörpers (Modell: elastisch gekoppelte *Einstein-Oszillatoren*) habe als Funktion von Temperatur T und Volumen V folgende Gestalt:

$$F(T,V) = F_0(V) + A\,T \ln\left(1 - \mathrm{e}^{-E(V)/k_\mathrm{B}T}\right) .$$

Für den temperaturunabhängigen Anteil gelte der Ansatz:

$$F_0(V) = \frac{B}{2\,V_0}\,(V - V_0)^2 .$$

Ferner gestatte $E(V)$ die Entwicklung:

$$E(V) = E_0 - E_1 \frac{V - V_0}{V_0} .$$

Die Größen A, B, E_0, E_1 sind positive Konstanten.

1. Berechnen Sie den Druck p, die Entropie S und die innere Energie U als Funktion von T und V. Drücken Sie die Ergebnisse so weit wie möglich durch die *Bose-Funktion*
$$n(T,V) = \left(\mathrm{e}^{E(V)/k_\mathrm{B}T} - 1\right)^{-1}$$
aus.
2. Welches Volumen nimmt der Körper bei verschwindendem Druck ein? Wie groß ist der thermische Ausdehnungskoeffizient β? Diskutieren Sie insbesondere die Grenzfälle $T = 0$ und $k_\mathrm{B}T \gg E(V)$. Dabei beschränke man sich auf Beiträge der niedrigsten nicht verschwindenden Ordnung in E_1.
3. Schätzen Sie in derselben Näherung wie unter 2. die Differenz $C_p - C_V$ der Wärmekapazitäten ab.

Aufgabe 3.9.18

Die Arbeit, die notwendig ist, um die Oberfläche A einer Flüssigkeit bei konstantem Volumen um $\mathrm{d}A$ zu vergrößern, sei gegeben durch $\sigma\,\mathrm{d}A$ mit

$$\sigma = \sigma(T) = \alpha\left(1 - \frac{T}{T_c}\right) \quad (T < T_c;\ \alpha > 0) \ .$$

Es sei $C_{V,A}$ die Wärmekapazität für gleichzeitig konstantes Volumen und konstante Oberfläche.

1. Wie lautet das Differential $\mathrm{d}U$ der inneren Energie $U = U(S, V, A)$?
2. Beweisen Sie die Relation

$$\left(\frac{\partial T}{\partial A}\right)_{S,V} = \frac{T}{C_{V,A}}\frac{\mathrm{d}\sigma}{\mathrm{d}T} \ .$$

3. Berechnen Sie für einen adiabatisch-isochoren, reversiblen Prozess die Temperatur als Funktion der Oberfläche, wenn die Anfangswerte $T = T_0$, $A = A_0$ vorgegeben sind und $C_{V,A}$ konstant ist.
4. Wie lautet das Differential $\mathrm{d}F$ der freien Energie $F = F(T, V, A)$?
5. Zeigen Sie, dass F in einen *Volumenanteil* $F_V(T, V)$ und einen *Oberflächenanteil* $F_A(T, A)$ zerfällt.
6. Wie groß ist bei einem isotherm-isochoren Prozess die Änderung $\mathrm{d}S$ der Entropie bei einer Änderung $\mathrm{d}A$ der Oberfläche?
7. Wie ändert sich U bei einem isotherm-isochoren Prozess mit der Oberfläche?
8. Wie lautet der Oberflächenanteil $S_A(T, A)$ der Entropie? Welche Wärmemenge ist nötig, um die Oberfläche in einem reversiblen isotherm-isochoren Prozess von A_1 auf A_2 zu ändern?
9. Wie lautet das Differential der freien Enthalpie?
10. Berechnen Sie den Oberflächenanteil der freien Enthalpie. Wie erhält man aus G_V das Volumen des Systems?

Aufgabe 3.9.19

1. Ein Flüssigkeitstropfen (Radius r, Masse M_1, Dichte ρ_1) befinde sich im Dampf (Masse M_2) derselben Substanz. Wie in Aufgabe 3.9.18 zerlege man die freie Enthalpie in einen Volumen- und einen Oberflächenanteil. Der Volumenanteil pro Masseneinheit für die Flüssigkeit sei g_1, die freie Enthalpie pro Masseneinheit des Dampfes sei g_2. Temperatur und Druck seien in beiden Phasen gleich. Wie lautet die freie Enthalpie für das Gesamtsystem? (Benutzen Sie, falls nötig, Teilergebnisse aus Aufgabe 3.9.18.)
2. Bei gegebenem Druck p und gegebener Temperatur T ist im thermischen Gleichgewicht die gesamte freie Enthalpie minimal. Leiten Sie aus diesem Prinzip die Relation
$$g_2 - g_1 = \frac{2\,\sigma(T)}{r\,\rho_1}$$
($\sigma(T)$ wie in Aufgabe 3.9.18, $\rho_1 = \text{const}$) ab.
3. Die Dichte des Dampfes ρ_2 sei sehr viel kleiner als ρ_1. Er verhalte sich wie ein ideales Gas. Leiten Sie unter diesen Voraussetzungen den Dampfdruck
$$p = p(r, T)$$
des Tropfens ab.

Aufgabe 3.9.20

Man betrachte ein magnetisches Momentensystem mit den thermodynamischen Variablen Temperatur T, Magnetfeld H und Magnetisierung M (Druck p und Volumen V seien konstant und für das Folgende irrelevant).

1. Die innere Energie $U = U(T, M)$ sei bekannt, ferner die Zustandsgleichung in der Form $M = f(T, H)$ gegeben. Formulieren Sie mit diesen Angaben die Differenz der Wärmekapazitäten $C_M - C_H$.
2. Was ergibt sich speziell für den idealen Paramagneten

$$\left[\left(\frac{\partial U}{\partial M}\right)_T = 0\,; \quad M = \frac{C}{T} H\,; \quad C: \text{Curie-Konstante}\right] ?$$

3. Beweisen Sie die folgenden Relationen:

$$\text{a)} \quad \left(\frac{\partial S}{\partial M}\right)_T = -\mu_0 V \left(\frac{\partial H}{\partial T}\right)_M ,$$

$$\text{b)} \quad \left(\frac{\partial S}{\partial H}\right)_T = \mu_0 V \left(\frac{\partial M}{\partial T}\right)_H ,$$

$$\text{c)} \quad \left(\frac{\partial S}{\partial M}\right)_T = \frac{1}{T}\left[\left(\frac{\partial U}{\partial M}\right)_T - \mu_0 V H\right] .$$

4. Verifizieren Sie mit 1. und 3. die Behauptung:

$$C_M - C_H = \mu_0 V T \left(\frac{\partial H}{\partial T}\right)_M \left(\frac{\partial M}{\partial T}\right)_H .$$

5. Benutzen Sie zur Berechnung von $C_M - C_H$ die folgende Zustandsgleichung:

$$H = \frac{1}{C}(T - T_c) M + b M^3 .$$

   C, T_c, b sind positive Konstanten.
6. Zeigen Sie, dass bei einer solchen Zustandsgleichung die Wärmekapazität C_M **nicht** von M abhängen kann.
7. Berechnen Sie mit der Zustandsgleichung aus 5. $F = F(T, M)$ und $S = S(T, M)$.
8. Zeigen Sie, dass die Zustandsgleichung 5. in einem bestimmten Temperaturbereich für $H \to 0$ neben der selbstverständlichen Lösung $M = 0$ auch eine nicht-triviale Lösung $M = M_S \neq 0$ besitzt. Diskutieren Sie die Stabilität der beiden Lösungen durch Vergleich der freien Energien.
9. Wie hängen die magnetische Suszeptibilität χ_T und die Differenz $C_M - C_H$ im Limes $H \to 0$ von der Temperatur ab?

Aufgabe 3.9.21

Eine Konsequenz des dritten Hauptsatzes ist das Verschwinden der Wärmekapazitäten am absoluten Nullpunkt (3.84), (3.85), z. B.

$$\lim_{T\to 0} C_p = 0$$

Das legt den auch experimentell bestätigten Ansatz nahe:

$$C_p = T^x \left(a + bT + cT^2 + \ldots\right) \quad x > 0\,;\; a = a(p) \neq 0\,;\; b = b(p)\,;\; c = c(p)\,.$$

Es sei

$$\beta = \frac{1}{V}\left(\frac{\partial V}{\partial T}\right)_p$$

der isobare thermische Ausdehnungskoeffizient.

1. Zeigen Sie, dass das Verhältnis
$$\frac{V\beta}{C_p}$$
für $T \to 0$ gegen eine endliche Konstante strebt!
2. Beweisen Sie:
$$\lim_{T\to 0}\left(\frac{\partial T}{\partial p}\right)_S = 0\,.$$
Was folgt daraus für die Erreichbarkeit des absoluten Nullpunkts der Temperaturskala?

3.10 Kontrollfragen

Zu Abschn. 3.1

1. Durch welche partiellen Ableitungen von $U = U(S, V, \boldsymbol{N})$ sind die *Response-Funktionen* C_V und κ_S eines Gases bestimmt?
2. Was versteht man unter *Maxwell-Relationen*?
3. Wann nennt man eine Zustandsfunktion ein *thermodynamisches Potential*?
4. Stellt die innere Energie U in der Form der kalorischen Zustandsgleichung $U = U(T, V, \boldsymbol{N})$ ein thermodynamisches Potential dar?
5. Wann spricht man von *natürlichen Variablen* eines thermodynamischen Potentials?
6. Was sind die natürlichen Variablen der inneren Energie U eines Gases?

Zu Abschn. 3.2

1. Warum werden neben der inneren Energie U weitere thermodynamische Potentiale eingeführt?
2. Wodurch unterscheiden sich freie und innere Energie?
3. Wie lautet das totale Differential $\mathrm{d}F$ der freien Energie eines Gases mit fester Teilchenzahl?
4. Durch welche partielle Ableitung von F ist die Entropie S festgelegt?
5. Formulieren Sie die Legendre-Transformation von der freien Energie F auf die Enthalpie H.
6. Was sind die natürlichen Variablen der Gibb'schen Enthalpie G?
7. Wie lautet $\mathrm{d}G$ für ein magnetisches System?

Zu Abschn. 3.3

1. Wie lautet die Gibbs-Duhem-Relation?
2. Aus welcher allgemeinen Eigenschaft thermodynamischer Potentiale resultiert die Gibbs-Duhem-Relation?
3. Welche physikalische Bedeutung kann dem chemischen Potential μ mithilfe der Gibbs-Duhem-Relation zugeschrieben werden?
4. Was bezeichnet man als *Homogenitätsrelationen* der thermodynamischen Potentiale?

Zu Abschn. 3.4

1. Die innere Energie $U = U(S, V, N)$ des idealen Gases ist volumenabhängig. Ist dies ein Widerspruch zum Gay-Lussac-Versuch?
2. Skizzieren Sie den Weg zur Berechnung des chemischen Potentials $\mu(T, V, N)$ des idealen Gases.

Zu Abschn. 3.5

1. Beschreiben Sie einen reversiblen Ersatzprozess für die irreversible Durchmischung zweier Gase aus nicht-identischen Teilchensorten.
2. Wie lautet die Mischungsentropie ΔS, die bei der Durchmischung von α Gasen mit paarweise unterschiedlichen Teilchensorten auftritt?
3. Welches Problem tritt bei der Durchmischung von Gasen gleicher Teilchensorte auf?
4. Was versteht man unter dem *Gibb'schen Paradoxon*?

Zu Abschn. 3.6

1. Beschreiben Sie den Joule-Thomson-Prozess.
2. Welches thermodynamische Potential bleibt beim Joule-Thomson-Prozess konstant?
3. Wie ist der *differentielle Joule-Thomson-Koeffizient* definiert? Welche physikalische Bedeutung besitzt er?
4. Warum lässt sich mit dem idealen Gas bei der gedrosselten adiabatischen Entspannung kein Kühleffekt erzielen?
5. Was versteht man unter der *Inversionskurve*?
6. Wie verhält sich die Entropie beim Joule-Thomson-Prozess?

Zu Abschn. 3.7

1. Durch welches thermodynamische Potential wird der Übergang ins Gleichgewicht in einem isolierten System zweckmäßig beschrieben?
2. Wie lautet die Gleichgewichtsbedingung für ein isoliertes System? Was kann über Temperatur, Druck und chemisches Potential im Gleichgewicht ausgesagt werden?
3. Was sind die Gleichgewichtsbedingungen für ein geschlossenes System im Wärmebad ohne Arbeitsaustausch? Welches thermodynamische Potential ist zuständig?
4. Wie verhält sich die freie Enthalpie in einem geschlossenen System im Wärmebad bei konstanten Kräften? Was sind die Gleichgewichtsbedingungen?
5. Welchen Situationen sind die Extremaleigenschaften von U und H angepasst?

Zu Abschn. 3.8

1. Welche Aussage macht der Dritte Hauptsatz?
2. Ist der $T \to 0$-Grenzwert der Entropie von den Werten der anderen Variablen abhängig?
3. Was folgt für die Wärmekapazitäten aus dem Dritten Hauptsatz?
4. Inwiefern verletzt das Verhalten des *idealen Gases* den Dritten Hauptsatz?
5. Was kann über den isobaren Ausdehnungskoeffizienten β in der Grenze $T \to 0$ gesagt werden?
6. Begründen Sie die Unerreichbarkeit des absoluten Temperatur-Nullpunkts.

Phasen, Phasenübergänge

4

W. Nolting, *Grundkurs Theoretische Physik 4/2*, Springer-Lehrbuch,
DOI 10.1007/978-3-662-49033-4_4

4.1 Phasen

4.1.1 Gibb'sche Phasenregel

Wir haben in Abschn. 3.7 Gleichgewichtsbedingungen für thermodynamische Systeme abgeleitet. Diese Betrachtungen lassen sich noch weiter verallgemeinern. Im Rahmen eines *Gedankenexperiments* hatten wir das Gesamtsystem in zwei *fiktive* Teilsysteme zerlegt und damit eine einfache Nichtgleichgewichtssituation geschaffen. Auf diese reagiert das System in gesetzmäßiger Weise und liefert dadurch Informationen über das Verhalten bestimmter Zustandsgrößen im Gleichgewicht. Eine solche Aufteilung des Systems realisieren wir nun unter Vermeidung von Trennwänden durch verschiedene, nebeneinander existierende

▸ Phasen

ein und desselben thermodynamischen Systems. Als *Phasen* bezeichnet man die möglichen, unterschiedlichen Zustandsformen einer makroskopischen Substanz, z. B. die verschiedenen Aggregatzustände: fest, flüssig, gasförmig. In den einzelnen Phasen können gewisse makroskopische Observable, wie z. B. die Teilchendichte, ganz unterschiedliche Werte annehmen. – Wir machen für die folgende Diskussion eine Fallunterscheidung:

A) Isoliertes System

Dieses möge aus π Phasen bestehen ($\nu = 1, 2, \dots, \pi$), wobei sich jede aus α Komponenten ($j = 1, 2, \dots, \alpha$), d. h. aus α Teilchensorten, zusammensetzt. Dabei gelte:

$$\sum_{\nu=1}^{\pi} V_\nu = V = \text{const} ,$$

$$\sum_{\nu=1}^{\pi} U_\nu = U = \text{const} ,$$

$$\sum_{\nu=1}^{\pi} N_{j\nu} = N_j = \text{const}_j ; \quad j = 1, 2, \dots, \alpha .$$

Die Entropie ist eine extensive Zustandsgröße, für die deshalb gilt:

$$S(U, V, \boldsymbol{N}) = \sum_{\nu=1}^{\pi} S_\nu (U_\nu, V_\nu, \boldsymbol{N}_\nu) . \tag{4.1}$$

Wir suchen den Gleichgewichtszustand, für den nach (3.70) $dS = 0$ gelten muss, d. h., die Entropie muss unter Beachtung der obigen Randbedingungen extremal werden. Wir benutzen zur Herleitung die in Abschn. 1.2.5, Bd. 2, vorgestellte

▸ **Methode der Lagrange'schen Multiplikatoren.**

Wir haben zu fordern:

$$\mathrm{d}S = \sum_{\nu=1}^{\pi} \left\{ \left(\frac{\partial S_\nu}{\partial U_\nu} \right)_{V_\nu, \boldsymbol{N}_\nu} \mathrm{d}U_\nu + \left(\frac{\partial S_\nu}{\partial V_\nu} \right)_{U_\nu, \boldsymbol{N}_\nu} \mathrm{d}V_\nu \right.$$
$$\left. + \sum_{j=1}^{\alpha} \left(\frac{\partial S_\nu}{\partial N_{j\nu}} \right)_{V_\nu, U_\nu, N_{i\nu, i \neq j}} \mathrm{d}N_{j\nu} \right\} \stackrel{!}{=} 0 \,. \tag{4.2}$$

Da nicht alle U_ν, V_ν, $N_{j\nu}$ unabhängig voneinander sind, können wir nicht einfach folgern, dass alle Koeffizienten der $\mathrm{d}U_\nu$, $\mathrm{d}V_\nu$, $\mathrm{d}N_{j\nu}$ bereits verschwinden. Es gilt aber wegen der Randbedingungen:

$$\sum_\nu \mathrm{d}U_\nu = 0 \quad \Rightarrow \quad \lambda_U \sum_\nu \mathrm{d}U_\nu = 0 \,,$$
$$\sum_\nu \mathrm{d}V_\nu = 0 \quad \Rightarrow \quad \lambda_V \sum_\nu \mathrm{d}V_\nu = 0 \,,$$
$$\sum_\nu \mathrm{d}N_{j\nu} = 0 \quad \Rightarrow \quad \lambda_j \sum_\nu \mathrm{d}N_{j\nu} = 0 \,.$$

λ_U, λ_V, λ_j sind zunächst nicht weiter festgelegte reelle Zahlen, die man die

▸ **Lagrange'schen Parameter (Multiplikatoren)**

nennt. Wir können nun die Extremalbedingungen für S mit den Randbedingungen in folgender Form kombinieren:

$$0 \stackrel{!}{=} \sum_{\nu=1}^{\pi} \left[\left(\frac{\partial S_\nu}{\partial U_\nu} \right)_{V_\nu, \boldsymbol{N}_\nu} - \lambda_U \right] \mathrm{d}U_\nu + \sum_{\nu=1}^{\pi} \left[\left(\frac{\partial S_\nu}{\partial V_\nu} \right)_{U_\nu, \boldsymbol{N}_\nu} - \lambda_V \right] \mathrm{d}V_\nu$$
$$+ \sum_{\nu=1}^{\pi} \sum_{j=1}^{\alpha} \left[\left(\frac{\partial S_\nu}{\partial N_{j\nu}} \right)_{U_\nu, V_\nu, N_{i\nu, i \neq j}} - \lambda_j \right] \mathrm{d}N_{j\nu} \,. \tag{4.3}$$

λ_U, λ_V und λ_j sind noch frei wählbar. Wegen der Randbedingungen sind die U_ν, V_ν, $N_{j\nu}$ nicht unabhängig voneinander. Für die Energien U_ν, die Volumina V_ν und die Teilchenzahlen $N_{j\nu}$ gibt es jeweils **eine** Nebenbedingung. Wir können sie deshalb in eine abhängige und $(\pi - 1)$ unabhängige Variable aufteilen, z. B.

$$\begin{array}{llll} U_1 & \text{abhängig;} & U_2, \ldots, U_\pi & \text{unabhängig,} \\ V_1 & \text{abhängig;} & V_2, \ldots, V_\pi & \text{unabhängig,} \\ N_{j1} & \text{abhängig;} & N_{j2}, \ldots, N_{j\pi} & \text{unabhängig.} \end{array}$$

Kapitel 4

Wir legen nun die Lagrange-Parameter $\lambda_U, \lambda_V, \lambda_j$ so fest, dass

$$\left(\frac{\partial S_1}{\partial U_1}\right)_{\dots} = \lambda_U \; ; \quad \left(\frac{\partial S_1}{\partial V_1}\right)_{\dots} = \lambda_V \; ; \quad \left(\frac{\partial S_1}{\partial N_{j1}}\right)_{\dots} = \lambda_j$$

gilt. Dadurch erreichen wir, dass die $\nu = 1$-Summanden in (4.3) verschwinden. Die restlichen Summanden enthalten dann aber nur noch unabhängige Variable, sodass bereits jede Klammer für sich Null werden muss. Durch die Multiplikatoren haben wir also erreicht, dass **für alle** ν gilt:

$$\left(\frac{\partial S_\nu}{\partial U_\nu}\right)_{\dots} = \frac{1}{T_\nu} \stackrel{!}{=} \lambda_U \quad \Rightarrow \quad T_\nu = T \quad \forall \nu \, , \tag{4.4}$$

$$\left(\frac{\partial S_\nu}{\partial V_\nu}\right)_{\dots} = \frac{p_\nu}{T_\nu} \stackrel{!}{=} \lambda_V \quad \Rightarrow \quad p_\nu = p \quad \forall \nu \, , \tag{4.5}$$

$$\left(\frac{\partial S_\nu}{\partial N_{j\nu}}\right)_{\dots} = -\frac{\mu_{j\nu}}{T_\nu} \stackrel{!}{=} \lambda_j \quad \Rightarrow \quad \mu_{j\nu} = \mu_j \quad \forall \nu \, . \tag{4.6}$$

Die Parameter $\lambda_U, \lambda_V, \lambda_j$ sind sämtlich von ν unabhängig und damit für alle Phasen gleich. Es ergibt sich die wichtige Schlussfolgerung:

In einem isolierten System haben im Gleichgewicht alle Phasen

1. *dieselbe Temperatur T,*
2. *denselben Druck p,*
3. *dasselbe chemische Potential μ_j.*

Wir wollen nun dasselbe Verfahren auf eine andere experimentell wichtige Situation anwenden:

B) Geschlossenes System mit p = const, T = const

Druck und Temperatur seien von außen vorgegeben. Das ist die in Abschn. 3.7.3 diskutierte Situation. Wegen (3.76) gilt:

Gleichgewicht $\Leftrightarrow$ $dG = 0$; G minimal!

Die freie Enthalpie ist eine extensive Zustandsgröße:

$$G = \sum_{\nu=1}^{\pi} G_\nu \left(T, p, \boldsymbol{N}_\nu\right) \, . \tag{4.7}$$

Wir nehmen eine freie Austauschbarkeit von Teilchen zwischen den einzelnen Phasen an, wobei sich die Gesamtteilchenzahl allerdings nicht ändert:

$$N_j = \sum_{\nu=1}^{\pi} N_{j\nu} \quad \Rightarrow \quad \lambda_j \sum_{\nu=1}^{\pi} \mathrm{d}N_{j\nu} = 0 \,. \tag{4.8}$$

Wir koppeln diese Randbedingung mit dem Lagrange'schen Parameter λ_j an die Extremalbedingung für G an:

$$0 \stackrel{!}{=} \sum_{\nu=1}^{\pi} \sum_{j=1}^{\alpha} \left[\left(\frac{\partial G_\nu}{\partial N_{j\nu}} \right)_{\substack{T,p \\ N_{i\nu,\, i \neq j}}} - \lambda_j \right] \mathrm{d}N_{j\nu} \,. \tag{4.9}$$

Dieselbe Schlussfolgerung wie in Teil A) führt nun auf:

$$\left(\frac{\partial G_\nu}{\partial N_{j\nu}} \right)_{\substack{T,p \\ N_{i\nu,\, i \neq j}}} = \mu_{j\nu} = \lambda_j \,. \tag{4.10}$$

Da λ_j von ν unabhängig ist, haben wir das wichtige Resultat:

In einem geschlossenen System mit $p = \text{const}$ und $T = \text{const}$ hat im Gleichgewicht in allen Phasen das chemische Potential der Teilchensorte j denselben Wert:

$$\mu_{j\nu} \equiv \mu_j \quad \forall \nu \,. \tag{4.11}$$

Dieses Ergebnis wollen wir noch etwas weiter auswerten. Formal gilt ja:

$$\left(\frac{\partial G_\nu}{\partial N_{j\nu}} \right)_{\substack{T,p \\ N_{i\nu,\, i \neq j}}} = \mu_{j\nu} = \mu_{j\nu} \left(T, p; N_{11}, \ldots, N_{\alpha\pi} \right) \,.$$

Da $\mu_{j\nu}$ eine intensive Größe ist, kann keine direkte Abhängigkeit von den extensiven Variablen $N_{j\nu}$ vorliegen. Die chemischen Potentiale $\mu_{j\nu}$ werden in Wirklichkeit von den **Konzentrationen** $c_{j\nu}$,

$$c_{j\nu} = \frac{N_{j\nu}}{N_\nu} \,; \quad \sum_{j=1}^{\alpha} c_{j\nu} = 1 \,, \tag{4.12}$$

abhängen, die natürlich intensiv sind:

$$\mu_{j\nu} = \mu_{j\nu} \left(T, p; c_{11}, \ldots, c_{\alpha\pi} \right) \,. \tag{4.13}$$

Im Argument stehen Z_V Variable,

$$Z_V = 2 + \alpha\, \pi \,, \tag{4.14}$$

die aber nicht unabhängig voneinander sind, da eine Reihe von Nebenbedingungen erfüllt sein müssen. Die Beziehung (4.12) liefert wegen $\nu = 1, 2, \ldots, \pi$

$$Z_N^{(1)} = \pi$$

Nebenbedingungen. Die Gleichgewichtsbedingung (4.11) ergibt für jedes j jeweils $(\pi - 1)$ Gleichungen zwischen den $\mu_{j\nu}$. Dies führt zu weiteren

$$Z_N^{(2)} = \alpha\,(\pi - 1)$$

Nebenbedingungen. Sei

$$\begin{aligned} f &= \text{Zahl der Freiheitsgrade,} \\ &= \text{Zahl der unabhängig wählbaren Variablen.} \end{aligned}$$

Dafür gilt offenbar:

$$f = Z_V - Z_N^{(1)} - Z_N^{(2)} = 2 + \alpha\,\pi - \pi - \alpha\,(\pi - 1)\,.$$

Dies ergibt die wichtige

Gibb'sche Phasenregel

$$f = 2 + \alpha - \pi\,, \tag{4.15}$$

wobei

$$\begin{aligned} \alpha &= \text{Zahl der Komponenten,} \\ \pi &= \text{Zahl der Phasen} \end{aligned}$$

sind. Wir erläutern diese Phasenregel an einem bekannten Beispiel:

Kapitel 4

▸ H_2O-Phasendiagramm.

$T_0 = 0{,}0075\,°\text{C}$ **Tripelpunkt,**

$T_c = 374{,}2\,°\text{C}$ **kritischer Punkt.**

Es handelt sich um ein Einkomponentensystem, d. h., es ist $\alpha = 1$ (Abb. 4.1).

1) $\boxed{\pi = 1}$

In den Einphasengebieten (fest, flüssig, gasförmig) ist

$$f = 2\,,$$

d. h., p und T können noch unabhängig gewählt werden.

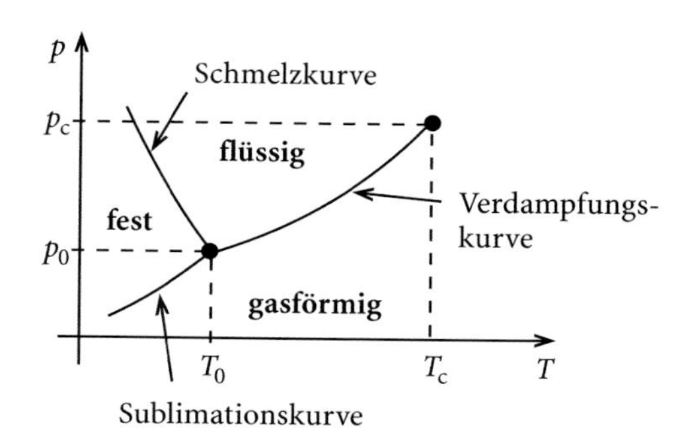

Abb. 4.1 Phasendiagramm des Wassers

2) $\boxed{\pi = 2}$

Auf den Koexistenzkurven ist

$$f = 1 ,$$

sodass nur noch eine Variable, z. B. T, frei gewählt werden kann, die andere ist dann festgelegt, z. B. $p = p(T)$.

3) $\boxed{\pi = 3}$

Im Tripelpunkt (T_0, p_0) stehen drei Phasen miteinander im Gleichgewicht. Es gibt keinen frei wählbaren Parameter mehr:

$$f = 0 .$$

Aus der Phasenregel (4.15) folgt auch, dass es eine obere Grenze für die Zahl π der möglichen Phasen gibt,

$$\pi \leq 2 + \alpha , \tag{4.16}$$

da f natürlich nicht negativ sein kann.

4.1.2 Dampfdruckkurve (Clausius-Clapeyron)

Wir wollen als Anwendungsbeispiel zu den Gleichgewichtsbedingungen des vorigen Abschnitts einen einfachen, aber wichtigen Spezialfall diskutieren (s. auch Aufgabe 2.9.29). Es handelt sich um das Gleichgewicht zwischen Flüssigkeit (f) und Dampf (g) eines einkomponentigen Systems wie z. B. H_2O.

Wählt man p und T als Variable, dann gilt nach (4.13) im Gleichgewicht:

$$\mu_f(T, p) = \mu_g(T, p) . \tag{4.17}$$

Aus dieser Beziehung muss sich (im Prinzip) eine Relation $p = p(T)$ für **die** Zustände herleiten lassen, in denen Flüssigkeit und Dampf im Gleichgewicht stehen.

Gilt (4.17) dagegen nicht, so folgt aus der Gibbs-Duhem-Relation (3.34),

$$G(T, p, N) = N \mu(T, p) ,$$

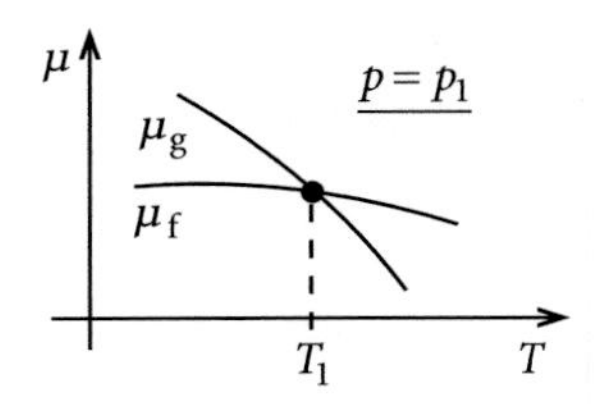

Abb. 4.2 Chemisches Potential als Funktion der Temperatur für die gasförmige und die flüssige Phase des Wassers (schematisch)

dass sich das Gleichgewicht vollständig zu der Phase mit dem kleineren μ verlagert. Stabil ist jeweils die Phase mit minimaler freier Enthalpie (Abb. 4.2)!

Es gilt nach (3.26):

$$dG - \mu \, dN = -S \, dT + V \, dp = N \, d\mu \,(T, p) \; .$$

Wir betrachten eine *Verschiebung* $(dp, \, dT)$ längs der Koexistenzlinie (**Dampfdruckkurve**). Dort ist wegen (4.17)

$$d\mu_f \,(T, p) = d\mu_g \,(T, p)$$

und damit ($N_f = N_g > N$):

$$-S_f \, dT + V_f \, dp = -S_g \, dT + V_g \, dp \; .$$

Damit erhalten wir die Steigung dp/dT der Dampfdruckkurve:

$$\frac{dp}{dT} = \frac{S_g - S_f}{V_g - V_f} \; . \tag{4.18}$$

Üblicherweise bezieht man sich auf 1 Mol:

$v_{g,f}$: Molvolumina für Gas bzw. Flüssigkeit,
$s_{g,f}$: Entropien pro Mol.

Man definiert schließlich noch:

$Q_M = T(s_g - s_f)$: **molare Verdampfungswärme.**

Diese wird zur Überwindung der Kohäsionskräfte zwischen den Teilchen benötigt. Aus (4.18) wird dann die

Clausius-Clapeyron-Gleichung

$$\frac{dp}{dT} = \frac{Q_M}{T\left(v_g - v_f\right)} \; . \tag{4.19}$$

Bei der Ableitung von (4.19) bzw. (4.18) mussten wir implizit $S_g \neq S_f$ und $V_g \neq V_f$ voraussetzen. Dies bedeutet:

$$\mu_f(T,p) \stackrel{!}{=} \mu_g(T,p) \,,$$
$$\left(\frac{\partial \mu_f}{\partial T}\right)_p \neq \left(\frac{\partial \mu_g}{\partial T}\right)_p \;; \quad \left(\frac{\partial \mu_f}{\partial p}\right)_T \neq \left(\frac{\partial \mu_g}{\partial p}\right)_T \,. \tag{4.20}$$

Einen solchen Übergang Gas ⇔ Flüssigkeit nennt man einen

- **Phasenübergang erster Ordnung.**

Nur für einen solchen Übergang gilt die Clausius-Clapeyron-Gleichung.

4.1.3 Maxwell-Konstruktion

Wir haben bereits in Abschn. 1.4.2 bei der Diskussion der Zustandsgleichung

$$\left(p + a\,\frac{n^2}{V^2}\right)(V - n\,b) = n\,R\,T$$

des van der Waals-Gases beobachtet, dass die Isothermen für $T < T_c$ einen unphysikalischen Verlauf zeigen. Es gibt nämlich einen Bereich, in dem

$$\kappa_T = -\frac{1}{V}\left(\frac{\partial V}{\partial p}\right)_T < 0$$

ist. Dort wäre das System mechanisch instabil. Die Ursache liegt in der impliziten Annahme einer einzigen homogenen Phase. In Wirklichkeit handelt es sich dort aber um ein Zwei-Phasen-Gebiet. Flüssigkeit und Dampf stehen miteinander im Gleichgewicht. Die van der Waals-Isothermen verlieren im Zwei-Phasen-Gebiet ihre Gültigkeit.

Die Betrachtungen des letzten Abschnitts haben gezeigt, dass im Koexistenzgebiet von Gas und Flüssigkeit der Druck nur eine Funktion der Temperatur sein kann (4.17), dass er also insbesondere nicht vom Volumen abhängt. Dies bedeutet:

Im pV-Diagramm verlaufen alle Isothermen ($T < T_c$) im Zwei-Phasen-Gebiet **horizontal**!

Am Ende (α) (s. Abb. 4.3) dieses horizontalen Isothermenstücks liegt nur Flüssigkeit, am Ende (β) nur Gas vor. Links von (α) und rechts von (β) können wir wieder die van der Waals-Gleichung benutzen.

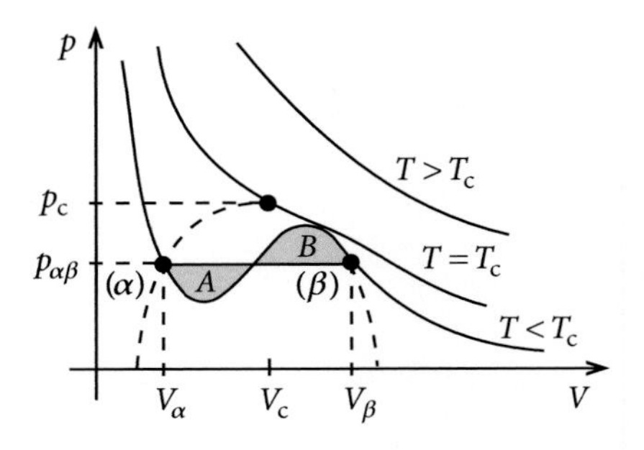

Abb. 4.3 Isothermen des realen Gases im pV-Diagramm mit „Maxwell-Konstruktion“ für $T < T_c$

Im Koexistenzgebiet muss die Gleichgewichtsbedingung

$$\mu_f\left(T, p_{\alpha\beta}\right) = \mu_g\left(T, p_{\alpha\beta}\right) = \text{const} \tag{4.21}$$

erfüllt sein. An den Enden (α) bzw. (β) sind **alle** N Teilchen in der flüssigen bzw. in der gasförmigen Phase. Mit der Gibbs-Duhem-Relation (3.34) folgt dann aus (4.21):

$$\begin{aligned} G_\alpha\left(T, p_{\alpha\beta}\right) &= G_\beta\left(T, p_{\alpha\beta}\right) \,, \\ U_\alpha - T\,S_\alpha + p_{\alpha\beta}\,V_\alpha &= U_\beta - T\,S_\beta + p_{\alpha\beta}\,V_\beta \,. \end{aligned} \tag{4.22}$$

Für den Unterschied in den **freien Energien** ergibt sich daraus:

$$F_\alpha - F_\beta = p_{\alpha\beta}\left(V_\beta - V_\alpha\right) \,. \tag{4.23}$$

Bildet man dagegen mit dem ursprünglichen van der Waals-Druck $p = p(T, V)$ das Integral von V_α bis V_β, so folgt wegen

$$\mathrm{d}F = -p\,\mathrm{d}V \quad \text{bei} \quad T = \text{const}$$

für die freie Energie:

$$F_\alpha - F_\beta = -\int\limits_{V_\beta}^{V_\alpha} p\,\mathrm{d}V = \int\limits_{V_\alpha}^{V_\beta} p\,\mathrm{d}V \quad (T = \text{const}) \,. \tag{4.24}$$

Die Kombination (4.23) und (4.24)

$$\int\limits_{V_\alpha}^{V_\beta} p\,\mathrm{d}V = p_{\alpha\beta}(T)\left(V_\beta - V_\alpha\right) \quad (T = \text{const}) \tag{4.25}$$

hat eine einfache geometrische Bedeutung. In der obigen Abbildung müssen die Flächen A und B gleich sein:

$$A \stackrel{!}{=} B : \qquad \textbf{Maxwell-Konstruktion.}$$

Kapitel 4

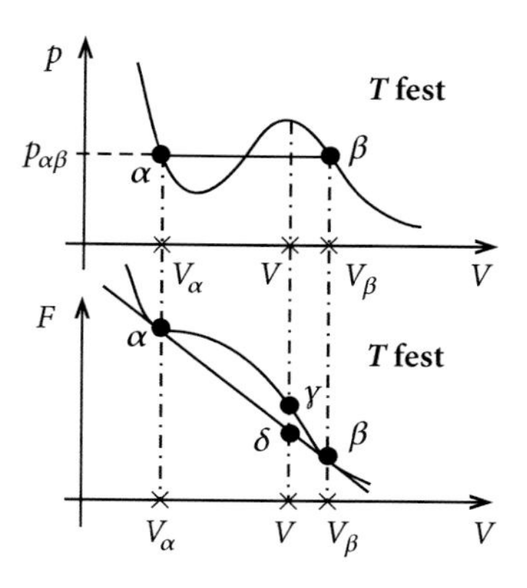

Abb. 4.4 Deutung des Zwei-Phasen-Gebietes und der zugehörigen Maxwell-Konstruktion über die Minimum-Forderung an die freie Energie F

Wir haben damit aus den allgemeinen Gleichgewichtsbedingungen eine Vorschrift ableiten können, wie man aus den van der Waals-Isothermen die **physikalischen** Isothermen ableitet.

Wir können uns zum Schluss noch leicht davon überzeugen, dass das in Gas und Flüssigkeit zerfallende Zwei-Phasen-Gebiet gegenüber dem ursprünglichen van der Waals-Ein-Phasen-Gebiet stabil ist. Wir vergleichen dazu zwei Zustände mit gleichem T und V, aber unterschiedlichen Drucken, $p_{\alpha\beta}$ für das Zwei-Phasen-System und $p(T,V)$ der van der Waals-Gleichung entsprechend. Da T und V vorgegeben sind, muss im Gleichgewicht die freie Energie F minimal sein!

Im **Ein-Phasen-Gebiet** gilt:

$$\begin{aligned} F_{\mathrm{vdW}}(T,V) - F_\alpha &= F_\gamma - F_\alpha \\ &= -\int\limits_{V_\alpha}^{V} p\,(T,V')\,\mathrm{d}V' \,. \end{aligned} \tag{4.26}$$

Gemäß der Maxwell-Konstruktion setzt sich im **Zwei-Phasen-Gebiet** die freie Energie additiv aus den Anteilen der Flüssigkeit (α) und des Gases (β) zusammen:

$$F(T,V) = F_\delta = c_\mathrm{f}\,F_\alpha\,(T,V_\alpha) + c_\mathrm{g}\,F_\beta(T,V_\beta)\,.$$

Dabei muss gelten:

$$c_\mathrm{f} = \frac{N_\mathrm{f}}{N}\,; \quad c_\mathrm{g} = \frac{N_\mathrm{g}}{N} \quad \Rightarrow \quad c_\mathrm{f} + c_\mathrm{g} = 1\,.$$

N_f, N_g sind die Teilchenzahlen der Flüssigkeits- bzw. der Gasphase. Beide Phasen zusammen müssen natürlich das Volumen V einnehmen:

$$V = c_\mathrm{f}\,V_\alpha + c_\mathrm{g}\,V_\beta\,.$$

Kapitel 4

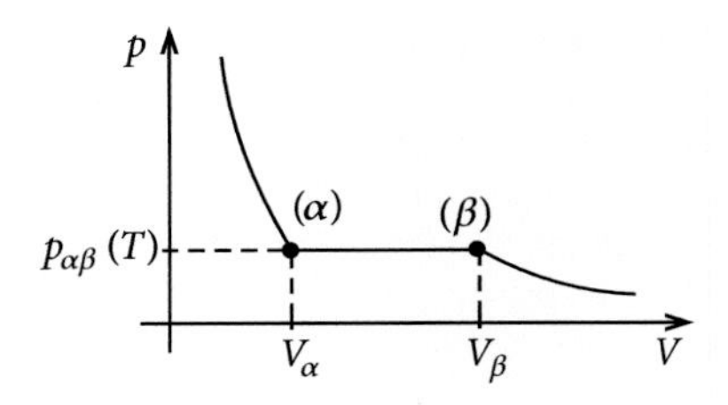

Abb. 4.5 Tatsächliche Isotherme des realen Gases

Die beiden letzten Beziehungen führen zu der so genannten **Hebelbeziehung** (s. Abb. 4.4):

$$c_\mathrm{f} = \frac{V_\beta - V}{V_\beta - V_\alpha}\;; \quad c_\mathrm{g} = \frac{V - V_\alpha}{V_\beta - V_\alpha}\,. \tag{4.27}$$

Dies bedeutet für die freie Energie im Zwei-Phasen-Gebiet:

$$\begin{aligned} F_\delta - F_\alpha &= c_\mathrm{g}\left(F_\beta - F_\alpha\right) \overset{(4.23)}{=} c_\mathrm{g}\left(-p_{\alpha\beta}\right)\left(V_\beta - V_\alpha\right)\,, \\ F_\delta - F_\alpha &= p_{\alpha\beta}\left(V_\alpha - V\right)\,. \end{aligned} \tag{4.28}$$

Kombiniert man (4.28) mit (4.26), so folgt:

$$F_\gamma - F_\delta = p_{\alpha\beta}\left(V - V_\alpha\right) - \int\limits_{V_\alpha}^{V} p\left(T, V'\right)\,\mathrm{d}V' \geq 0\,. \tag{4.29}$$

Das Zwei-Phasen-Gebiet ist also stabil:

$$F_\delta \leq F_\gamma\,. \tag{4.30}$$

Das Gleichheitszeichen gilt nur für $V = V_\alpha$ oder $V = V_\beta$.

4.2 Phasenübergänge

4.2.1 Geometrische Interpretation

Wir betrachten noch einmal das Flüssigkeits-Gas-Gemisch längs der Koexistenzlinie. Wir hatten gesehen, dass sich der Übergang bei konstanter Temperatur und konstantem Druck vollzieht:

$$p_{\alpha\beta}(T): \quad \textbf{Dampfdruck.}$$

Im Übergangsgebiet liegt ein Gemisch aus Flüssigkeit im Zustand (α) und Gas im Zustand (β) vor (Abb. 4.5). Die relativen Anteile bestimmen sich aus der *Hebelbeziehung* (4.27).

Im Zwei-Phasen-Gebiet führt eine Wärmezufuhr zu einer Umwandlung einer gewissen Flüssigkeitsmenge in Dampf. Der Vorgang verläuft isotherm, da die Wärmeenergie ausschließlich dazu verwendet wird, die Teilchenbindungen zu überwinden. Erst wenn bei (β) die gesamte Flüssigkeit in Dampf verwandelt ist, sorgt eine weitere Wärmezufuhr für eine Temperaturerhöhung. Einen solchen Phasenübergang, der eine

- **Umwandlungswärme**

erfordert, nennt man einen

- **Phasenübergang erster Ordnung.**

Für diesen gilt die Clausius-Clapeyron-Gleichung der Form (4.18), die offensichtlich nur dann sinnvoll ist, wenn die Entropien und Volumina für Gas (S_g, V_g) und Flüssigkeit (S_f, V_f) auf der Koexistenzlinie unterschiedlich sind. Nun erinnern wir uns, dass S und V **erste** partielle Ableitungen der freien Enthalpie $G(T,p)$ nach T bzw. p sind:

$$S = -\left(\frac{\partial G}{\partial T}\right)_p \quad ; \quad V = \left(\frac{\partial G}{\partial p}\right)_T \; .$$

Typisch für Phasenübergänge erster Ordnung (PÜ1) ist also, dass die ersten Ableitungen von $G(T,p)$ beim Überschreiten der Koexistenzlinie unstetig sind.

Wir wollen versuchen, den Sachverhalt geometrisch zu veranschaulichen. Dazu müssen wir jedoch noch einige Vorbereitungen treffen.

Definition 4.2.1

Man nennt $f(x)$ eine

- **konvexe Funktion von x,**

falls für beliebige λ mit $0 \leq \lambda \leq 1$ gilt:

$$f(\lambda x_1 + (1-\lambda)x_2) \leq \lambda f(x_1) + (1-\lambda) f(x_2) \; . \tag{4.31}$$

In Abb. 4.6 ist als Beispiel die **konvexe** Funktion $f(x) = x^2$ skizziert. – Die Sehne, die die Punkte $f(x_1)$ und $f(x_2)$ einer konvexen Funktion $f(x)$ miteinander verbindet, liegt im Bereich $x_1 \leq x \leq x_2$ stets oberhalb oder auf der Kurve $f(x)$. Jede Tangente an $f(x)$ liegt dann vollständig unterhalb $f(x)$. – Die Definition setzt **nicht** die Differenzierbarkeit der Funktion voraus. Falls aber $f(x)$ zweimal differenzierbar ist, dann gilt auch:

$$f(x) \;\; \textbf{konvex} \quad \Leftrightarrow \quad f''(x) \geq 0 \quad \forall x \; . \tag{4.32}$$

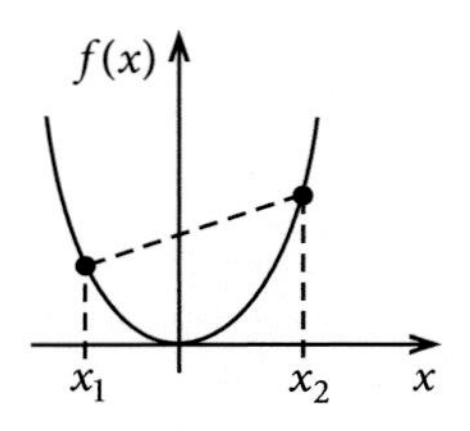

Abb. 4.6 Beispiel einer konvexen Funktion

Ganz analog definiert man:

Definition 4.2.2

$\tilde{f}(x)$ ist genau dann eine

- konkave Funktion von x,

wenn $-\tilde{f}(x)$ konvex ist.

Mithilfe dieser Definitionen können wir nun Aussagen über das *geometrische* Verhalten von freier Enthalpie und freier Energie machen:

Satz 4.2.1

1. Die freie Enthalpie $G(T, p)$ ist in beiden Variablen T und p konkav!
2. Die freie Energie $F(T, V)$ ist als Funktion von T konkav und als Funktion von V konvex!

Der **Beweis** dieses Satzes benutzt die so genannten **Stabilitätsbedingungen:**

$$\text{thermisch:} \quad C_x \geq 0\,; \quad x = V, p\,, \tag{4.33}$$

$$\text{mechanisch:} \quad \kappa_y \geq 0\,; \quad y = S, T\,, \tag{4.34}$$

die erst in der Statistischen Mechanik streng bewiesen werden, anschaulich aber völlig klar sind. $C_x < 0$ hätte bei einer Wärmezufuhr eine Temperaturerniedrigung zur Folge. $\kappa_y < 0$ würde $(\partial V/\partial p)_y > 0$ bedeuten. Mit abnehmendem Volumen würde dann auch der Druck eines thermodynamischen Systems kleiner. Letzteres wäre somit mechanisch instabil, würde in sich zusammenfallen.

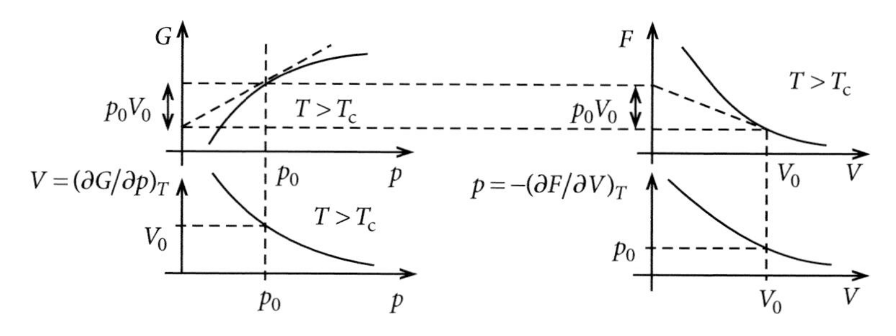

Abb. 4.7 Geometrische Konstruktion der freien Energie und ihrer Volumenableitung aus der freien Enthalpie und ihrer Druckableitung im Fall fehlender Phasenübergänge

Zu 1):

$G(T, p)$ ist bis auf Phasenübergangspunkte differenzierbar:

$$\left(\frac{\partial^2 G}{\partial T^2}\right)_p = -\left(\frac{\partial S}{\partial T}\right)_p = -\frac{C_p}{T} \leq 0 \, .$$

$G(T, p)$ ist als Funktion von T konkav!

$$\left(\frac{\partial^2 G}{\partial p^2}\right)_T = \left(\frac{\partial V}{\partial p}\right)_T = -V \kappa_T \leq 0 \, .$$

$G(T, p)$ ist auch als Funktion von p konkav (Abb. 4.7)!

Zu 2):

$$\left(\frac{\partial^2 F}{\partial T^2}\right)_V = -\left(\frac{\partial S}{\partial T}\right)_V = -\frac{C_V}{T} \leq 0 \, .$$

$F(T, V)$ ist als Funktion von T konkav!

$$\left(\frac{\partial^2 F}{\partial V^2}\right)_T = -\left(\frac{\partial p}{\partial V}\right)_T = +\frac{1}{V \kappa_T} \geq 0 \, .$$

$F(T, V)$ ist als Funktion von V konvex (Abb. 4.7)!

Bei der Übertragung des obigen Satzes auf magnetische Systeme hat man etwas aufzupassen, da die Suszeptibilität χ als Analogon zur Kompressibilität κ im Gegensatz zu dieser auch negativ werden kann (Diamagnetismus!).

Mithilfe dieser allgemeinen Eigenschaften von G und F sowie der Verknüpfung

$$G = F + p\,V$$

lassen sich die Abhängigkeiten der Potentiale von T und p bzw. T und V qualitativ bereits skizzieren. Besonders interessant sind natürlich die Phasenübergangspunkte:

Kapitel 4

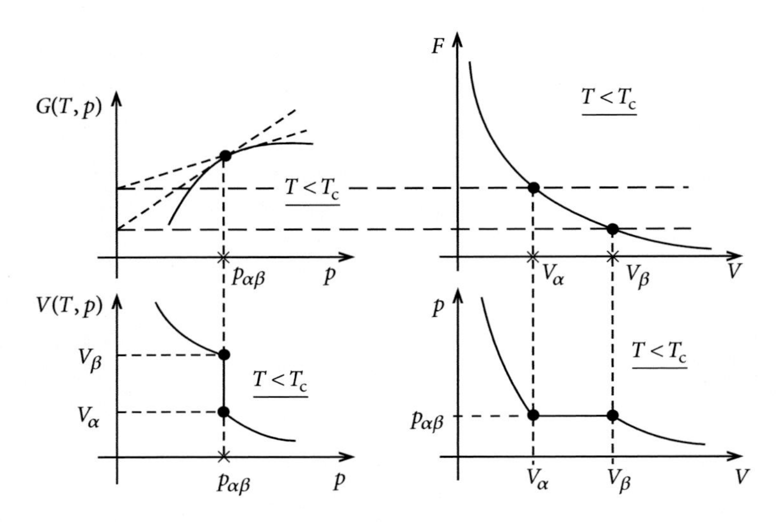

Abb. 4.8 Dasselbe wie in Abb. 4.7, nun aber mit einem Phasenübergang 1. Ordnung

Die Koexistenz der beiden Phasen bei $(T < T_c, p = p_{\alpha\beta})$ hat zur Folge, dass $G_f(T, p_{\alpha\beta}) = G_g(T, p_{\alpha\beta})$. Demnach ist die freie Energie F zwischen V_α und V_β eine lineare Funktion von V. Der Phasenübergang erster Ordnung manifestiert sich in einer Unstetigkeit in der ersten Ableitung von G nach p, also im Volumen V, und in einem horizontalen Teilstück für die erste Ableitung von F nach V, also für den Druck p (Abb. 4.8).

Als Funktionen von T verhalten sich F und G qualitativ sehr ähnlich. Bei einem Phasenübergang erster Ordnung zeigen beide Funktionen wegen

$$S = -\left(\frac{\partial G}{\partial T}\right)_p = -\left(\frac{\partial F}{\partial T}\right)_V \qquad (4.35)$$

einen endlichen Sprung in der ersten partiellen Ableitung, also in der Entropie (Abb. 4.9):

$$\Delta S = S_\beta - S_\alpha \, .$$

Typisch für den Phasenübergang erster Ordnung ist deshalb das Auftreten einer

Umwandlungswärme

$$\Delta Q = T_{\alpha\beta}\, \Delta S \qquad (4.36)$$

(*Verdampfungswärme*).

ΔQ ist jedoch keine Materialkonstante. Man beobachtet vielmehr, z. B. für das Gas-Flüssigkeits-System, dass sich bei einer Änderung der System-Parameter, z. B. des konstant

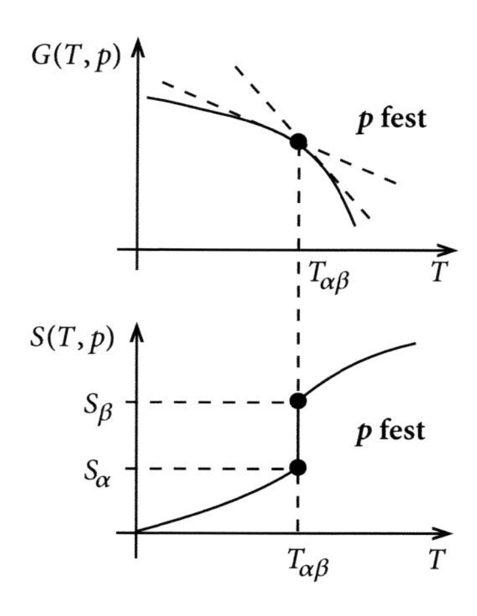

Abb. 4.9 Verhalten der Entropie beim Phasenübergang erster Ordnung

gehaltenen Druckes p, auch der Unstetigkeitssprung in den ersten Ableitungen des thermodynamischen Potentials $G(T, p)$ verändert. Nähert man sich auf der Koexistenzlinie (*Verdampfungskurve*, s. H_2O-Phasendiagramm in Abschn. 4.1.1) dem kritischen Punkt, so wird die Diskontinuität immer kleiner, um schließlich bei (T_c, p_c) ganz zu verschwinden. Es gibt also auch Phasenübergänge mit $S_\alpha = S_\beta$ und $V_\alpha = V_\beta$, für die die Clausius-Clapeyron-Gleichung (4.19) ihre Bedeutung verliert. Wir müssen deshalb offensichtlich den Begriff *Phasenübergang* über das bisher Gesagte hinaus noch erweitern.

4.2.2 Ehrenfest-Klassifikation

Die auf der Koexistenzkurve im Gleichgewicht stehenden Phasen seien wiederum durch die Indizes α und β gekennzeichnet. Nach Ehrenfest (1933) definiert man als

▸ **Ordnung des Phasenübergangs**

die Ordnung des niedrigsten Differentialquotienten von G, der beim Überschreiten der Koexistenzlinie eine Diskontinuität aufweist. Explizit heißt das:

Definition 4.2.3

▸ **Phasenübergang n-ter Ordnung**

1)
$$\left(\frac{\partial^m G_\alpha}{\partial T^m}\right)_p = \left(\frac{\partial^m G_\beta}{\partial T^m}\right)_p \quad \text{für} \quad m = 1, 2, \ldots, n-1\,, \tag{4.37}$$

$$\left(\frac{\partial^m G_\alpha}{\partial p^m}\right)_T = \left(\frac{\partial^m G_\beta}{\partial p^m}\right)_T \quad \text{für} \quad m = 1, 2, \ldots, n-1\,, \tag{4.38}$$

Kapitel 4

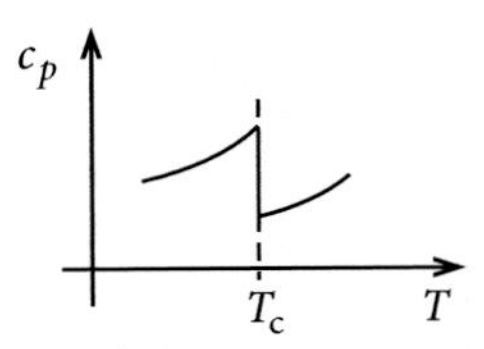

Abb. 4.10 Phasenübergang zweiter Ordnung im Ehrenfest'schen Sinn, festgestellt an der Temperaturabhängigkeit der Wärmekapazität

2) $$\left(\frac{\partial^n G_\alpha}{\partial T^n}\right)_p \neq \left(\frac{\partial^n G_\beta}{\partial T^n}\right)_p , \tag{4.39}$$

$$\left(\frac{\partial^n G_\alpha}{\partial p^n}\right)_T \neq \left(\frac{\partial^n G_\beta}{\partial p^n}\right)_T . \tag{4.40}$$

Von praktischem Interesse sind eigentlich nur die Phasenübergänge erster und zweiter Ordnung. Die von erster Ordnung haben wir bereits genauer analysiert. Für

▸ Phasenübergang zweiter Ordnung

gilt:

1. $G(T, p)$ stetig!
2. $S(T, p); V(T, p)$ stetig!
3. *Response*-Funktionen (Abb. 4.10):

$$C_p = -T\left(\frac{\partial^2 G}{\partial T^2}\right)_p \quad ; \quad \kappa_T = -\frac{1}{V}\left(\frac{\partial^2 G}{\partial p^2}\right)_T \quad ; \quad \beta = \frac{1}{V}\left(\frac{\partial^2 G}{\partial p\, \partial T}\right)$$

unstetig!

Es leuchtet unmittelbar ein, dass mit wachsender Ordnung des Phasenübergangs die Unterschiede der koexistierenden Phasen physikalisch immer unbedeutender werden. Es ist in der Tat zu fragen, bis zu welcher Ordnung man wirklich noch von zwei **verschiedenen** Phasen reden kann.

Beispiele für einen Phasenübergang zweiter Ordnung im *Ehrenfest'schen Sinn*, charakterisiert durch einen **endlichen** Sprung in der spezifischen Wärme, sind nicht sehr zahlreich (Abb. 4.11):

1) Modelle:

a) Weiß'scher Ferromagnet,
b) Bragg-Williams-Modell (für den Ordnungs-Unordnungs-Übergang in β-Messing),
c) van der Waals-Gas.

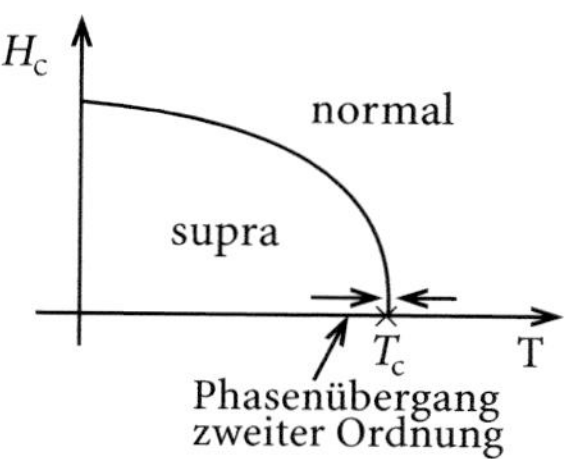

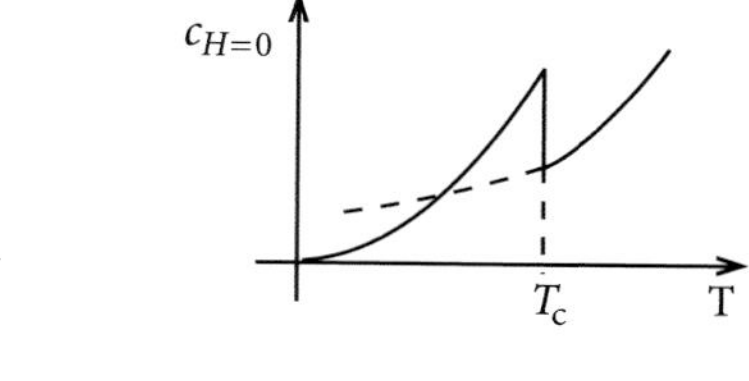

Abb. 4.11 Das kritische Feld eines Supraleiters (*links*) als Funktion der Temperatur und der endliche Nullfeld-Sprung der Wärmekapazität (*rechts*) beim Ehrenfest'schen Phasenübergang zweiter Ordnung

2) Supraleiter im Nullfeld:

Wir wollen schließlich noch das Analogon zur Clausius-Clapeyron-Gleichung für Phasenübergänge zweiter Ordnung *im Ehrenfest'schen Sinn* ableiten:

Auf der *Koexistenzlinie*, falls es so eine in diesem Fall überhaupt gibt, gilt nun:

$$S_\alpha(T,p) = S_\beta(T,p)\,; \quad V_\alpha(T,p) = V_\beta(T,p)\,.$$

Wir betrachten eine Zustandsänderung $(\mathrm{d}p,\, \mathrm{d}T)$ längs der *Koexistenzlinie*:

$$\mathrm{d}S_\alpha = \mathrm{d}S_\beta\,; \quad \mathrm{d}V_\alpha = \mathrm{d}V_\beta$$

$$\Rightarrow \quad \left(\frac{\partial S_\alpha}{\partial T}\right)_p \mathrm{d}T + \left(\frac{\partial S_\alpha}{\partial p}\right)_T \mathrm{d}p = \left(\frac{\partial S_\beta}{\partial T}\right)_p \mathrm{d}T + \left(\frac{\partial S_\beta}{\partial p}\right)_T \mathrm{d}p\,,$$

$$\left(\frac{\partial V_\alpha}{\partial T}\right)_p \mathrm{d}T + \left(\frac{\partial V_\alpha}{\partial p}\right)_T \mathrm{d}p = \left(\frac{\partial V_\beta}{\partial T}\right)_p \mathrm{d}T + \left(\frac{\partial V_\beta}{\partial p}\right)_T \mathrm{d}p\,.$$

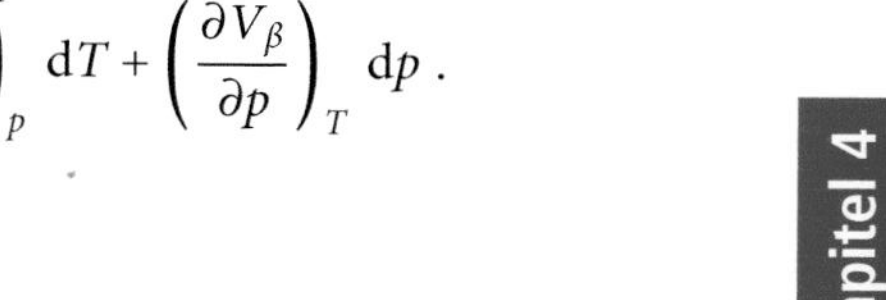

Dies lässt sich wie folgt auflösen:

$$\frac{\mathrm{d}p}{\mathrm{d}T} = -\frac{\left(\frac{\partial S_\beta}{\partial T}\right)_p - \left(\frac{\partial S_\alpha}{\partial T}\right)_p}{\left(\frac{\partial S_\beta}{\partial p}\right)_T - \left(\frac{\partial S_\alpha}{\partial p}\right)_T} = -\frac{\left(\frac{\partial V_\beta}{\partial T}\right)_p - \left(\frac{\partial V_\alpha}{\partial T}\right)_p}{\left(\frac{\partial V_\beta}{\partial p}\right)_T - \left(\frac{\partial V_\alpha}{\partial p}\right)_T}\,.$$

Wir setzen noch die folgenden Maxwell-Relationen ein:

$$\left(\frac{\partial S}{\partial p}\right)_T = -\left(\frac{\partial V}{\partial T}\right)_p = -V\beta\,,$$

$$\left(\frac{\partial S}{\partial T}\right)_p = \frac{C_p}{T}\,; \quad \left(\frac{\partial V}{\partial p}\right)_T = -V\kappa_T\,.$$

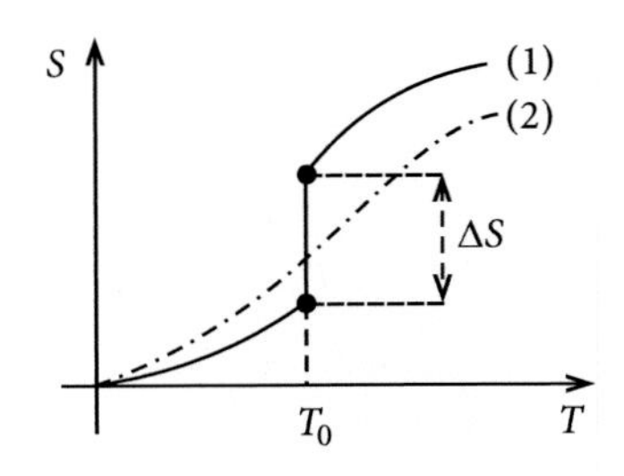

Abb. 4.12 Kontinuierliche und diskontinuierliche Phasenübergänge im Temperaturverhalten der Entropie

Das ergibt dann die so genannten

Ehrenfest-Gleichungen

$$\frac{\mathrm{d}p}{\mathrm{d}T} = \frac{1}{T\,V}\,\frac{C_p^{(\alpha)} - C_p^{(\beta)}}{\beta^{(\alpha)} - \beta^{(\beta)}} = \frac{\beta^{(\alpha)} - \beta^{(\beta)}}{\kappa_T^{(\alpha)} - \kappa_T^{(\beta)}}\,. \tag{4.41}$$

Man sagt, ein System zeige einen Phasenübergang zweiter Ordnung im *reinen Ehrenfest'schen Sinn*, wenn $S_\alpha = S_\beta$ und $V_\alpha = V_\beta$ gilt und die Gleichungen (4.41) erfüllt sind.

Die heutige Kritik an der Ehrenfest-Klassifikation von Phasenübergängen resultiert zum einen aus der experimentellen Beobachtung, dass in vielen Systemen mit Übergängen, die **nicht** von erster Ordnung sind, die *kritischen* thermodynamischen Größen eher Singularitäten als endliche Sprünge aufweisen. Zum anderen erscheint die Aufteilung in Phasenübergänge beliebig hoher Ordnung sinnlos!

Man unterscheidet deshalb etwas grob eigentlich nur noch zwei Arten von Phasenübergängen, die man am einfachsten durch das Verhalten der Entropie gegeneinander abgrenzt. S kann sich am Umwandlungspunkt

- kontinuierlich (2)

oder

- diskontinuierlich (1)

als Funktion der intensiven Variablen T verhalten (Abb. 4.12).

1) Diskontinuierlicher Phasenübergang

Dies ist der bereits besprochene

- Phasenübergang erster Ordnung,

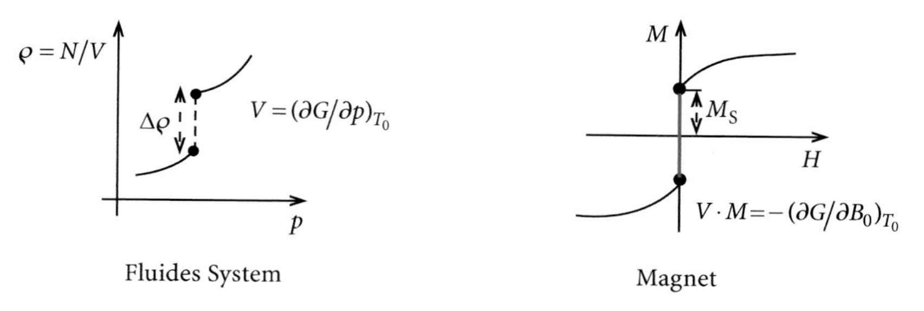

Abb. 4.13 Diskontinuierlicher Phasenübergang (1. Ordnung) für das fluide System (*links*) und den Magneten (*rechts*)

der durch Unstetigkeiten in den ersten partiellen Ableitungen der freien Enthalpie G gekennzeichnet ist (Abb. 4.13).

1. $\Delta S \neq 0 \quad \Leftrightarrow$ Umwandlungswärme: $\Delta Q = T_0\, \Delta S$.
2. $C_p = -T\left(\frac{\partial^2 G}{\partial T^2}\right)_p$: endlich für $T \neq T_0$, nicht erklärt für $T = T_0$.

Die Umwandlungstemperatur T_0 ist keine Konstante, sondern von p bzw. V oder $B_0 = \mu_0 H$ bzw. M abhängig. Nun beobachtet man bei den meisten Systemen ein Abnehmen der Unstetigkeiten ΔS, $\Delta\rho$ und $2\,M_S$ mit zunehmendem T_0 (Abb. 4.14). Dadurch wird eine

- kritische Temperatur T_c

definiert, bei der die ersten Ableitungen wieder stetig werden:

Abb. 4.14 Übergang vom Phasenübergang erster zu zweiter Ordnung für das fluide System (*links*) und für den Magneten (*rechts*)

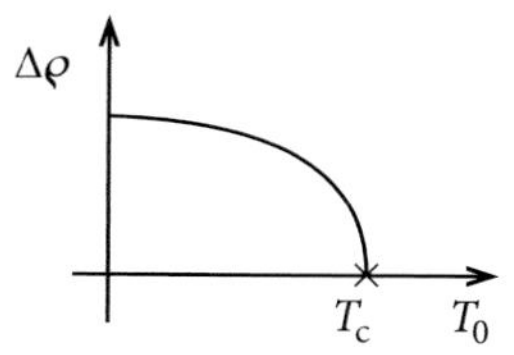

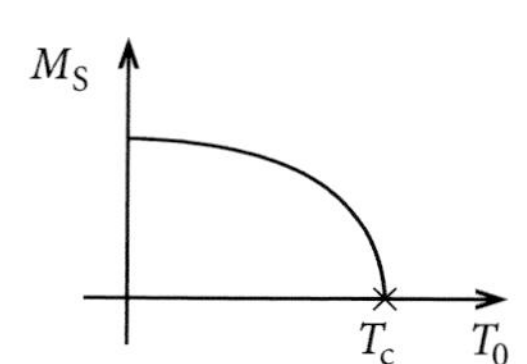

Dies führt zu dem anderen Typ *Phasenübergang*!

2) Kontinuierlicher Phasenübergang

In diesem Fall spricht man auch von einem

- Phasenübergang zweiter Ordnung

mit den folgenden typischen Merkmalen:

1. S stetig $\Rightarrow \Delta Q = 0$.
2. $T_0 \to T_c$: *kritischer Punkt.*
3. Singularitäten in C_V, κ_T, χ_T, also in Zustandsgrößen, die zweiten Ableitungen der thermodynamischen Potentiale entsprechen.

Den kontinuierlichen Phasenübergang wollen wir in den nächsten Abschnitten weiter analysieren.

4.2.3 Kritische Exponenten

Die im vorigen Abschnitt definierten *kontinuierlichen Phasenübergänge* oder **Phasenübergänge zweiter Ordnung** sind von besonderem physikalischen Interesse. Grund dafür ist eine verblüffende Universalität physikalischer Eigenschaften in der Nähe kritischer Punkte. Ganz verschiedene Eigenschaften ganz verschiedener Systeme zeigen in der Nähe von T_c ein ganz ähnliches **Potenzgesetz-Verhalten.** Das wollen wir in diesem Abschnitt etwas genauer untersuchen. Eine *vertiefte* Darstellung wird allerdings der Statistischen Mechanik in Band 6 vorbehalten sein müssen.

Im Bereich der so genannten **kritischen Fluktuationen**, die man etwa im Temperaturbereich

$$|\varepsilon| = \left| \frac{T - T_c}{T_c} \right| < 10^{-2} \tag{4.42}$$

zu erwarten hat, beobachtet man das erwähnte universelle Verhalten der verschiedenartigsten physikalischen Größen, das sich durch einen Satz von wenigen Zahlenwerten beschreiben lässt, die man

- kritische Exponenten

nennt. Sehr häufig beobachtet man, dass eine

- physikalische Eigenschaft $f(\varepsilon)$

sich im kritischen Bereich (4.42) wie

$$f(\varepsilon) = a\,\varepsilon^{\varphi}\left(1 + b\,\varepsilon^{\psi} + \ldots\right)\,; \quad \psi > 0 \tag{4.43}$$

verhält. Man benutzt dazu die Kurzschrift

$$f(\varepsilon) \simeq \varepsilon^{\varphi} \tag{4.44}$$

und liest: „$f(\varepsilon)$ verhält sich für $\varepsilon \to 0$ wie ε^{φ}". φ ist dann der kritische Exponent. Man hat jedoch in der Zwischenzeit erkannt, dass das Potenzgesetz-Verhalten zu einschränkend ist. Die Definition des kritischen Exponenten wird deshalb wie folgt verallgemeinert.

Definition 4.2.4 ***Kritischer Exponent***

$$\varphi = \lim_{\varepsilon \to 0} \frac{\ln |f(\varepsilon)|}{\ln |\varepsilon|} \,. \tag{4.45}$$

Das Verhalten (4.43) ist damit natürlich auch erfasst. Es gibt selbstverständlich nicht nur einen einzigen kritischen Exponenten für alle physikalischen Eigenschaften, sondern einen ganzen Satz, den wir noch detailliert vorstellen werden.

Die so eingeführten kritischen Exponenten sind

- fast universell,

d. h., sie hängen nur von folgenden Komponenten ab:

1. Dimension d des Systems,
2. Reichweite der Teilchenwechselwirkungen,
3. Spindimensionalität n.

Das ist die so genannte **Universalitätshypothese** (R. B. Griffiths, Phys. Rev. Lett. **24**, 1479 (1970)), die wir sinnvoll erst später im Rahmen der Statistischen Mechanik kommentieren können. Die Reichweiten der Teilchenwechselwirkungen gruppiert man in drei Klassen. Man nennt sie

- kurzreichweitig,

wenn der Abfall der Wechselwirkungsstärke mit dem Abstand r der Partner gemäß

$$r^{-(d+2+\alpha)} \,; \quad \alpha > 0$$

erfolgt. Details der Teilchen-Wechselwirkungen spielen dann keine Rolle. Man registriert ein wirklich universelles Verhalten. – Die Wechselwirkungen heißen

- langreichweitig,

falls

$$\alpha < \frac{d}{2} - 2 \tag{4.46}$$

gilt. In diesem Fall werden die so genannten *klassischen Theorien* gültig (Landau-Theorie, van der Waals-Modell, Weiß'scher Ferromagnet). Diese setzen Punkt 1. außer Kraft, d. h., die Exponenten sind unabhängig von der Dimension d des Systems. Relativ kompliziert ist der Zwischenbereich. Für

$$\frac{d}{2} - 2 < \alpha < 0 \tag{4.47}$$

heißt die Wechselwirkung

- **mittelreichweitig.**

Die Exponenten hängen dann von α ab.

Magnetische Materialien werden modellmäßig häufig als wechselwirkende Spinsysteme diskutiert. Unter der **Spindimensionalität** versteht man die Zahl der relevanten Komponenten der Spinvektoren. Bei $n = 1$ (*Ising-Modell*) handelt es sich um eindimensionale, bei $n = 2$ (*XY-Modell*) um zweidimensionale und bei $n = 3$ (*Heisenberg-Modell*) um dreidimensionale Vektoren. Die kritischen Exponenten erweisen sich als deutlich n-abhängig. Weitere Einzelheiten zu den Spinsystemen werden im Rahmen der Statistischen Mechanik besprochen.

Bei den kritischen Exponenten hat man streng genommen noch zu unterscheiden, von welcher Seite man sich dem kritischen Punkt T_c nähert:

$$\begin{aligned} \varphi \quad &\longleftrightarrow \quad \varepsilon > 0 \quad \left(T \overset{>}{\to} T_c\right), \\ \varphi' \quad &\longleftrightarrow \quad \varepsilon < 0 \quad \left(T \overset{<}{\to} T_c\right). \end{aligned}$$

Es muss nicht notwendig $\varphi = \varphi'$ sein. Die später zu besprechende Skalenhypothese wird allerdings gerade dieses postulieren. Wir diskutieren einige typische Beispiele:

1. $\boxed{\varphi < 0}$ $f(\varepsilon)$ divergiert für $\varepsilon \to 0$, und zwar umso *schärfer*, je kleiner $|\varphi|$ ($|\varphi_2| > |\varphi_1|$) (Abb. 4.15). Man bedenke, dass in dem interessierenden Bereich $|\varepsilon| < 1$ gilt.

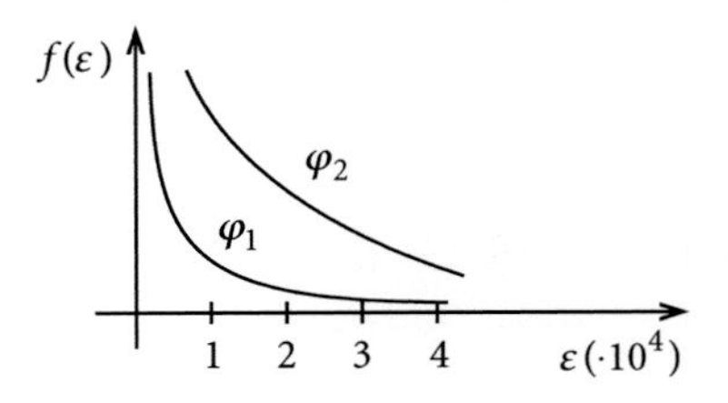

Abb. 4.15 Kritisches Verhalten einer Funktion f bei negativem kritischen Exponenten als Funktion der reduzierten Temperatur $(T - T_c)/T_c$

2. $\boxed{\varphi > 0}$ $f(\varepsilon)$ geht gegen Null für $\varepsilon \to 0$. In dem skizzierten Beispiel in Abb. 4.16 ist $\varphi_1 > \varphi_2$.

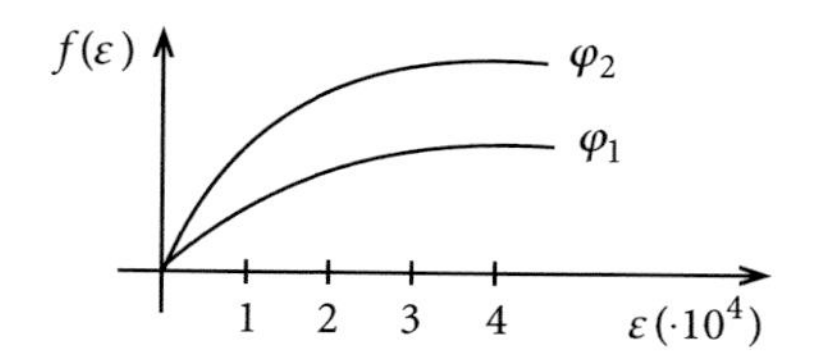

Abb. 4.16 Kritisches Verhalten einer Funktion f bei positivem kritischen Exponenten als Funktion der reduzierten Temperatur $(T - T_c) / T_c$

3. $\boxed{\varphi = 0}$ In diesem Fall ist das Verhalten von $f(\varepsilon)$ nicht eindeutig. Man hat drei Situationen zu unterscheiden:

3.1. **Logarithmisches Divergieren**

Sei z. B. (Abb. 4.17)

$$f(\varepsilon) = a \ln|\varepsilon| + b\,,$$

dann folgt mit (4.45):

$$\varphi = \lim_{\varepsilon \to 0} \frac{\ln|a \ln|\varepsilon| + b|}{\ln|\varepsilon|} = \lim_{\varepsilon \to 0} \frac{\ln|\ln|\varepsilon||}{\ln|\varepsilon|} = \lim_{\varepsilon \to 0} \frac{1}{|\varepsilon|} \frac{\frac{1}{|\ln|\varepsilon||}}{\frac{1}{|\varepsilon|}} = 0\,.$$

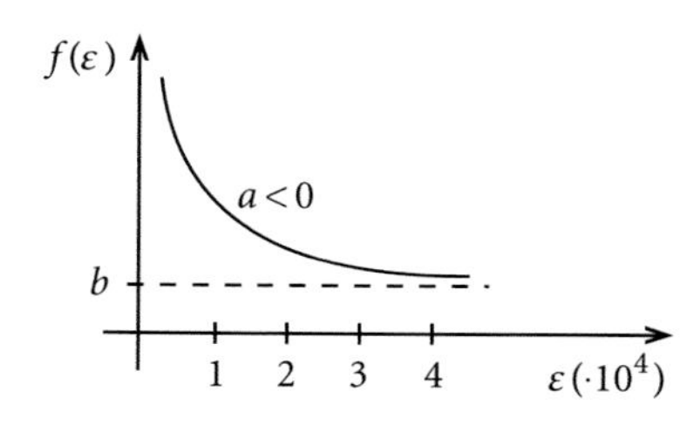

Abb. 4.17 Logarithmisches Divergieren als eine Möglichkeit für einen kritischen Exponenten $\varphi = 0$

3.2. **Divergente j-te Ableitung**

$f(\varepsilon)$ selbst kann für $\varepsilon \to 0$ endlich bleiben, während die j-te Ableitung divergiert, z. B.

$$f(\varepsilon) = a - b\,\varepsilon^x \quad \text{mit} \quad x = \frac{3}{2}, \frac{1}{2}\,.$$

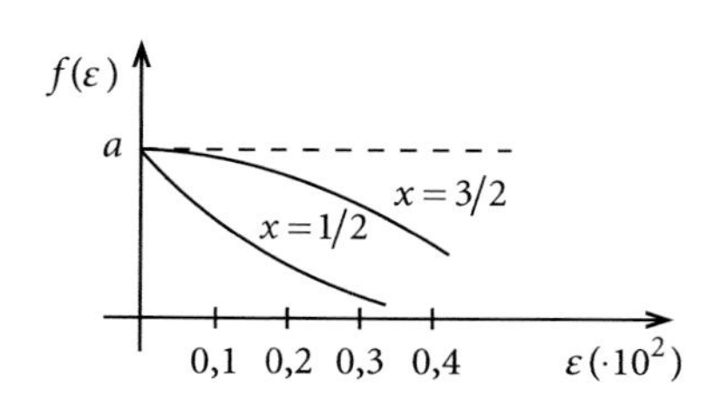

Abb. 4.18 Kritisches Verhalten als Divergenz der j-ten Ableitung

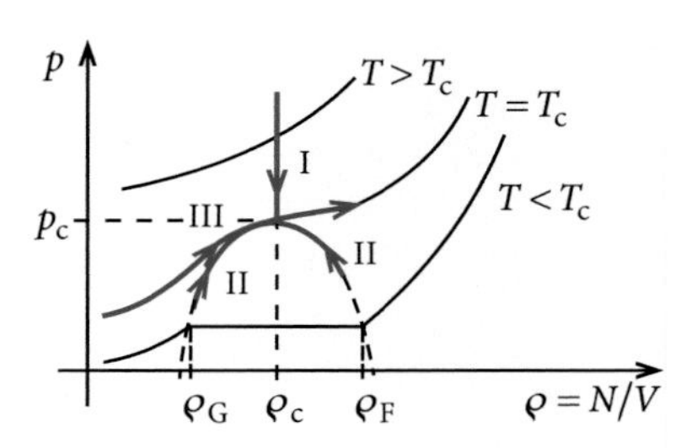

Abb. 4.19 Isothermen des realen Gases im Druck-Dichte-Diagramm zur Festlegung der Wege, für die die kritischen Exponenten definiert sind

In den skizzierten Beispielen (Abb. 4.18) divergiert für $x = 3/2$ die zweite und für $x = 1/2$ die erste Ableitung von f für $\varepsilon \to 0$. Der kritische Exponent φ ist jedoch Null:

$$\varphi = \lim_{\varepsilon\to 0} \frac{\ln|a - b\,\varepsilon^x|}{\ln|\varepsilon|} = \ln|a| \lim_{\varepsilon\to 0} \frac{1}{\ln|\varepsilon|} = 0 \,.$$

Zur Untersuchung der Fälle 3.1. und 3.2. führt man manchmal einen neuen Typ von kritischem Exponent ein. Wenn j die kleinste ganze Zahl ist, für die

$$\frac{\partial^j f}{\partial\,\varepsilon^j} \equiv f^{(j)}(\varepsilon) \underset{\varepsilon\to 0}{\longrightarrow} \infty \,, \tag{4.48}$$

dann soll gelten:

$$\varphi_S = j + \lim_{\varepsilon\to 0} \frac{\ln|f^{(j)}(\varepsilon)|}{\ln|\varepsilon|} \,. \tag{4.49}$$

In den obigen Beispielen ist neben $\varphi = 0$:

$$\varphi_S = j - \frac{1}{2} = 1 - \frac{1}{2} = \frac{1}{2} \quad \text{für} \quad x = \frac{1}{2} \,,$$
$$\varphi_S = j - \frac{1}{2} = 2 - \frac{1}{2} = \frac{3}{2} \quad \text{für} \quad x = \frac{3}{2} \,.$$

Eine logarithmisch divergierende Funktion hat natürlich $j = 0$ und damit $\varphi_S = 0$.

3.3. Diskontinuitäten

Die Funktion verhalte sich für $T \neq T_c$ analytisch mit einem endlichen Sprung bei T_c wie bei einem Phasenübergang zweiter Ordnung *im Ehrenfest'schen Sinn*. Auch in diesem Fall ist $\varphi = 0$ (s. Aufgabe 4.3.3)!

Wir wollen nun die wichtigsten kritischen Exponenten einführen. Dazu ist die genaue Angabe des Weges notwendig, auf dem die Zustandsänderung durchgeführt wird (Abb. 4.19 und 4.20):

1. α, α' : Wärmekapazitäten Für das **reale Gas** definiert man:

$$C_V \sim \begin{cases} A'\,(-\varepsilon)^{-\alpha'} & \left[\text{Weg II}, T \overset{<}{\to} T_c, \rho = \rho_{G,F}\right] \,, \\ A\,\varepsilon^{-\alpha} & \left[\text{Weg I}, T \overset{>}{\to} T_c, \rho = \rho_c\right] \,. \end{cases} \tag{4.50}$$

Kapitel 4

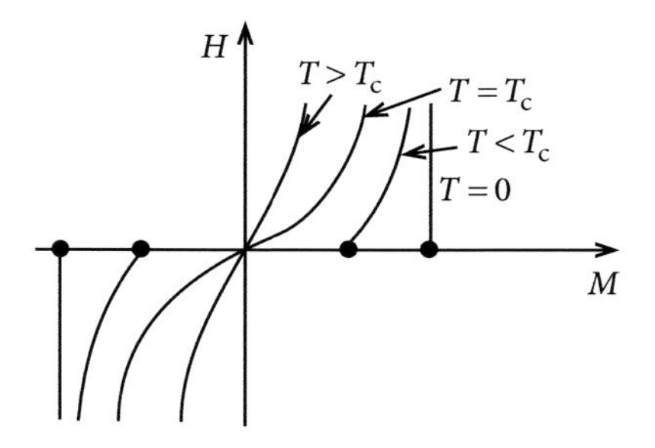

Abb. 4.20 Isothermen des Ferromagneten. zur Festlegung der Wege, für die die kritischen Exponenten definiert sind (T_C: Curie-Temperatur)

Die analoge Definition für den **Magneten** lautet:

$$C_H \sim \begin{cases} A'\,(-\varepsilon)^{-\alpha'} & \left[T \overset{<}{\to} T_c, \quad H = 0\right], \\ A\,\varepsilon^{-\alpha} & \left[T \overset{>}{\to} T_c, \quad H = 0\right]. \end{cases} \tag{4.51}$$

Das Experiment liefert $\alpha, \alpha' \approx 0$. Die exakte Lösung des zweidimensionalen Ising-Modells führt auf ein logarithmisches Divergieren der Wärmekapazität C_V, also auf $\alpha = \alpha_S = 0$. Die so genannten **klassischen Theorien** (Weiß'scher Ferromagnet, van der Waals-Gas, Landau-Theorie, …, s. Aufgabe 4.3.10) ergeben Diskontinuitäten, also $\alpha = 0$.

2. $\boxed{\beta : \text{Ordnungsparameter}}$ Unter dem *Ordnungsparameter* versteht man eine Variable, die nur in einer der beiden am Übergang beteiligten Phasen einen Sinn hat bzw. nur in einer der beiden Phasen ungleich Null ist. Das Auftreten des Ordnungsparameters kündigt also den Phasenübergang an.

Der Ordnungsparameter des Magneten ist die spontane Magnetisierung $M_S(T)$, die nur unterhalb T_c auftritt. Beim realen Gas ist es die Dichtedifferenz $\Delta\rho = \rho_F - \rho_G$ bzw. $\rho_{F,G} - \rho_c$ im Zwei-Phasen-Gebiet. Das kritische Verhalten des Ordnungsparameters wird durch den Exponenten β beschrieben:

$$\frac{\Delta\rho(T)}{2\rho_c} \sim B(-\varepsilon)^{\beta} \qquad \text{(Weg II)}, \tag{4.52}$$

$$\frac{M_S(T)}{M_S(0)} \sim B(-\varepsilon)^{\beta} \qquad (H = 0). \tag{4.53}$$

Die Normierungsfaktoren $2\rho_c$ bzw. $M_S(0)$ sorgen dafür, dass die so genannte **kritische Amplitude** B von der Größenordnung 1 ist und nur wenig von System zu System variiert. – Eigentlich müssten wir statt β β' schreiben, da der Exponent zur Tieftemperaturphase gehört. Da der Ordnungsparameter *per definitionem* jedoch nur in einer der beiden Phasen einen Sinn hat, ist die Unterscheidung zwischen β und β' überflüssig.

Typische experimentelle Werte für β sind $0{,}35 \pm 0{,}02$. Die klassischen Theorien liefern sämtlich $\beta = 1/2$. Für das $d = 2$-Ising-Modell gilt exakt $\beta = 1/8$. Für das $d = 3$-Ising-Modell $(n = 1)$ findet man $\beta = 0{,}325 \pm 0{,}001$, für das $d = 3$-XY-Modell $(n = 2)$ $\beta = 0{,}345 \pm 0{,}002$ und für das $d = 3$-Heisenberg-Modell $\beta = 0{,}365 \pm 0{,}002$.

3. $\boxed{\gamma, \gamma' : \text{Kompressibilitäten, Suszeptibilitäten}}$ Wegen

$$\kappa_T = -\frac{1}{V}\left(\frac{\partial V}{\partial p}\right)_T = \frac{1}{\rho}\left(\frac{\partial \rho}{\partial p}\right)_T ,$$
$$\chi_T = \left(\frac{\partial M}{\partial H}\right)_T \tag{4.54}$$

entsprechen κ_T^{-1} und χ_T^{-1} den Steigungen der Isothermen im $p\rho$- bzw. HM-Diagramm. κ_T und χ_T werden deshalb für $T \to T_c$ divergieren. Vereinbarungsgemäß wählt man die kritischen Exponenten jedoch stets positiv:

$$\frac{\kappa_T}{\kappa_{T_c}^{(0)}} \sim \begin{cases} C'\,(-\varepsilon)^{-\gamma'} & \left[\text{Weg II}, T \underset{\longrightarrow}{<} T_c, \rho = \rho_{G,F}\right], \\ C\,\varepsilon^{-\gamma} & \left[\text{Weg I}, T \underset{\longrightarrow}{>} T_c, \rho = \rho_c\right]. \end{cases} \tag{4.55}$$

$\kappa_{T_c}^{(0)}$ ist die Kompressibilität des idealen Gases für $T = T_c$:

$$\kappa_T^{(0)} = \frac{1}{p} = \frac{V}{nRT} .$$

Analog hierzu benutzt man für das magnetische System zur Normierung die Suszeptibilität des idealen Paramagneten, für die nach (1.25)

$$\chi_T^{(0)} = \frac{C^*}{T}$$

gilt, wobei C^* die in (1.26) definierte Curie-Konstante ist:

$$\frac{\chi_T}{\chi_{T_c}^{(0)}} \sim \begin{cases} C'\,(-\varepsilon)^{-\gamma'} & \left[T \overset{<}{\to} T_c, H = 0\right], \\ C\,\varepsilon^{-\gamma} & \left[T \overset{>}{\to} T_c, H = 0\right]. \end{cases} \tag{4.56}$$

Die experimentellen Werte für γ und γ' schwanken etwas. Die verschiedenen Messmethoden liefern noch etwas unterschiedliche Werte um 1,3 herum mit $\gamma \approx \gamma'$. Die Modellrechnungen zeigen sämtlich $\gamma = \gamma'$, wobei die klassischen Theorien $\gamma = 1$ ergeben. Das $d =$ 2-Ising-Modell führt zu $\gamma = 7/4$, das $d = 3$-Ising-Modell zu $\gamma \approx 1{,}24$, das $d = 3$-XY-Modell zu $\gamma \approx 1{,}32$ und das $d = 3$-Heisenberg-Modell zu $\gamma \approx 1{,}39$. Die aus den Modellrechnungen resultierenden Zahlenwerte zeigen, wie auch schon bei α und β, sehr schön die Abhängigkeit des kritischen Exponenten von der Spin- und Gitterdimension.

4. $\boxed{\delta : \text{Kritische Isotherme}}$ Wenn $p_c^{(0)} = k_B\, T_c\, \rho_c$ den Druck des idealen Gases bei $\rho = \rho_c$ und $T = T_c$ meint, dann soll für das reale Gas gelten:

$$\frac{(p - p_c)}{p_c^{(0)}} \sim D\left|\frac{\rho}{\rho_c} - 1\right|^{\delta} \operatorname{sign}(\rho - \rho_c) \quad [\text{Weg III}, T = T_c] . \tag{4.57}$$

sign $(\rho - \rho_c)$ bezeichnet das Vorzeichen von $(\rho - \rho_c)$:

$$\text{sign}\,(\rho - \rho_c) = \frac{\rho - \rho_c}{|\rho - \rho_c|} \,.$$

δ entspricht also in etwa dem Grad der Funktion (Polynom) der kritischen Isotherme. Je größer δ, desto flacher ist die Isotherme.

Setzt man

$$H_C^{(0)} = \frac{k_B\, T_c}{\mu_0\, m} \qquad (m = \text{magnetisches Moment pro Teilchen}) \,,$$

so lautet die (4.57) entsprechende Beziehung für den Magneten:

$$\frac{H}{H_C^{(0)}} \sim D \left| \frac{M(T = T_c, H)}{M(T = 0, H = 0)} \right|^{\delta} \text{sign}\,(M) \,. \tag{4.58}$$

Experimentelle Werte für δ liegen zwischen 4 und 5. Das $d = 2$-Ising-Modell fällt mit $\delta = 15$ deutlich aus dem Rahmen. Für die klassischen Theorien ist $\delta = 3$. Dem $d = 3$-Ising-Modell, dem $d = 3$-XY-Modell und auch dem $d = 3$-Heisenberg-Modell werden $\delta \approx 4{,}8$ zugeschrieben. δ scheint also vor allem von der Gitterdimension und weniger von der Spindimension beeinflusst zu sein.

Neben den in 1. bis 4. eingeführten kritischen Exponenten sind insbesondere noch ν, ν' und η wichtig. Diese werden im Zusammenhang mit der Paarkorrelationsfunktion definiert. Da wir letztere erst in der Statistischen Mechanik kennen lernen werden, wollen wir an dieser Stelle auch die Exponenten ν, ν' und η noch aussparen.

Es ist klar, dass die Normierungsfaktoren $\kappa_{T_c}^{(0)}$, $\chi_{T_c}^{(0)}$, $p_c^{(0)}$, $H_C^{(0)}$ in den obigen Definitionsgleichungen keine besondere Bedeutung haben. Sie werden deshalb häufig auch weggelassen. Sie sorgen lediglich dafür, dass die einzelnen Größen dimensionslos werden und dass die Amplituden von der Größenordnung 1 sind.

Obwohl z. B. die kritische Temperatur T_c von Material zu Material sehr stark variiert, erkennen wir dennoch eine verblüffende Ähnlichkeit der numerischen Werte für die kritischen Exponenten.

4.2.4 Exponenten-Ungleichungen

Die Theorie der kritischen Exponenten beruht zunächst auf reinen Hypothesen, die allerdings vom Experiment starke Unterstützung erfahren. Da andererseits nur wenige wirklich exakte Auswertungen realistischer Modelle vorliegen, sind natürlich solche Überlegungen von großem Interesse, die auf irgendeine Weise zu Testmöglichkeiten für die Theorie führen. In diesem Sinne haben einige thermodynamisch exakte Exponenten-Ungleichungen große Bedeutung erlangt. Die wichtigsten wollen wir in diesem Abschnitt am Beispiel des magnetischen Systems besprechen.

Für die folgenden Beweise werden wir häufig das fast selbstverständliche **Lemma** benutzen:

Falls $f(x) \sim x^{\varphi}$ und $g(x) \sim x^{\psi}$ und außerdem für hinreichend kleine $|x|$ $|f(x)| \leq |g(x)|$ gilt, dann muss

$$\varphi \geq \psi \tag{4.59}$$

sein. Aus $|f(x)| \leq |g(x)|$ folgt nämlich

$$\ln|f(x)| \leq \ln|g(x)|$$

und damit für $|x| < 1$, d. h. $\ln|x| < 0$:

$$\frac{\ln|f(x)|}{\ln|x|} \geq \frac{\ln|g(x)|}{\ln|x|} \; .$$

Nach (4.45) ist dies gleichbedeutend mit der Behauptung (4.59). – Wir beweisen mit diesem Lemma zunächst die

Rushbrooke-Ungleichung

$$\alpha' + 2\beta + \gamma' \geq 2 \quad \text{für} \quad H = 0\,, \quad T \to T_c^{(-)}\,. \tag{4.60}$$

Beweis

Ausgangspunkt ist die Beziehung (2.82)

$$\chi_T(C_H - C_m) = \mu_0 V T \beta_H^2 = \mu_0 V T \left[\left(\frac{\partial M}{\partial T}\right)_H\right]^2 \; .$$

Wegen $C_m \geq 0$ folgt daraus die Ungleichung:

$$C_H \geq \mu_0 T V \left[\left(\frac{\partial M}{\partial T}\right)_H\right]^2 \chi_T^{-1} \; . \tag{4.61}$$

Beim Grenzübergang $\varepsilon \to 0$ ist der Vorfaktor $\mu_0 T V$ ein unwesentlicher Faktor, da er endlich bleibt. Wegen

$$C_H \sim (-\varepsilon)^{-\alpha'}; \quad \chi_T \sim (-\varepsilon)^{-\gamma'}\;; \quad M \sim (-\varepsilon)^{\beta}$$

folgt mit dem Lemma (4.59):

$$-\alpha' \leq 2(\beta - 1) + \gamma' .$$

Dies ist die Behauptung (4.60).

Es spricht einiges dafür, dass die Rushbrooke-Ungleichung (4.60) sogar als Gleichung gelesen werden kann. Experimentelle Resultate deuten daraufhin, für die klassischen Theorien ($\alpha' = 0,\ \beta = 1/2,\ \gamma' = 1$) gilt das Gleichheitszeichen sogar streng. Letzteres trifft auch für das $d = 2$-Ising-Modell ($\alpha' = 0,\ \beta = 1/8,\ \gamma' \approx 7/4$) zu und wird vom $d = 3$-Ising-Modell approximativ, aber sehr glaubwürdig bestätigt. Die Skalenhypothese macht ebenfalls aus (4.60) eine Gleichung.

Man kann sich leicht klar machen, dass das Gleichheitszeichen in (4.60) genau dann gilt, wenn

$$R = \lim_{\varepsilon \to 0} \frac{C_m}{C_H} < 1 \tag{4.62}$$

ist. Man beachte, dass $R \leq 1$ wegen $C_m \leq C_H$ stets gelten muss. Wir beweisen die Behauptung:

1. $\boxed{R = 1}$ Im kritischen Bereich sollte dann gelten:

$$\frac{C_m}{C_H} \sim 1 - (-\varepsilon)^x (1 + \ldots) .$$

Es muss dabei $x > 0$ sein. Das Minuszeichen garantiert $C_m \leq C_H$. Wir benutzen wiederum (2.82):

$$1 - \frac{C_m}{C_H} = \mu_0 \, V \, T \, \beta_H^2 \, \chi_T^{-1} \, C_H^{-1} . \tag{4.63}$$

Im kritischen Bereich liest sich diese Gleichung wie folgt:

$$(-\varepsilon)^x (1 + \ldots) \sim (-\varepsilon)^{2(\beta - 1) + \gamma' + \alpha'} (1 + \ldots) .$$

Das hat

$$x = 2(\beta - 1) + \gamma' + \alpha'$$

zur Folge, sodass wegen $x > 0$

$$\alpha' + 2\beta + \gamma' = 2 + x > 2$$

gefolgert werden muss. Die Rushbrooke-Beziehung ist deshalb für $R = 1$ eine echte Ungleichung.

2. $\boxed{R = 1 - y < 1\ (y > 0)}$ Der allgemeinste Ansatz für den kritischen Bereich ist nun:

$$\frac{C_m}{C_H} = 1 - y(1 + \varepsilon^x + \ldots)\,; \quad x > 0\,.$$

Dies setzen wir in (4.63) ein:

$$1 - [1 - y(1 + \varepsilon^x + \ldots)] \sim (-\varepsilon)^{2(\beta-1)+\gamma'+\alpha'}\,.$$

Die linke Seite bleibt endlich und ungleich Null für $\varepsilon \to 0$. Das ist nur dann denkbar, wenn der Exponent rechts gleich Null ist:

$$2 = 2\beta + \gamma' + \alpha'\,.$$

Das ist aber gerade die Rushbrooke-Beziehung (4.60) mit dem Gleichheitszeichen.

Wir leiten als nächstes die

Coopersmith-Ungleichung

$$\varphi + 2\psi - \frac{1}{\delta} \geq 1 \quad \text{für} \quad T = T_c, \quad H \to 0^+ \tag{4.64}$$

ab. Man beachte die Voraussetzung $H \to 0^+$. Die Variable ist hier also nicht ε, sondern H. Die kritischen Exponenten φ und ψ kennen wir noch nicht:

$$C_H \sim H^{-\varphi}\,; \quad S(T_c, H) \sim -H^{\psi} \quad [T = T_c]\,. \tag{4.65}$$

Zum Beweis benutzen wir (4.58):

$$H \sim |M|^{\delta} \operatorname{sign} M \quad \Rightarrow \quad M_+ \sim H^{1/\delta}\,.$$

Das wird zusammen mit der Maxwell-Relation

$$V\left(\frac{\partial M}{\partial T}\right)_{B_0} = \frac{1}{\mu_0}\left(\frac{\partial S}{\partial H}\right)_T \underset{T=T_c}{\to} \sim -H^{\psi-1}$$

in (4.61) eingesetzt. Dazu benötigen wir auch noch die isotherme Suszeptibilität χ_T, die wir nicht durch die Exponenten γ und γ' beschreiben können, da diese auf einem anderen Weg der Zustandsänderung definiert sind:

$$\chi_{T_c} = \left(\frac{\partial M}{\partial H}\right)_{T_c} \sim H^{\frac{1}{\delta}-1}\,.$$

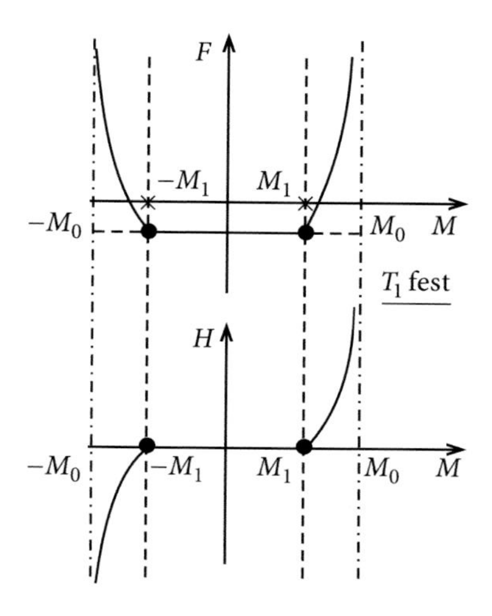

Abb. 4.21 Freie Energie eines Ferromagneten als Funktion der Magnetisierung M (*oben*; M_1: spontane Magnetisierung). Zustandsgleichung H–M für den Ferromagneten (*unten*)

Für $T = T_c$ und $H \to 0^+$ lässt sich (4.61) also wie folgt schreiben:

$$H^{-\varphi}(1+\ldots) \geq \frac{1}{\mu_0 V} T_c H^{2\psi-2} H^{1-\frac{1}{\delta}} (1+\ldots) .$$

Mit dem oben bewiesenen Lemma (4.59) können wir auf

$$-\varphi \leq 2\psi - 2 + 1 - \frac{1}{\delta}$$

schließen, woraus sich die Behauptung (4.64) ergibt.

Wir wollen eine dritte wichtige Exponenten-Ungleichung ableiten, nämlich die so genannte

Griffiths-Ungleichung

$$\alpha' + \beta(1+\delta) \geq 2 \quad \text{für} \quad H = 0 , \quad T \to T_c^{(-)} . \tag{4.66}$$

Nach Voraussetzung befindet sich das System im Nullfeld. Für $T = T_1 \leq T_c$ bezeichnen wir mit $M_1 = M_1(T_1)$ deshalb die **spontane** Magnetisierung. M_0 sei die Sättigungsmagnetisierung. Für die freie Energie gilt in der ferromagnetischen Phase (Abb. 4.21):

$$F(T_1, M) = F(T_1, 0) , \tag{4.67}$$

falls $M < M_1(T_1)$. Dies bedeutet für die erste Ableitung nach M:

$$\left(\frac{\partial F}{\partial M}\right)_{T_1} = \mu_0 V H = 0 ,$$

falls $M < M_1(T_1)$. Mithilfe der Maxwell-Relation

$$\left(\frac{\partial S}{\partial M}\right)_T (T_1, M) = -\mu_0 V \left(\frac{\partial H}{\partial T}\right)_M (T_1, M) = 0 ,$$

falls $M < M_1(T_1)$, ergibt sich für die Entropie die Aussage:

$$S(T_1, M) = S(T_1, 0) , \quad \text{falls} \quad M < M_1(T_1) . \tag{4.68}$$

Wir definieren zwei neue Funktionen:

$$f(T, M) = (F(T, M) - F(T_c, 0)) + (T - T_c)S(T_c, 0) , \tag{4.69}$$

$$s(T, M) = S(T, M) - S(T_c, 0) . \tag{4.70}$$

Wegen

$$S = -\left(\frac{\partial F}{\partial T}\right)_M$$

gilt offenbar auch:

$$s = -\left(\frac{\partial f}{\partial T}\right)_M .$$

Nach Abschn. 4.2.1 ist $F(T, M)$ als Funktion von T konkav. Da die zweiten Ableitungen von F und f nach T gleich sind, ist auch $f(T, M)$ konkav. Dies nutzen wir nun aus. Die Gleichung der Tangente an die $f(T, M_1)$- Kurve in T_1 lautet:

$$\begin{aligned}\hat{f}(T, M_1) &= f(T_1, M_1) + (T - T_1)\left(\frac{\partial f}{\partial T}\right)_M (T_1, M_1) \\ &= f(T_1, M_1) - (T - T_1)\, s(T_1, M_1) .\end{aligned}$$

Da f als Funktion von T konkav ist, können wir weiter schließen:

$$f(T, M_1) \le \hat{f}(T, M_1) \qquad \forall T .$$

Dies bedeutet speziell für $T = T_c$:

$$f(T_c, M_1) \le f(T_1, M_1) - (T_c - T_1)\, s(T_1, M_1) .$$

In diese Ungleichung setzen wir nun (4.67) und (4.68) ein:

$$f(T_c, M_1) \le f(T_1, 0) - (T_c - T_1)\, s(T_1, 0) .$$

Wir zeigen im nächsten Schritt, dass $f(T_1, 0) \le 0$ ist. Nach der Definition (4.70) ist $s(T_c, 0) = 0$, sodass $f(T, 0)$ in $T = T_c$ eine horizontale Tangente hat. Das bedeutet, da f konkav ist:

$$f(T_1, 0) \le f(T_c, 0) = 0 .$$

Die obige Ungleichung gilt also erst recht in der Form:

$$f(T_c, M_1) \leq -(T_c - T_1)\, s(T_1, 0) \ . \tag{4.71}$$

Das ist nun endgültig die Ungleichung, die wir zur Abschätzung der Exponenten benutzen wollen. Wir beginnen mit der linken Seite. Fassen wir M_1 als Variable auf, so gilt auf der kritischen Isotherme:

$$H(M_1, T = T_c) \sim M_1^\delta \ .$$

Wegen

$$H = \frac{1}{\mu_0 V}\left(\frac{\partial F}{\partial M}\right)_{T_c} = \frac{1}{\mu_0 V}\left(\frac{\partial f}{\partial M}\right)_{T_c}$$

folgt weiter:

$$f(T_c, M_1) \sim M_1^{\delta+1} \ .$$

M_1 ist andererseits als spontane Magnetisierung auch Ordnungsparameter, sodass wir noch

$$M_1 \sim (T_c - T_1)^\beta$$

ausnutzen können:

$$f(T_c, M_1) \sim (T_c - T_1)^{\beta(\delta+1)} \ . \tag{4.72}$$

Wir schätzen nun die rechte Seite von (4.71) ab, wobei wir mit dem kritischen Verhalten der spezifischen Wärme C_H starten:

$$C_H = T\left(\frac{\partial S}{\partial T}\right)_H \sim (T_c - T)^{-\alpha'} \qquad \left[H = 0\,; \quad T \to T_c^{(-)}\right] \ .$$

Da sich T selbst *unkritisch* verhält, gilt auch:

$$\left(\frac{\partial S}{\partial T}\right)_{H=0} \sim (T_c - T)^{-\alpha'} \qquad \left[T \to T_c^{(-)}\right] \ .$$

Wir benötigen Aussagen über $S = S(T, M)$ für $M = 0$:

$$\mathrm{d}S = \left(\frac{\partial S}{\partial T}\right)_M \mathrm{d}T + \left(\frac{\partial S}{\partial M}\right)_T \mathrm{d}M$$

$$\Rightarrow \quad \left(\frac{\partial S}{\partial T}\right)_H = \left(\frac{\partial S}{\partial T}\right)_M + \left(\frac{\partial S}{\partial M}\right)_T \left(\frac{\partial M}{\partial T}\right)_H \ .$$

Nach (4.68) ist

$$\left(\frac{\partial S}{\partial M}\right)_T (T_1, M) = 0 \ , \quad \text{falls} \quad M < M_1(T_1) \ ,$$

sodass folgt:

$$\left(\frac{\partial S}{\partial T}\right)_{M=0} = \left(\frac{\partial S}{\partial T}\right)_{H=0} \sim (T_c - T)^{-\alpha'} \qquad \left(T \to T_c^{(-)}\right) .$$

Es ist deshalb:

$$-s(T_1, 0) = S(T_c, 0) - S(T_1, 0) \sim (T_c - T_1)^{-\alpha'+1} .$$

Dies bedeutet schließlich für die rechte Seite von (4.71):

$$-(T_c - T_1)\, s(T_1, 0) \sim (T_c - T_1)^{2-\alpha'} . \tag{4.73}$$

(4.71) bis (4.73) ergeben nach Ausnutzen des Lemmas (4.59):

$$\beta(\delta + 1) \geq 2 - \alpha' .$$

Damit ist die Griffiths-Ungleichung (4.66) bewiesen!

Die klassischen Theorien $(\alpha' = 0, \beta = 1/2, \delta = 3)$ als auch das exakt lösbare $d = 2$-Ising-Modell $(\alpha' = 0, \beta = 1/8, \delta = 15)$ lassen in (4.66) sogar das Gleichheitszeichen erwarten.

4.2.5 Skalenhypothese

Der letzte Abschnitt ließ insbesondere die Frage offen, ob die exakten Exponenten-Ungleichungen vielleicht doch als Gleichungen zu lesen sind. Eine Reihe von Hinweisen darauf hatten wir bereits angeben können. Eine sehr starke Unterstützung findet diese Annahme von der nun zu besprechenden Skalenhypothese. Diese besteht in einem sehr einfachen Ansatz für die Struktur eines bestimmten thermodynamischen Potentials. Dieser Ansatz kann bislang noch nicht mathematisch streng begründet werden, erscheint jedoch in vieler Hinsicht *plausibel*. Es handelt sich aber nach wie vor um eine *Hypothese*.

Zur Formulierung der Skalenhypothese erinnern wir uns zunächst an den Begriff der *homogenen Funktion*, wie wir ihn in Abschn. 1.2, Bd. 2 kennen gelernt haben:

$f(x)$ ist **homogen vom Grad** m, falls für jedes $\lambda \in \mathbb{R}$

$$f(\lambda x) = \lambda^m f(x) \tag{4.74}$$

gilt.

Ist eine solche Funktion in einem Punkt $x_0 \neq 0$ bekannt, so ist $f(x)$ überall bestimmt. Für jedes x gibt es nämlich ein eindeutiges λ_x mit $x = \lambda_x x_0$, sodass $f(x) = \lambda_x^m f(x_0)$ gilt. Man sagt, dass $f(x)$ mit $f(x_0)$ über eine einfache *Skalentransformation* zusammenhängt.

Den Begriff der Homogenität erweitern wir nun für Funktionen mehrerer Variabler:

Definition 4.2.5

Man nennt $f(x,y)$ eine

- **verallgemeinert homogene Funktion,**

falls für jedes $\lambda \in \mathbb{R}$

$$f\left(\lambda^a x,\, \lambda^b y\right) = \lambda f(x,y) \tag{4.75}$$

gilt, wobei a und b beliebige reelle Zahlen sein dürfen.

So ist zum Beispiel $f(x,y) = x^2 + 3y^5$ eine verallgemeinert homogene Funktion mit $a = 1/2$ und $b = 1/5$.

Wir wollen nun am Beispiel der freien Enthalpie $G(T, B_0)$ eines magnetischen Systems ($B_0 = \mu_0 H$) die Skalenhypothese formulieren. Wir interessieren uns hier nur für die bei T_c nicht-analytischen Anteile von $G(T, B_0)$. Alle anderen, *unkritischen* Terme seien abgetrennt:

$$G(T, B_0) \quad \longrightarrow \quad G(\varepsilon, B_0)\,; \quad \varepsilon = \frac{T - T_c}{T_c}\,.$$

Skalenhypothese (*Homogenitätspostulat*)

$G(\varepsilon, B_0)$ ist eine verallgemeinert homogene Funktion, d. h. für jedes $\lambda \in \mathbb{R}$ gilt:

$$\boldsymbol{G}\left(\lambda^{a_\varepsilon}\,\varepsilon,\, \lambda^{a_B}\,\boldsymbol{B}_0\right) = \lambda\, \boldsymbol{G}(\varepsilon, \boldsymbol{B}_0)\,. \tag{4.76}$$

Die Zahlen a_ε und a_B werden **nicht** spezifiziert, sodass die Skalenhypothese keine konkreten numerischen Werte für die kritischen Exponenten wird liefern können. Sie führt allerdings zu verschiedenen Relationen zwischen den Exponenten. Wie bereits erwähnt, lässt sich (4.76) nicht mathematisch exakt beweisen. Sie wird allerdings durch die so genannte **Kadanoff-Konstruktion** am Beispiel des Ising-Spin-Systems *sehr plausibel* gemacht. Auf diese können wir jedoch an dieser Stelle nicht näher eingehen (s. Abschn. 4.2.2, Bd. 6). – Die Skalenhypothese wurde hier für die freie Enthalpie formuliert. Sie überträgt sich natürlich in gesetzmäßiger Weise auf die anderen thermodynamischen Potentiale.

Wir werden nun zeigen, dass sich alle kritischen Exponenten durch a_ε und a_B ausdrücken lassen. Das wird bedeuten, dass durch die Festlegung von zwei Exponenten alle anderen bereits bestimmt sind.

Wir differenzieren (4.76) partiell nach B_0:

$$\lambda^{a_B} \frac{\partial}{\partial\left(\lambda^{a_B} B_0\right)} G\left(\lambda^{a_\varepsilon} \varepsilon, \lambda^{a_B} B_0\right) = \lambda \frac{\partial}{\partial B_0} G(\varepsilon, B_0) .$$

Nun gilt:

$$\frac{\partial G}{\partial B_0} = -m = -V M .$$

Damit ergibt sich:

$$\lambda^{a_B} M\left(\lambda^{a_\varepsilon} \varepsilon, \lambda^{a_B} B_0\right) = \lambda M(\varepsilon, B_0) . \tag{4.77}$$

Aus dieser Beziehung werden wir sehr weit reichende Schlussfolgerungen ziehen.

1. Exponent β

Wir setzen in (4.77) $B_0 = 0$:

$$M\left(\lambda^{a_\varepsilon} \varepsilon, 0\right) = \lambda^{1-a_B} M(\varepsilon, 0) .$$

Das ist für **jedes** λ richtig, also auch für

$$\lambda = (-\varepsilon)^{-1/a_\varepsilon} .$$

Damit folgt:

$$M(\varepsilon, 0) = (-\varepsilon)^{\frac{1-a_B}{a_\varepsilon}} M(-1, 0) .$$

$M(-1, 0)$ ist eine konstante Zahl. Für $\varepsilon \to 0^-$ können wir also schreiben:

$$M(\varepsilon, 0) \sim (-\varepsilon)^{\frac{1-a_B}{a_\varepsilon}} .$$

Der Vergleich mit (4.53) liefert:

$$\beta = \frac{1 - a_B}{a_\varepsilon} . \tag{4.78}$$

(Wegen $B_0 = \mu_0 H$ bedeutet $B_0 = 0$ natürlich auch $H = 0$.) Der kritische Exponent β ist also vollständig durch die Konstanten a_B und a_ε festgelegt.

2. Exponent δ

Wir setzen nun in (4.77) $\varepsilon = 0$:

$$M(0, B_0) = \lambda^{a_B - 1} M\left(0, \lambda^{a_B} B_0\right)$$

und wählen speziell:

$$\lambda = B_0^{-1/a_B} .$$

Kapitel 4

Dies ergibt

$$M(0,\, B_0) = B_0^{\frac{1-a_B}{a_B}}\, M(0,1)$$

mit einer unbedeutenden Konstanten $M(0,1)$. Für $\varepsilon = 0$ und $B_0 \to 0^+$ können wir demnach schreiben:

$$M(0,\, B_0) \sim B_0^{\frac{1-a_B}{a_B}} \quad \Leftrightarrow \quad B_0 \sim M(0,\, B_0)^{\frac{a_B}{1-a_B}}\ .$$

Der Vergleich mit (4.58) führt zu:

$$\delta = \frac{a_B}{1-a_B}\ . \tag{4.79}$$

Über (4.78) und (4.79) sind a_ε und a_B vollständig durch β und δ festgelegt:

$$a_B = \frac{\delta}{1+\delta}\ ; \quad a_\varepsilon = \frac{1}{\beta}\frac{1}{1+\delta}\ . \tag{4.80}$$

Gelingt es uns, weitere Exponenten durch a_ε und a_B auszudrücken, so wird das letztlich zu Relationen zwischen den kritischen Exponenten führen.

3. Exponenten γ, γ'

Für die Suszeptibilität χ_T muss

$$\chi_T = \left(\frac{\partial M}{\partial H}\right)_T = \mu_0 \left(\frac{\partial M}{\partial B_0}\right)_T$$

ausgewertet werden. Im kritischen Bereich können wir dazu wieder (4.77) verwenden, indem wir nach dem Feld B_0 partiell differenzieren:

$$\lambda^{2a_B} \frac{\partial}{\partial(\lambda^{a_B} B_0)} M(\lambda^{a_\varepsilon}\varepsilon,\, \lambda^{a_B} B_0) = \lambda \frac{\partial}{\partial B_0} M(\varepsilon,\, B_0)\ .$$

Dies ergibt:

$$\lambda^{2a_B}\, \chi_T(\lambda^{a_\varepsilon}\varepsilon,\, \lambda^{a_B} B_0) = \lambda\, \chi_T(\varepsilon,\, B_0)\ .$$

Wir setzen $B_0 = 0$ und wählen:

$$\lambda = (\pm\varepsilon)^{-1/a_\varepsilon}\ .$$

Dies ergibt:

$$\chi_T(\varepsilon, 0) = (\pm\varepsilon)^{-\frac{2a_B-1}{a_\varepsilon}}\, \chi_T(\pm 1, 0)\ .$$

Die Konstante $\chi_T(\pm 1, 0)$ ist im kritischen Bereich wiederum unbedeutend, aber eventuell unterschiedlich für $T \to T_c^{(-)}$ und $T \to T_c^{(+)}$ (*kritische Amplitude*). Der Vergleich mit (4.56) führt nun zu:

$$\gamma = \gamma' = \frac{2a_B - 1}{a_\varepsilon}\ . \tag{4.81}$$

4. Exponenten α, α'

Die Wärmekapazität $C_H = C_{B_0}$ benötigt die zweite Ableitung der freien Enthalpie nach der Temperatur:

$$C_H = C_{B_0} = -T\left(\frac{\partial^2 G}{\partial T^2}\right)_{B_0} = -\frac{T}{T_c^2}\left(\frac{\partial^2 G}{\partial \varepsilon^2}\right)_{B_0} .$$

Die Skalenhypothese (4.76) wird zweimal nach ε differenziert:

$$\lambda^{2a_\varepsilon}\frac{\partial^2}{\partial\left(\lambda^{a_\varepsilon}\varepsilon\right)^2} G\left(\lambda^{a_\varepsilon}\varepsilon,\, \lambda^{a_B} B_0\right) = \lambda\frac{\partial^2}{\partial\varepsilon^2} G(\varepsilon,\, B_0) .$$

Dies bedeutet:

$$\lambda^{2a_\varepsilon} C_H\left(\lambda^{a_\varepsilon}\varepsilon,\, \lambda^{a_B} B_0\right) = \lambda\, C_H(\varepsilon,\, B_0) .$$

Wir wählen nun

$$B_0 = 0 \quad \text{und} \quad \lambda = (\pm\varepsilon)^{-1/a_\varepsilon}$$

und erhalten damit:

$$C_H(\varepsilon, 0) = (\pm\varepsilon)^{-\frac{2a_\varepsilon - 1}{a_\varepsilon}} C_H(\pm 1, 0) .$$

Der Vergleich mit (4.51) legt die kritischen Exponenten α und α' fest:

$$\alpha = \alpha' = \frac{2a_\varepsilon - 1}{a_\varepsilon} . \tag{4.82}$$

Ein typisches Resultat der Skalenhypothese besteht darin, dass sich für $T \to T_c^{(-)}$ und für $T \to T_c^{(+)}$ dieselben kritischen Exponenten ergeben. *Gestrichene* und *ungestrichene* Exponenten sind stets gleich ($\alpha = \alpha'$, $\gamma = \gamma'$).

Ein zweites wichtiges Resultat der Skalenhypothese macht aus den thermodynamisch exakten Ungleichungen des letzten Abschnitts echte Gleichungen, die man dann

▸ **Skalengesetze**

nennt. Ein paar typische Beispiele wollen wir zum Schluss noch etwas genauer analysieren.

Wir kombinieren (4.80) mit (4.82):

$$\alpha' = 2 - \frac{1}{a_\varepsilon} = 2 - \beta(1 + \delta) \tag{4.83}$$

$$\Rightarrow \quad \alpha' + \beta(1 + \delta) = 2. \tag{4.84}$$

Dies entspricht der Griffiths-Beziehung (4.66).

Wenn wir die Gleichungen (4.80) und (4.81) zusammenfassen, so erhalten wir einen Zusammenhang zwischen β, γ' und δ:

$$\gamma' = 2\,\frac{a_B}{a_\varepsilon} - \frac{1}{a_\varepsilon} = 2\,\beta\,\delta - \beta(1+\delta) = \beta\,\delta - \beta$$

$$\Rightarrow \quad \gamma' = \beta(\delta - 1)\,. \tag{4.85}$$

Die zugehörige thermodynamisch exakte Ungleichung heißt:

Widom-Ungleichung

$$\gamma' \geq \beta(\delta - 1)\,. \tag{4.86}$$

Wenn wir dann noch (4.84) und (4.85) kombinieren, so folgt ein Zusammenhang zwischen α, β und γ':

$$\alpha' + 2\,\beta + \gamma' = 2\,. \tag{4.87}$$

Diese Beziehung haben wir als thermodynamisch exakte Rushbrooke-Ungleichung (4.60) kennen gelernt.

Es gibt noch eine Reihe weiterer thermodynamisch exakter Ungleichungen, die in der Konsequenz der Skalenhypothese zu echten Gleichungen werden. Dazu sei an dieser Stelle auf die Spezialliteratur verwiesen!

4.3 Aufgaben

Aufgabe 4.3.1

1. Berechnen Sie aus der Clausius-Clapeyron-Gleichung explizit die Dampfdruckkurve unter der vereinfachenden Annahme, dass für die Molvolumina in guter Näherung
$$v_g \gg v_f \; ; \; v_g \approx \frac{RT}{p}$$
gilt. Ferner soll für die molare Verdampfungswärme $Q_M \approx$ const. angenommen werden dürfen. Der Dampf (gasförmige) Phase soll sich also praktisch wie ein ideales Gas verhalten.
2. Bestimmen Sie den thermischen Ausdehnungskoeffizienten längs der Koexistenzlinie:
$$\beta_{\text{Koex}} = \frac{1}{V}\left(\frac{\partial V}{\partial T}\right)_{\text{Koex}} .$$
Sie können auch hier $v_g \gg v_f$ benutzen.

Aufgabe 4.3.2

Zwei koexistierende, d. h. im Gleichgewicht stehende, gasförmige Phasen mögen die thermischen Zustandsgleichungen
$$pV_1 = \alpha_1 T \; ; \quad pV_2 = \alpha_2 T \quad (\alpha_1 \neq \alpha_2 : \; \text{Konstante})$$
erfüllen, so wie identische Wärmekapazitäten
$$C_p^{(1,2)}(T) \equiv C_p(T)$$
besitzen.

1. Zeigen Sie, dass die Entropien der beiden Phasen dieselben Temperaturabhängigkeiten aufweisen:
$$S_i(T,p) = g_i(p) + f(T) \quad i = 1,2 .$$
Bestimmen Sie $g_i(p)$!
2. Bestimmen Sie die Steigung der Koexistenzkurve:
$$\frac{\mathrm{d}}{\mathrm{d}T} p_{\text{koex}} .$$
3. Berechnen Sie explizit $p_{\text{koex}} = p_{\text{koex}}(T)$ und zeigen Sie, dass die Umwandlungswärme längs der Koexistenzlinie konstant ist!

Aufgabe 4.3.3

Bringt man einen Supraleiter 1. Art in ein Magnetfeld $\boldsymbol{H}$, so zeigt dieser den so genannten Meißner-Ochsenfeld-Effekt, d. h., abgesehen von einer zu vernachlässigenden Randschicht ist in seinem Innern

$$\boldsymbol{B}_0 = \mu_0(\boldsymbol{H} + \boldsymbol{M}) = 0 \, .$$

Überschreitet $\boldsymbol{H}$ eine von der Temperatur abhängige kritische Feldstärke, dann findet ein Phasenübergang in den normalleitenden Zustand statt. In guter Näherung gilt:

$$H_C(T) = H_0 \left[1 - (1-\alpha) \left(\frac{T}{T_c} \right)^2 - \alpha \left(\frac{T}{T_c} \right)^4 \right]$$

(T_c = Sprungtemperatur).

1. Berechnen Sie die Umwandlungswärme beim Phasenübergang mithilfe der Clausius-Clapeyron-Gleichung. Dabei kann die Magnetisierung der normalleitenden Phase (M_n) gegenüber der der supraleitenden Phase (M_s) vernachlässigt werden.
2. Berechnen Sie die *Stabilisierungsenergie* ΔG des Supraleiters:
$$\Delta G = G_s(T, H = 0) - G_n(T, H = 0)$$
(n: normalleitend, s: supraleitend). Benutzen Sie erneut $M_n \ll M_s$.
3. Berechnen Sie die Entropiedifferenz
$$\Delta S = S_s(T) - S_n(T)$$
mithilfe von 2. Vergleichen Sie das Ergebnis mit dem aus Teil 1.
4. Was folgt aus dem Dritten Hauptsatz für
$$\left(\frac{\mathrm{d}H_C}{\mathrm{d}T} \right)_{T=0} ?$$
5. Berechnen Sie die Differenz $\Delta C = C_s - C_n$ der Wärmekapazitäten.
6. Klassifizieren Sie den Phasenübergang.

Aufgabe 4.3.4

Eine physikalische Größe f verhalte sich im kritischen Bereich wie

$$f(T) = a\,T \ln |T - T_c| + b\,T^2 \, .$$

Wie lautet der zugehörige kritische Exponent?

Aufgabe 4.3.5

Zeigen Sie, dass für Phasenübergänge zweiter Ordnung *im Ehrenfest'schen Sinn* nur kritische Exponenten $\varphi = 0$ möglich sind.

Aufgabe 4.3.6

Bestimmen Sie den kritischen Exponenten von

1. $f(T) = a\,T^{5/2} - b\,,$
2. $f(T) = a\,T^2 + c\,(T - T_c)^{-1}\,,$
3. $f(T) = a\sqrt{|T - T_c|} + d\,,$

a, b, c, d: Konstanten.

Aufgabe 4.3.7

Das Verhältnis der Wärmekapazitäten

$$R = \frac{C_m}{C_H}$$

sei temperatur**un**abhängig. Zeigen Sie, dass das Gleichheitszeichen in der Rushbrooke-Beziehung

$$\alpha' + 2\beta + \gamma' \geq 2$$

genau dann gilt, wenn $R \neq 1$ ist.

Aufgabe 4.3.8

Leiten Sie für ein magnetisches System aus der Skalenhypothese die folgende Beziehung für die Magnetisierung M ab:

$$\frac{M(\varepsilon, H)}{(\pm\varepsilon)^{\beta}} = M\left(\pm 1, (\pm\varepsilon)^{-\beta\delta} H\right)\,.$$

Sehen Sie eine Möglichkeit, über diese Gleichung die Skalenhypothese experimentell zu überprüfen?

Aufgabe 4.3.9

Beweisen Sie mithilfe der Skalenhypothese die folgenden Exponenten-Gleichungen:

1. $\gamma(\delta + 1) = (2 - \alpha)(\delta - 1)$,
2. $\delta = \dfrac{2 - \alpha + \gamma}{2 - \alpha - \gamma}$.

Aufgabe 4.3.10

Berechnen Sie die kritischen Exponenten β, γ, γ' und δ des van der Waals-Gases:

1. Zeigen Sie zunächst, dass sich die van der Waals-Zustandsgleichung in den reduzierten Größen

$$p_\mathrm{r} = \frac{p}{p_\mathrm{c}} - 1 \; ; \quad V_\mathrm{r} = \frac{V}{V_\mathrm{c}} - 1 \; ; \quad \varepsilon = \frac{T}{T_\mathrm{c}} - 1$$

   wie folgt schreiben lässt:

$$p_\mathrm{r}\left(2 + 7V_\mathrm{r} + 8V_\mathrm{r}^2 + 3V_\mathrm{r}^3\right) = -3V_\mathrm{r}^3 + 8\varepsilon\left(1 + 2V_\mathrm{r} + V_\mathrm{r}^2\right) .$$

2. Wie verhält sich das reduzierte Volumen V_r für $T \overset{<}{\to} T_\mathrm{c}$ und $T \overset{>}{\to} T_\mathrm{c}$?
3. Bestimmen Sie den kritischen Exponenten β.
4. Zeigen Sie, dass auf der kritischen Isothermen

$$p_\mathrm{r} = -\frac{3}{2} V_\mathrm{r}^3 \left(1 - \frac{7}{2} V_\mathrm{r} + \ldots\right)$$

   gilt.
5. Bestimmen Sie den kritischen Exponenten δ.
6. Leiten Sie über die Kompressibilität κ_T die Werte für die kritischen Exponenten γ und γ' ab. Was kann über die kritischen Amplituden C und C' ausgesagt werden?

Aufgabe 4.3.11

Untersuchen Sie das *kritische Verhalten* des isobaren thermischen Ausdehnungskoeffizienten

$$\beta = \frac{1}{V}\left(\frac{\partial V}{\partial T}\right)_p$$

für das van der Waals-Gas.

Aufgabe 4.3.12

Diskutieren Sie das kritische Verhalten des Weiß'schen Ferromagneten (Abschn. 1.4.4).

1. Zeigen Sie, dass sich mit den reduzierten Größen

$$\widehat{M} = \frac{M}{M_0}\,; \quad b = \frac{m\,B_0}{k_B\,T}\,; \quad \varepsilon = \frac{T - T_c}{T_c}$$

(m: magnetisches Moment; $M_0 = \frac{N}{V}\,m$: Sättigungsmagnetisierung) die Zustandsgleichung wie folgt schreiben lässt:

$$\widehat{M} = L\left(b + \frac{3\widehat{M}}{\varepsilon + 1}\right)$$

($L(x) = \coth x - \frac{1}{x}$: *Langevin-Funktion*).
2. Berechnen Sie den kritischen Exponenten β.
3. Welchen Wert hat der kritische Exponent δ?
4. Leiten Sie die kritischen Exponenten γ, γ' ab und bestimmen Sie das Verhältnis C/C' der kritischen Amplituden.

4.4 Kontrollfragen

Kapitel 4

Zu Abschn. 4.1

1. Wie würden Sie den Begriff *Phase* definieren?
2. Erläutern Sie die *Methode der Lagrange'schen Multiplikatoren.*
3. Was gilt im thermodynamischen Gleichgewicht eines **isolierten** Systems aus π Phasen und α verschiedenen Komponenten für Temperatur T, Druck p und die chemischen Potentiale μ?
4. Wie lautet die allgemeine Gleichgewichtsbedingung für ein geschlossenes System mit $p = \text{const}$ und $T = \text{const}$?
5. Wenn das geschlossene System aus mehreren Phasen und verschiedenen Komponenten besteht, und das bei $T = \text{const}$ und $p = \text{const}$, was kann dann über die chemischen Potentiale im Gleichgewicht gesagt werden?
6. Nennen und erläutern Sie am Beispiel des H_2O die Gibb'sche Phasenregel.
7. Wie viele Phasen kann es maximal in einem System aus α Komponenten geben?
8. Skizzieren Sie die Ableitung der Clausius-Clapeyron-Gleichung.
9. Was gilt für einen Phasenübergang **erster** Ordnung?

10. Was versteht man unter der Maxwell-Konstruktion?
11. Worin besteht das *unphysikalische* Verhalten der van der Waals-Isothermen für $T < T_c$?
12. Wie verlaufen die Isothermen des pV-Diagramms im Koexistenzgebiet von Dampf und Flüssigkeit?
13. Begründen Sie die Maxwell-Konstruktion.
14. Was versteht man unter der *Hebelbeziehung*?

Zu Abschn. 4.2

1. Wozu wird die Umwandlungswärme beim Phasenübergang im Gas-Flüssigkeits-System benötigt?
2. Definieren und charakterisieren Sie einen Phasenübergang erster Ordnung.
3. Unter welchen Voraussetzungen gilt die Clausius-Clapeyron-Gleichung?
4. Wann nennt man eine Funktion $f(x)$ konvex bzw. konkav?
5. Was versteht man unter den Stabilitätsbedingungen?
6. Welcher Zusammenhang besteht zwischen der Stabilität eines thermodynamischen Systems und den Konvexitätseigenschaften seiner Potentiale $G(T,p)$ bzw. $F(T,V)$?
7. Wie manifestiert sich ein Phasenübergang erster Ordnung in der ersten partiellen Ableitung der freien Energie nach dem Volumen V?
8. Wie verändert sich die Umwandlungswärme ΔQ, wenn man längs der Koexistenzlinie auf den kritischen Punkt (T_c, p_c) zugeht?
9. Wie ist nach Ehrenfest die Ordnung eines Phasenübergangs festgelegt?
10. Welche Bedingungen erfüllt im *Ehrenfest'schen Sinn* ein Phasenübergang zweiter Ordnung? Nennen Sie Beispiele für einen solchen Übergang.
11. Was versteht man unter den *Ehrenfest-Gleichungen*?
12. Welche Kritik an der Ehrenfest-Klassifikation von Phasenübergängen drängt sich auf?
13. Wie verhält sich die spezifische Wärme C_p bei einem Phasenübergang **erster** Ordnung?
14. Was sind die typischen Merkmale eines kontinuierlichen Phasenübergangs?
15. Warum sind Phasenübergänge zweiter Ordnung von besonderem physikalischen Interesse?
16. Wie lautet die allgemeine Definition eines kritischen Exponenten?
17. Mit welchen Einschränkungen sind kritische Exponenten *universell*?
18. Welches *kritische Verhalten* einer physikalischen Größe entspricht dem Exponenten $\varphi = 0$?
19. Welcher kritische Exponent beschreibt das Verhalten der Wärmekapazität? Welchen Wert nimmt er an bei einem Phasenübergang *im Ehrenfest'schen Sinn* (Diskontinuität bei $T = T_c$)?
20. Was ist der *Ordnungsparameter* eines Magneten? Welcher Exponent beschreibt sein kritisches Verhalten?
21. Nennen Sie typische Zahlenwerte für die kritischen Exponenten α, β, γ, δ.
22. Skizzieren Sie für das reale Gas und für den Magneten die *kritische Isotherme*.

23. Welches Verhalten beschreibt der kritische Exponent δ?
24. Welche kritischen Exponenten verknüpft die Rushbrooke-Ungleichung?
25. Was spricht dafür, dass die Rushbrooke-Ungleichung sogar als Gleichung gilt?
26. Wie lautet die Coopersmith-Ungleichung?
27. Was besagt die Griffiths-Ungleichung?
28. Was versteht man unter einer *verallgemeinert homogenen Funktion*?
29. Formulieren Sie für ein magnetisches System die Skalenhypothese.
30. Zu welchen physikalischen Aussagen führt die Skalenhypothese?
31. Kann man mit der Skalenhypothese konkrete numerische Werte für die kritischen Exponenten ableiten?
32. Welche Relationen werden als *Skalengesetze* bezeichnet?
33. Was sagt die Skalenhypothese über die kritischen Exponenten für die Übergänge $T \to T_c^{(-)}$ und $T \to T_c^{(+)}$, z. B. über γ und γ', aus?

Lösungen der Übungsaufgaben

Abschnitt 1.6

Lösung zu Aufgabe 1.6.1

1.

$$A(x,y) = \cos x \sin y \quad \Rightarrow \quad \left(\frac{\partial A}{\partial y}\right)_x = \cos x \cos y \,,$$

$$B(x,y) = -\sin x \cos y \quad \Rightarrow \quad \left(\frac{\partial B}{\partial x}\right)_y = -\cos x \cos y$$

$$\Rightarrow \quad \mathrm{d}f \ \textbf{kein} \text{ totales Differential} \,.$$

2.

$$A(x,y) = \sin x \cos y \quad \Rightarrow \quad \left(\frac{\partial A}{\partial y}\right)_x = -\sin x \sin y \,,$$

$$B(x,y) = \cos x \sin y \quad \Rightarrow \quad \left(\frac{\partial B}{\partial x}\right)_y = -\sin x \sin y$$

$$\Rightarrow \quad \left(\frac{\partial A}{\partial y}\right)_x = \left(\frac{\partial B}{\partial x}\right)_y \quad \Rightarrow \quad \text{totales Differential} \,.$$

3.

$$A(x,y) = x^3 y^2 \quad \Rightarrow \quad \left(\frac{\partial A}{\partial y}\right)_x = 2x^3 y \,,$$

$$B(x,y) = -y^3 x^2 \quad \Rightarrow \quad \left(\frac{\partial B}{\partial x}\right)_y = -2y^3 x$$

$$\Rightarrow \quad \left(\frac{\partial A}{\partial y}\right)_x \neq \left(\frac{\partial B}{\partial x}\right)_y \quad \Rightarrow \quad \textbf{kein} \text{ totales Differential} \,.$$

W. Nolting, *Grundkurs Theoretische Physik 4/2*, Springer-Lehrbuch,
DOI 10.1007/978-3-662-49033-4

Lösung zu Aufgabe 1.6.2

Eine Lösungsmethode benutzt die Funktionaldeterminante (s. Aufg. 1.7.1, Bd. 1). Wir wählen hier einen alternativen Weg.

Wir lösen die Funktionalrelation nach x bzw. y auf:

$$x = x(y,z)\,; \quad y = y(x,z)$$

$$\Rightarrow \quad dx = \left(\frac{\partial x}{\partial y}\right)_z dy + \left(\frac{\partial x}{\partial z}\right)_y dz\,,$$

$$dy = \left(\frac{\partial y}{\partial x}\right)_z dx + \left(\frac{\partial y}{\partial z}\right)_x dz\,.$$

Zusammenfassen:

$$dx = \left(\frac{\partial x}{\partial y}\right)_z \left\{\left(\frac{\partial y}{\partial x}\right)_z dx + \left(\frac{\partial y}{\partial z}\right)_x dz\right\} + \left(\frac{\partial x}{\partial z}\right)_y dz$$

$$\Rightarrow dx\left\{1 - \left(\frac{\partial x}{\partial y}\right)_z \left(\frac{\partial y}{\partial x}\right)_z\right\} = dz\left\{\left(\frac{\partial x}{\partial y}\right)_z \left(\frac{\partial y}{\partial z}\right)_x + \left(\frac{\partial x}{\partial z}\right)_y\right\}\,.$$

Zwei Variable sind frei wählbar $\Rightarrow$ dx, dz beliebig $\Rightarrow$ Koeffizienten müssen verschwinden:

$$1 - \left(\frac{\partial x}{\partial y}\right)_z \left(\frac{\partial y}{\partial x}\right)_z = 0\,,$$

$$\left(\frac{\partial x}{\partial y}\right)_z \left(\frac{\partial y}{\partial z}\right)_x + \left(\frac{\partial x}{\partial z}\right)_y = 0\,.$$

Daraus folgt:

1.

$$\left(\frac{\partial x}{\partial y}\right)_z = \frac{1}{\left(\frac{\partial y}{\partial x}\right)_z}\,.$$

2.

$$\left(\frac{\partial x}{\partial y}\right)_z \left(\frac{\partial y}{\partial z}\right)_x = -\left(\frac{\partial x}{\partial z}\right)_y \stackrel{1.}{=} -\frac{1}{\left(\frac{\partial z}{\partial x}\right)_y}$$

$$\Rightarrow \quad \left(\frac{\partial x}{\partial y}\right)_z \left(\frac{\partial y}{\partial z}\right)_x \left(\frac{\partial z}{\partial x}\right)_y = -1\,.$$

Lösung zu Aufgabe 1.6.3

1. Ausgangspunkt ist das zweidimensionale Wegintegral

$$I(C) = \int_{A(C)}^{B} \left\{ \alpha(x,y)\, dx + \beta(x,y)\, \mathrm{d}y \right\} .$$

Wähle

$$\boldsymbol{Z} = \alpha(x,y)\, \boldsymbol{e}_x + \beta(x,y)\, \boldsymbol{e}_y$$
$$\mathrm{d}\boldsymbol{r} = \mathrm{d}x\, \boldsymbol{e}_x + \mathrm{d}y\, \boldsymbol{e}_y .$$

Damit gilt:

$$I(C) = \int_{A(C)}^{B} \boldsymbol{Z} \cdot \mathrm{d}\boldsymbol{r} .$$

C_1 und C_2 seien zwei beliebige Wege in der xy-Ebene zwischen A und B. C_1 und $-C_2$ bilden dann einen geschlossenen Weg C in der xy-Ebene:

$$I(C_1) + I(-C_2) = I(C_1) - I(C_2) = \oint_C \boldsymbol{Z} \cdot \mathrm{d}\boldsymbol{r} .$$

Die rechte Seite lässt sich mit dem Stokes'schen Satz auswerten:

$$\oint_C \boldsymbol{Z} \cdot \mathrm{d}\boldsymbol{r} = \int_{F_C} \operatorname{rot}(\boldsymbol{Z}) \cdot \mathrm{d}\boldsymbol{f} = \int_{F_C} \left(\frac{\partial \beta}{\partial x} - \frac{\partial \alpha}{\partial y} \right) \boldsymbol{e}_z \cdot \mathrm{d}\boldsymbol{f} .$$

Es gilt also:

$$I(C_1) - I(C_2) = \int_{F_C} \left(\frac{\partial \beta}{\partial x} - \frac{\partial \alpha}{\partial y} \right) \mathrm{d}f .$$

Dies bedeutet:

$$\frac{\partial \beta}{\partial x} = \frac{\partial \alpha}{\partial y} \Rightarrow I(C_1) = I(C_2) .$$

Da C und damit F_C beliebig sind, kann aber auch gefolgert werden:

$$I(C_1) = I(C_2) \Rightarrow \frac{\partial \beta}{\partial x} = \frac{\partial \alpha}{\partial y} .$$

Zusammengefasst ergibt das die Bedingung für Wegunabhängigkeit des Integrals:

$$I(C_1) = I(C_2) \Leftrightarrow \frac{\partial \beta}{\partial x} = \frac{\partial \alpha}{\partial y} .$$

Das ist gleichbedeutend damit, dass

$$\boldsymbol{Z} \cdot \mathrm{d}\boldsymbol{r} = \alpha(x,y)\,\mathrm{d}x + \beta(x,y)\,\mathrm{d}y \equiv \mathrm{d}F$$

ein totales Differential darstellt. Anders ausgedrückt:

$$\mathrm{d}F = \frac{\partial F}{\partial x}\,\mathrm{d}x + \frac{\partial F}{\partial y}\,\mathrm{d}y = \alpha(x,y)\,\mathrm{d}x + \beta(x,y)\,\mathrm{d}y$$

ist genau dann ein totales Differential, wenn

$$\frac{\partial \alpha}{\partial y} = \frac{\partial \beta}{\partial x}$$

gilt.

2. Man erkennt, dass

$$\mathrm{d}F = \alpha(x,y)\,\mathrm{d}x + \beta(x,y)\,\mathrm{d}y$$

ein totales Differential darstellt:

$$\frac{\partial \alpha}{\partial y} = 2ye^x = \frac{\partial \beta}{\partial x}\,.$$

Damit ist das Integral I_{AB} wegunabhängig. Die Fragestellung ist also sinnvoll. dF ist das totale Differential zu

$$F(x,y) = y^2 e^x$$

sodass gilt

$$I_{AB} = F(1,1) - F(0,0) = e\,.$$

3. Wegen

$$\frac{\partial \alpha}{\partial y} = 2e^x \neq \frac{\partial \beta}{\partial x} = y^2 e^x$$

ist δF nun kein totales Differential. Das Integral I_{AB} ist wegabhängig. Die Fragestellung ist also nicht sinnvoll, da die Wegangabe fehlt.

Lösung zu Aufgabe 1.6.4

Mit obiger Lösung zu Aufgabe 1.6.2:

$$\kappa_T = -\frac{1}{V}\left(\frac{\partial V}{\partial p}\right)_T = -\frac{1}{V}\left[\left(\frac{\partial p}{\partial V}\right)_T\right]^{-1},$$

$$\beta = \frac{1}{V}\left(\frac{\partial V}{\partial T}\right)_p = -\frac{1}{V}\frac{1}{\left(\frac{\partial T}{\partial p}\right)_V\left(\frac{\partial p}{\partial V}\right)_T}$$

$$= -\frac{1}{V}\frac{\left(\frac{\partial p}{\partial T}\right)_V}{\left(\frac{\partial p}{\partial V}\right)_T} = \kappa_T\left(\frac{\partial p}{\partial T}\right)_V .$$

Lösung zu Aufgabe 1.6.5

$$\left(\frac{\partial T}{\partial p}\right)_V = -\left[\left(\frac{\partial p}{\partial V}\right)_T\left(\frac{\partial V}{\partial T}\right)_p\right]^{-1} = -\frac{\left(\frac{\partial V}{\partial p}\right)_T}{\left(\frac{\partial V}{\partial T}\right)_p} = \frac{V\kappa_T}{V\beta}$$

↖ Kettenregel

$$\Rightarrow \quad \left(\frac{\partial T}{\partial p}\right)_V = \frac{V}{nR} + \frac{ap}{nR}$$

$$\Rightarrow \quad T = T(V,p) = \frac{Vp}{nR} + \frac{a}{2nR}p^2 + G(V) .$$

Zusätzlich muss noch gelten:

$$\left(\frac{\partial T}{\partial V}\right)_p = \frac{1}{V\beta} = \frac{p}{nR} = \frac{p}{nR} + 0 + G'(V)$$

$$\Rightarrow \quad G'(V) = 0 \quad \Leftrightarrow \quad G(V) = \text{const} = T_0 .$$

Damit lautet die Zustandsgleichung:

$$pV + \frac{1}{2}ap^2 = nR(T - T_0) .$$

Lösung zu Aufgabe 1.6.6

1. Die Isotherme der van der Waals-Zustandsgleichung

$$\left(p + a\,\frac{n^2}{V^2}\right)(V - n\,b) = n\,R\,T$$

hat am kritischen Punkt einen Wendepunkt:

$$\left(\frac{\partial p}{\partial V}\right)_{T_c} = \left(\frac{\partial^2 p}{\partial V^2}\right)_{T_c} \stackrel{!}{=} 0\,;$$

$$p = \frac{n\,R\,T}{V - n\,b} - a\,\frac{n^2}{V^2}\,,$$

$$\left(\frac{\partial p}{\partial V}\right)_T = -\frac{n\,R\,T}{(V - n\,b)^2} + 2\,a\,\frac{n^2}{V^3}\,,$$

$$\left(\frac{\partial^2 p}{\partial V^2}\right)_T = \frac{2\,n\,R\,T}{(V - n\,b)^3} - 6\,a\,\frac{n^2}{V^4}\,.$$

Dies bedeutet:

$$2\,a\,\frac{n^2}{V_c^3} = \frac{n\,R\,T_c}{(V_c - n\,b)^2}\,; \quad 6\,a\,\frac{n^2}{V_c^4} = \frac{2\,n\,R\,T_c}{(V_c - n\,b)^3}\,.$$

Division der linken durch die rechte Gleichung:

$$\frac{1}{3}\,V_c = \frac{1}{2}\,(V_c - n\,b) \quad \Rightarrow \quad V_c = 3\,n\,b\,,$$

$$n\,R\,T_c = 2\,a\,\frac{n^2}{27\,n^3\,b^3}\,4\,n^2\,b^2 \quad \Rightarrow \quad R\,T_c = \frac{8\,a}{27\,b}\,.$$

p_c folgt dann direkt aus der van der Waals-Gleichung:

$$p_c = \frac{8\,a\,n}{27\,b}\,\frac{1}{2\,n\,b} - \frac{a}{9\,b^2} \quad \Rightarrow \quad p_c = \frac{a}{27\,b^2}\,.$$

Damit folgt für die Konstanten:

$$a = \frac{9\,R}{8\,n}\,T_c\,V_c\,; \quad b = \frac{V_c}{3\,n}\,.$$

2. Aus 1. folgt:

$$p_c\,V_c = \frac{3}{8}\,n\,R\,T_c\,.$$

Division der van der Waals-Gleichung durch diesen Ausdruck:

$$\left(\pi + \frac{a\,n^2}{p_c\,V^2}\right)\left(v - \frac{n\,b}{V_c}\right) = \frac{8}{3}\,t\,,$$

$$\frac{a\,n^2}{V^2\,p_c} = \frac{27\,n^2 b^2}{V^2} = \frac{3}{v^2}$$

$$\Rightarrow \quad \left(\pi + \frac{3}{v^2}\right)\left(v - \frac{1}{3}\right) = \frac{8}{3}\,t\ :$$

Gesetz von den korrespondierenden Zuständen.

3.

$$\kappa_T = -\frac{1}{V}\left[\left(\frac{\partial p}{\partial V}\right)_T\right]^{-1}\,.$$

Nach 1. gilt:

$$\left(\frac{\partial p}{\partial V}\right)_T = -\frac{n\,R\,T}{\left(V - \frac{1}{3}\,V_c\right)^2} + \frac{9}{4}\,\frac{R}{n}\,T_c\,V_c\,\frac{n^2}{V^3}\,.$$

Bei $V = V_c$:

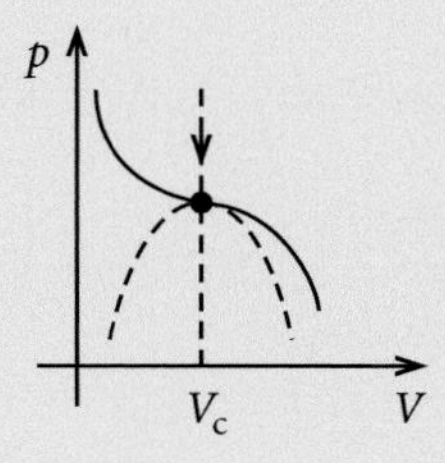

Abb. A.1

$$\left(\frac{\partial p}{\partial V}\right)_{T,V=V_c} = -\frac{9}{4}\,\frac{n\,R\,T}{V_c^2} + \frac{9}{4}\,\frac{n\,R\,T_c}{V_c^2}$$

$$\Rightarrow \quad \kappa_T\,(V = V_c) = \frac{4\,V_c}{9\,n\,R}\,\frac{1}{T - T_c} \quad \left(T \overset{>}{\to} T_c\right)\,.$$

Der Zusatz $T \overset{>}{\to} T_c$ ist wichtig, weil sich nur dann die Voraussetzung $V = V_c$ realisieren lässt. κ_T divergiert wie $(T - T_c)^{-1}$. Am kritischen Punkt genügt eine beliebig kleine Druckänderung, um ein endliches Volumen von Gas nach Flüssigkeit zu überführen (Kondensation!). Stichworte: Phasenübergang zweiter Ordnung, Universalitätshypothese, kritischer Exponent $\gamma = 1$.

4. Nach Aufgabe 1.6.4 gilt:

$$\beta = \kappa_T \left(\frac{\partial p}{\partial T}\right)_V ,$$

$$\left(\frac{\partial p}{\partial T}\right)_V = \frac{n R}{V - n b} \quad \Rightarrow \quad \left(\frac{\partial p}{\partial T}\right)_{V=V_c} = \frac{3 n R}{2 V_c} .$$

Damit zeigt β dasselbe kritische Verhalten wie κ_T:

$$\beta = \beta(T, V = V_c) = \frac{2}{3} \frac{1}{T - T_c} .$$

Lösung zu Aufgabe 1.6.7

1. Man setze

$$\bar{b} = \frac{b}{N_A} ; \quad \bar{a} = \frac{a}{k_B T N_A^2} .$$

Dann gilt:

$$\begin{aligned} p &= k_B T \rho \left(1 - \rho \bar{b}\right)^{-1} e^{-\bar{a}\rho} \\ &= k_B T \rho \left(\sum_{\nu=0}^{\infty} \bar{b}^{\nu} \rho^{\nu}\right) \left(\sum_{\mu=0}^{\infty} \frac{1}{\mu!} (-\bar{a})^{\mu} \rho^{\mu}\right) \\ &= k_B T \rho \left(1 + \sum_{n=1}^{\infty} B_n \rho^n\right) , \end{aligned}$$

$$B_n = \sum_{\mu=0}^{n} \frac{1}{\mu!} \bar{b}^{n-\mu} (-\bar{a})^{\mu}$$

$$\Rightarrow \quad B_1 = \bar{b} - \bar{a} = \frac{1}{N_A} \left(b - \frac{a}{R T}\right) .$$

Boyle-Temperatur T_B:

$$B_1(T_B) \overset{!}{=} 0 \quad \Rightarrow \quad T_B = \frac{a}{R b} .$$

2. **Van der Waals:**

$$
\begin{aligned}
p &= N k_B T (V - n b)^{-1} - a \frac{n^2}{V^2} \\
&= \rho k_B T \left(1 - \bar{b}\rho\right)^{-1} - k_B T \bar{a} \rho^2 \\
&= \rho k_B T \left(1 + \sum_{n=1}^{\infty} B_n \rho^n\right)
\end{aligned}
$$

$$
\Rightarrow \quad B_1 = \bar{b} - \bar{a} = \frac{1}{N_A}\left(b - \frac{a}{RT}\right) \; ; \quad B_n = \left(\frac{b}{N_A}\right)^n \quad \text{für} \quad n \geq 2 \, .
$$

Dieterici:

B_1 wie beim van der Waals-Modell. Abweichungen treten ab B_2 auf:

$$
B_n = \sum_{\mu=0}^{n} \frac{1}{\mu!} \left(\frac{b}{N_A}\right)^{n-\mu} \left(-\frac{a}{k_B T N_A^2}\right)^{\mu} \, .
$$

Bei hohen Temperaturen bleibt nur der $\mu = 0$-Term. Dann ergibt sich dasselbe Resultat wie im van der Waals-Modell.
Bedeutung der Parameter:

Van der Waals:

$$
\begin{aligned}
a\rho^2 &\sim \textit{Binnendruck}, \\
b N &\sim \textit{Eigenvolumen}.
\end{aligned}
$$

Dieterici:

v_{ij} : Wechselwirkungspotential,
r : Abstand.

a. b ist wie im van der Waals-Modell ein Maß für das Eigenvolumen der Moleküle, die beim idealen Gas als mathematische Punkte angesehen werden. Die Teilchenabstoßung sorgt für ein *hard core*-Potential (Abb. A.2).
b. Bei größerem Abstand setzt eine Anziehung der Teilchen durch gegenseitige elektrische Polarisation der Atomhüllen ein, mit der eine Tendenz zum gebundenen Zustand verbunden ist, der dann keine Gefäßwand mehr benötigen würde. Das bedeutet auf jeden Fall eine Druckabnahme. Diese Tendenz wird im Dieterici-Modell näherungsweise durch die Exponentialfunktion beschrieben (Abb. A.2):

$$
a\rho \sim \text{mittlere Wechselwirkungsenergie } (\textit{Aktivierungsenergie}).
$$

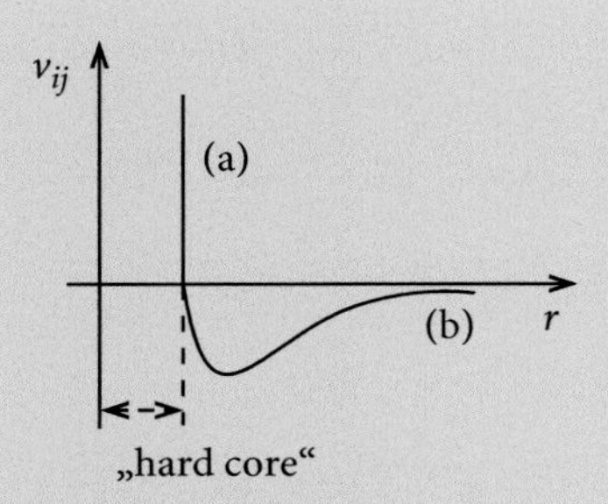

Abb. A.2

3. Die Zustandsgleichung

$$p = k_B\, T\, \rho \left(1 - \rho\, \bar{b}\right)^{-1} \mathrm{e}^{-\bar{a}\,\rho}$$

wird natürlich dann *physikalisch unsinnig*, wenn eine Teilchen-Verdichtung ($\Leftrightarrow$ Anwachsen von ρ) wegen der Exponentialfunktion auf eine Druckerniedrigung führt. Vorzeichen-Erwartung:

$$\left(\frac{\partial p}{\partial \rho}\right)_T \geq 0\,.$$

Wegen $\kappa_T = -\frac{1}{V}\left(\frac{\partial V}{\partial p}\right)_T$ gilt:

$$\left(\frac{\partial p}{\partial \rho}\right)_T = \left(\frac{\partial p}{\partial V}\right)_T \left(\frac{\partial V}{\partial \rho}\right)_T = \frac{-1}{V\,\kappa_T}\left[\left(\frac{\partial \rho}{\partial V}\right)_T\right]^{-1} = \frac{-1}{V\,\kappa_T}\left[-\frac{N}{V^2}\right]^{-1}$$

$\nwarrow$
$N = \text{const}$

$$\Rightarrow \quad \left(\frac{\partial p}{\partial \rho}\right)_T = \frac{1}{\rho\,\kappa_T}\,.$$

Es ist zu fordern (*Stabilitätskriterium*):

$$\kappa_T \geq 0\,,$$

ansonsten würde das System kollabieren, wäre also mechanisch instabil.

4.

$$\left(\frac{\partial p}{\partial \rho}\right)_T = \frac{p}{\rho} + \frac{\bar{b}}{1-\rho\,\bar{b}}\,p - \bar{a}\,p = p\left(\frac{1}{\rho\left(1-\rho\,\bar{b}\right)} - \bar{a}\right)$$

$$\Rightarrow \quad \left(\frac{\partial p}{\partial \rho}\right)_{T_0} \stackrel{!}{=} 0 \quad \Rightarrow \quad k_B\,T_0(\rho) = a^*\rho\left(1-\rho\,\bar{b}\right) \qquad a^* = \frac{a}{N_A^2}$$

$$\Rightarrow \quad k_B\,T_0(\rho): \text{Parabel mit Nullstellen bei } \rho = 0 \text{ und } \rho = \frac{1}{\bar{b}} \text{ (Abb. A.3).}$$

Als *unphysikalisch* muss man das Gebiet

$$\rho > \frac{1}{\bar{b}}$$

bezeichnen, da dann $T_0 < 0$ bzw. $(\partial p / \partial \rho)_T < 0$ ist. In etwa bedeutet $\rho > 1/\bar{b}$, dass das Eigenvolumen der Moleküle größer als das Gasvolumen ist.

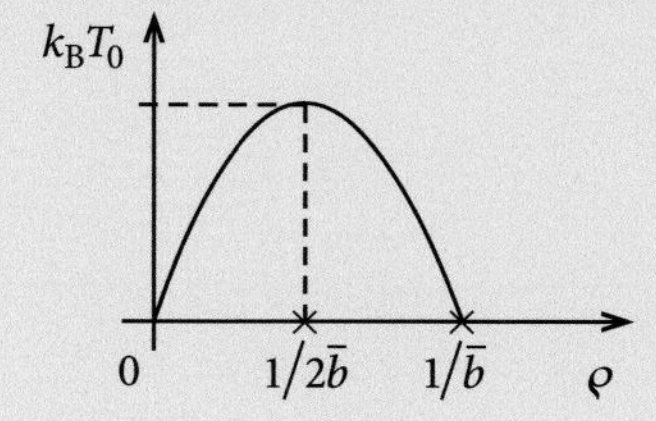

Abb. A.3

Maximum:

$$k_B\frac{dT_0}{d\rho} = a^*\left(1-\rho\,\bar{b}\right) - a^*\bar{b}\,\rho = a^*\left(1-2\,\rho\,\bar{b}\right) \stackrel{!}{=} 0 \quad \Rightarrow \quad \rho_C = \frac{1}{2\,\bar{b}}\,,$$

$$k_B\left(\frac{d^2 T_0}{d\rho^2}\right)_{\rho=\rho_C} = -2\,a^*\,\bar{b} < 0 \quad \Rightarrow \quad \text{Maximum,}$$

$$k_B\,T_C = k_B\,T_0\left(\rho_C\right) = \frac{a^*}{4\,\bar{b}}\,.$$

Der Vergleich mit 1. ergibt:

$$T_B = 4\,T_C\,.$$

Die Materialkonstanten a, b sind aus den kritischen Daten bestimmbar!

$$a^* = \frac{a}{N_A^2} = \frac{2\,k_B\,T_C}{\rho_C}\,,$$

$$\bar{b} = \frac{b}{N_A} = \frac{1}{2\,\rho_C}\,.$$

5. Unphysikalisch ist das Gebiet $\rho > 2\,\rho_C \Leftrightarrow p < 0$

Wir untersuchen zunächst

$$\left(\frac{\partial p}{\partial \rho}\right)_T = p\left(\frac{1}{\rho(1-\bar{b}\rho)} - \frac{a^*}{k_B T}\right)$$

auf Nullstellen, für die offensichtlich gelten muss:

$$\rho(1-\bar{b}\rho) \stackrel{!}{=} \frac{k_B T}{a^*} = \frac{1}{4\bar{b}}\,\frac{T}{T_C}\,.$$

Diese quadratische Gleichung hat zwei Lösungen:

$$\rho_{1,2} = \frac{1}{2\bar{b}}\left(1 \pm \sqrt{1-\frac{T}{T_C}}\right).$$

$\boxed{T > T_C}$

In diesem Fall hat $\left(\frac{\partial p}{\partial \rho}\right)_T$ keine reelle Nullstelle. Da andererseits

$$\left(\frac{\partial p}{\partial \rho}\right)_T (\rho \to 0) \to +\infty\,,$$

muss für alle ρ gelten:

$$\left(\frac{\partial p}{\partial \rho}\right)_T > 0\,.$$

p ist also in jedem Fall eine monoton steigende Funktion von ρ mit $p(\rho = 0) = 0$.

$\boxed{T < T_C}$

Nun hat $\left(\frac{\partial p}{\partial \rho}\right)_T$ zwei reelle(!) Nullstellen bei $\rho_{1,2}$.
Für kleine ρ ist $p(\rho)$ monoton wachsend. Die erste Nullstelle entspricht also einem Maximum, die zweite einem Minimum von $p(\rho)$. Dazwischen ergibt sich ein *unphysikalisches* Gebiet, da $(\partial p\,/\,\partial \rho)_T < 0$ ist.

$\boxed{T = T_C}$

$$\left(\frac{\partial p}{\partial \rho}\right)_{T_C} (\rho = \rho_C) = 0\,,$$

$$\left(\frac{\partial^2 p}{\partial \rho^2}\right)_T = p\left(\frac{1}{\rho(1-\rho\,\bar{b})} - \frac{a^*}{k_B\,T}\right)^2 - p\frac{1-2\,\rho\,\bar{b}}{\rho^2\left(1-\rho\,\bar{b}\right)^2}\,,$$

$$\left(\frac{\partial^2 p}{\partial \rho^2}\right)_{T_C} (\rho = \rho_C) = 0\,. \qquad \text{Wendepunkt}$$

Für $T < T_C$ ergibt sich ein Phasenübergang $\Rightarrow$ Gasverflüssigung! Das *unphysikalische* Gebiet wird durch dieselbe Maxwell-Konstruktion ($A = B$!) wie beim van der Waals-Gas *korrigiert* (Abb. A.4).

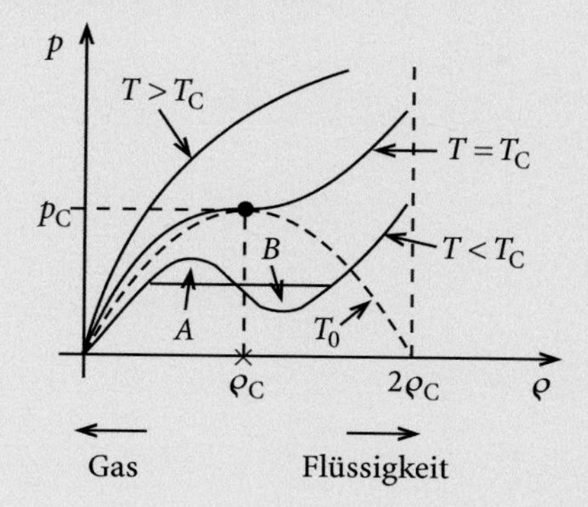

Abb. A.4

Lösung zu Aufgabe 1.6.8

$$\kappa_T = -\frac{1}{V}\left(\frac{\partial V}{\partial p}\right)_T \; ; \quad \beta = \frac{1}{V}\left(\frac{\partial V}{\partial T}\right)_p ,$$

ideales Gas: $p\,V = n\,R\,T$

$$\Rightarrow \quad \left(\frac{\partial V}{\partial p}\right)_T = -\frac{n\,R\,T}{p^2} = -\frac{V}{p} ,$$

$$\left(\frac{\partial V}{\partial T}\right)_p = \frac{n\,R}{p} = \frac{V}{T}$$

$$\Rightarrow \quad \kappa_T^{\mathrm{id}} = \frac{1}{p} \; ; \quad \beta^{\mathrm{id}} = \frac{1}{T} .$$

1.
$$p(V - nb) = nRT$$
$$\Rightarrow \quad \left(\frac{\partial V}{\partial p}\right)_T = -\frac{nRT}{p^2} = -\frac{1}{p}(V - nb)\,,$$
$$\left(\frac{\partial V}{\partial T}\right)_p = \frac{nR}{p} = \frac{1}{T}(V - nb)$$
$$\Rightarrow \quad \kappa_T = \frac{1}{p}\left(1 - \frac{nb}{V}\right) = \kappa_T^{\text{id}}\left(1 - \frac{nb}{V}\right)\,,$$
$$\beta = \frac{1}{T}\left(1 - \frac{nb}{V}\right) = \beta^{\text{id}}\left(1 - \frac{nb}{V}\right)\,.$$

2.
$$pV = nRT(1 + A_1(T)p)$$
$$\Rightarrow \quad \left(\frac{\partial V}{\partial p}\right)_T = -\frac{nRT}{p^2} = -\frac{V}{p} + \frac{nRTA_1(T)}{p}$$
$$\Rightarrow \quad \kappa_T = \kappa_T^{\text{id}}\left(1 - \frac{nRTA_1(T)}{V}\right)\,,$$
$$\left(\frac{\partial V}{\partial T}\right)_p = \frac{nR}{p} + nRA_1 + nRT\frac{\mathrm{d}A_1}{\mathrm{d}T} = \frac{V}{T} + nRT\frac{\mathrm{d}A_1}{\mathrm{d}T}$$
$$\Rightarrow \quad \beta = \beta^{\text{id}}\left(1 + \frac{nRT^2}{V}\frac{\mathrm{d}A_1}{\mathrm{d}T}\right)\,.$$

3.
$$pV = nRT\left(1 + \frac{B_1(T)}{V}\right)\,,$$
$$\left(\frac{\partial(pV)}{\partial p}\right)_T = V + p\left(\frac{\partial V}{\partial p}\right)_T = -\frac{nRTB_1}{V^2}\left(\frac{\partial V}{\partial p}\right)_T$$
$$\Rightarrow \quad \left(\frac{\partial V}{\partial p}\right)_T = -\frac{V}{p}\left(1 + \frac{nRTB_1}{pV^2}\right)^{-1}$$
$$\Rightarrow \quad \kappa_T = \kappa_T^{\text{id}}\left(1 + \frac{nRTB_1(T)}{pV^2}\right)^{-1}\,,$$
$$p\left(\frac{\partial V}{\partial T}\right)_p = nR\left(1 + \frac{B_1}{V}\right) + \frac{nRT}{V}\frac{\mathrm{d}B_1}{\mathrm{d}T} - \frac{nRTB_1}{V^2}\left(\frac{\partial V}{\partial T}\right)_p$$
$$\Rightarrow \quad \left(\frac{\partial V}{\partial T}\right)_p\left(p + \frac{nRTB_1}{V^2}\right) = \frac{pV}{T} + \frac{nRT}{V}\frac{\mathrm{d}B_1}{\mathrm{d}T}$$
$$\Rightarrow \quad \beta = \beta^{\text{id}}\frac{1 + \frac{nRT^2}{pV^2}\frac{\mathrm{d}B_1}{\mathrm{d}T}}{1 + \frac{nRT}{pV^2}B_1}\,.$$

Lösung zu Aufgabe 1.6.9

$$\begin{aligned} \delta W &= B_0\, \mathrm{d}m : \quad m: \quad \text{magnetisches Moment,} \\ \mathrm{d}m &= V\, \mathrm{d}M : \quad M: \quad \text{Magnetisierung, } V = \text{const} \\ \Rightarrow \quad \delta W &= \mu_0\, V H\, \mathrm{d}M\,. \end{aligned}$$

Curie-Gesetz: $M = \frac{C}{T} H$

$$(\delta W)_T = \mu_0 \frac{C V}{T} H\, \mathrm{d}H$$

$$\Rightarrow \quad \Delta W_{12} = \int_{H_1}^{H_2} (\delta W)_T = \frac{\mu_0 C V}{T} \frac{1}{2} \left(H_2^2 - H_1^2\right) = \mu_0 \frac{V T}{2C} \left(M_2^2 - M_1^2\right)\,.$$

Lösung zu Aufgabe 1.6.10

Nach (2.51), Bd. 3 gilt für das Feld im Innern des Kondensators (Abb. A.5)

$$\boldsymbol{E} = \frac{Q}{\varepsilon_0 F_0} \boldsymbol{e}_x\,, \qquad F_0: \text{ Plattenfläche.}$$

Kapazität ((2.55), Bd. 3):

$$C = \varepsilon_0 \frac{F_0}{2a}\,.$$

Energie im Kondensator (2.58), Bd. 3:

$$\overline{W} = \frac{1}{2} \frac{Q^2}{C} = \frac{Q^2}{2\varepsilon_0} \frac{2a}{F_0}\,.$$

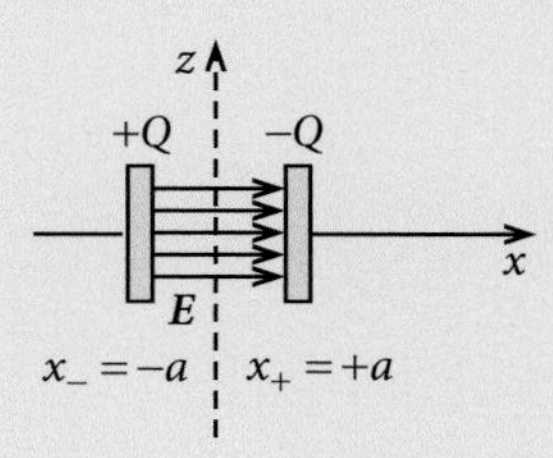

Abb. A.5

Kraft auf Kondensatorplatten (Abschn. 2.2.1, Bd. 3):

$$\boldsymbol{F}(+Q) = Q\boldsymbol{E}(x_-) = \frac{Q^2}{2\,\varepsilon_0\,F_0}\,\boldsymbol{e}_x\,,$$
$$\boldsymbol{F}(-Q) = -Q\boldsymbol{E}(x_+) = -\frac{Q^2}{2\,\varepsilon_0\,F_0}\,\boldsymbol{e}_x\,.$$

Änderung der Kapazität:

$$C = \frac{\varepsilon_0\,F_0}{x_+ - x_-}\,.$$

x_- sei variabel:

$$\frac{\mathrm{d}C}{\mathrm{d}x_-} = \frac{\varepsilon_0\,F_0}{(x_+ - x_-)^2} = \frac{C}{x_+ - x_-} \quad\Rightarrow\quad \mathrm{d}x_- = \frac{\mathrm{d}C}{C}(x_+ - x_-)$$

$\mathrm{d}x_- > 0$ bedeutet Abstandsverringerung und hat $\mathrm{d}C > 0$ zur Folge. Analog ergibt sich $\mathrm{d}x_+$.

$$\mathrm{d}x_\pm = \mp\frac{\mathrm{d}C}{C}(x_+ - x_-)\,.$$

1. Mechanische Arbeit bei Abstandsverringerung:

$$\delta W = -\boldsymbol{F}(+Q)\,\mathrm{d}\boldsymbol{x}_- = -\boldsymbol{F}(+\boldsymbol{Q})\,\boldsymbol{e}_x\,\mathrm{d}x$$
$$= -\frac{Q^2}{2\,\varepsilon_0\,F_0}\,\frac{(x_+ - x_-)}{C}\,\mathrm{d}C = -\frac{1}{2}\frac{Q^2}{C^2}\,\mathrm{d}C\,,$$
$$\delta A = -\delta W = \frac{1}{2}\frac{Q^2}{C^2}\,\mathrm{d}C\,.$$

   Das ist die *von außen* am System geleistete Arbeit.
2. Änderung der Feldenergie:

   vorher:

$$\overline{W}_\mathrm{v} = \frac{1}{2}\frac{Q^2}{C}\,,$$

   nachher:

$$\overline{W}_\mathrm{n} = \frac{1}{2}\frac{Q^2}{C + \mathrm{d}C}\,,$$
$$\mathrm{d}\overline{W} = \overline{W}_\mathrm{n} - \overline{W}_\mathrm{v} = \frac{Q^2}{2}\left(\frac{1}{C + \mathrm{d}C} - \frac{1}{C}\right) \approx -\frac{1}{2}\frac{Q^2}{C^2}\,\mathrm{d}C\,.$$

   Die Änderung der Feldenergie entspricht also der *von außen* am System verrichteten Arbeit:

$$\delta A + \delta\overline{W} = 0\,.$$

3. Die letzte Beziehung gilt immer, d. h.sowohl für $dC > 0$ als auch für $dC < 0$. Die Zustandsänderung ist damit reversibel!

Lösung zu Aufgabe 1.6.11

1. Es gilt

$$\begin{aligned}\left(\frac{\partial B_0}{\partial m}\right)_T &= \alpha T\left(\frac{1}{m_0+m}+\frac{1}{m_0-m}\right)-\gamma\\ &= \alpha T\,\frac{2m_0}{m_0^2-m^2}-\gamma=\frac{2\alpha}{m_0}\,T\left[1-\frac{m^2}{m_0^2}\right]^{-1}-\gamma\\ &= \frac{2\alpha}{m_0}\left(T\left[1-\frac{m^2}{m_0^2}\right]^{-1}-T_C\right).\end{aligned}$$

Instabilitäten ergeben sich somit für

$$T\left[1-\frac{m^2}{m_0^2}\right]^{-1}<T_C \Leftrightarrow |m|<m_0\sqrt{1-\frac{T}{T_C}}\,.$$

Dies bedeutet, dass für $T < T_C$ und $|m| < m_0\sqrt{1-\frac{T}{T_C}}$ die Isothermen der Modell-Zustandsgleichung unphysikalisch werden. Für $T > T_C$ und beliebige $(-m_0 \le m \le +m_0)$ gibt es grundsätzlich keine Instabilitäten. Die Isothermen sind dann im gesamten erlaubten Bereich physikalisch.

2. Grenzkurve:

$$m_S(T)=\pm m_0\sqrt{1-\frac{T}{T_C}}\,.$$

3. Der Ferromagnet ist durch ein „spontanes", also **nicht** durch ein äußeres Feld erzwungenes magnetisches Moment ausgezeichnet. Wir müssen also nach Lösungen der Gleichung

$$B_0(T,m)=0$$

suchen. An der Zustandsgleichung liest man direkt ab, dass der nichtmagnetische Fall $m = 0$ immer Lösung ist. Das entspricht dem Paramagnetismus. Interessant ist deshalb die Frage, ob es eine zusätzliche Lösung

$$m=m_S\neq 0$$

gibt.

(a) $\boxed{T > T_C}$

$$\left(\frac{\partial B_0}{\partial m}\right)_T = \frac{2\alpha}{m_0}\left(T\left[1-\frac{m^2}{m_0^2}\right]^{-1} - T_C\right)$$
$$> \frac{2\alpha}{m_0}\left(T\left[1-\frac{m^2}{m_0^2}\right]^{-1} - T\right) > 0\,.$$

Damit ist $B_0 = B_0(T, m)$ für $T > T_C$ eine umkehrbar eindeutige, monoton wachsende Funktion von m. $m = 0$ ist deshalb die einzige Nullstelle von $B_0(T, m)$ für $T > T_C$.

(b) $\boxed{T < T_C}$

Zunächst ist klar, dass auch jetzt $m = 0$ eine mögliche Lösung ist. Die Zustandsgleichung zeigt zudem, dass, falls eine weitere Lösung $m_S \neq 0$ existiert, dann auch $-m_S$ eine Nullstelle darstellt. B_0-Nullstellen müssen die Gleichung

$$0 \overset{!}{=} \underbrace{\frac{T}{2T_C}\ln\left(\frac{m_0+m}{m_0-m}\right)}_{f(m)} - \underbrace{\frac{m}{m_0}}_{g(m)}$$

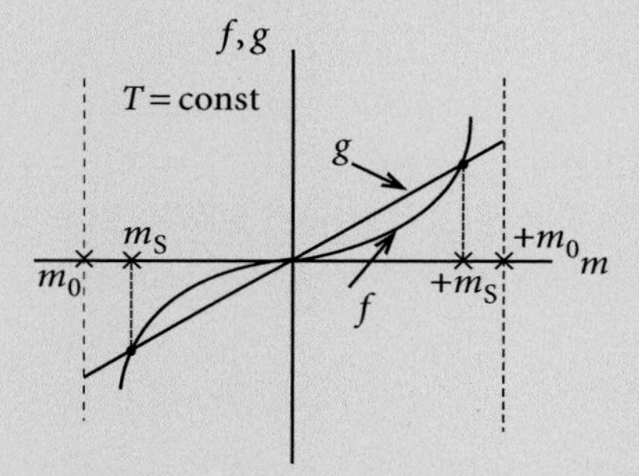

Abb. A.6

erfüllen. $g(m)$ ist eine Gerade durch den Nullpunkt mit der Steigung $1/m_0$ und den Grenzpunkten $g(\pm m_0) = \pm 1$. $f(m)$ hat die Eigenschaften $f(0) = 0$; $f(\pm m_0) = \pm\infty$. Für die Steigung gilt:

$$f'(m) = \frac{T}{2T_C}\left(\frac{1}{m_0+m} + \frac{1}{m_0-m}\right) \curvearrowright f'(0) = \frac{T}{T_C}\cdot\frac{1}{m_0}\,.$$

Wegen $T < T_C$ ist die Steigung von f im Nullpunkt kleiner als die von g. Abb. A.6 macht klar, dass es dann zwei weitere Schnittpunkte von f und g und damit Nullstellen von $B_0(T, m)$ bei $m = \pm m_S$ geben muss.

4. Isothermen:

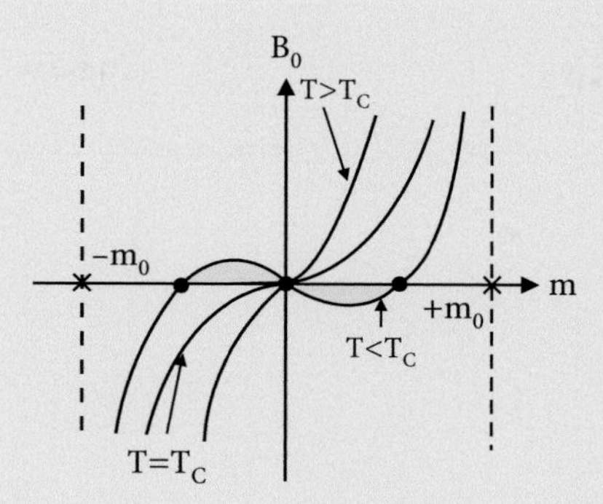

Abb. A.7

Das sehr einfache Modell liefert bereits eine qualitativ gute Beschreibung des Ferro-/Paramagneten (Abb. A.7). Im eingefärbten Bereich sind die Isothermen allerdings unphysikalisch (s.1)) und sind dort durch das lineare Stück der m-Achse von $-m_S$ bis $+m_S$ zu ersetzen (s. Maxwell-Konstruktion beim van der Waals-Gas, Abb. 1.4).

Abschnitt 2.9

Lösung zu Aufgabe 2.9.1

1. Erster Hauptsatz (Gase!):

$$
\begin{aligned}
\mathrm{d}U &= \delta Q + \delta W = \delta Q - p\,\mathrm{d}V\,, \\
U = U(T,V) \quad &\Rightarrow \quad \mathrm{d}U = \left(\frac{\partial U}{\partial T}\right)_V \mathrm{d}T + \left(\frac{\partial U}{\partial V}\right)_T \mathrm{d}V \\
\Rightarrow \quad \delta Q &= \left(\frac{\partial U}{\partial T}\right)_V \mathrm{d}T + \left[\left(\frac{\partial U}{\partial V}\right)_T + p\right] \mathrm{d}V\,.
\end{aligned}
$$

Integrabilitätsbedingung:

$$
\begin{aligned}
&\left[\frac{\partial}{\partial V}\left(\frac{\partial U}{\partial T}\right)_V\right]_T \overset{!}{=} \left\{\frac{\partial}{\partial T}\left[\left(\frac{\partial U}{\partial V}\right)_T + p\right]\right\}_V \\
\Rightarrow \quad &\left[\frac{\partial}{\partial V}\left(\frac{\partial U}{\partial T}\right)_V\right]_T \overset{!}{=} \left[\frac{\partial}{\partial T}\left(\frac{\partial U}{\partial V}\right)_T\right]_V + \left(\frac{\partial p}{\partial T}\right)_V\,.
\end{aligned}
$$

$\mathrm{d}U$ total, also

$$0 \stackrel{!}{=} \left(\frac{\partial p}{\partial T}\right)_V .$$

Das ist ein Widerspruch, also ist δQ **kein** totales Differential!

2. Ideales Gas:

$$\left(\frac{\partial U}{\partial V}\right)_T = 0 \qquad \text{(Gay-Lussac)},$$

$$\left(\frac{\partial U}{\partial T}\right)_V = C_V = \text{const}$$

$$\Rightarrow \quad \delta Q = C_V \,\mathrm{d}T + p\,\mathrm{d}V .$$

a) $\mu = \mu(T)$ so wählen, dass

$$\mathrm{d}y = \mu\,\delta Q \quad \text{totales Differential}$$

$$\Leftrightarrow \quad \left[\frac{\partial}{\partial V}(C_V\mu)\right]_T \stackrel{!}{=} \left[\frac{\partial}{\partial T}(\mu p)\right]_V$$

$$\Leftrightarrow \quad 0 = \left[\frac{\partial}{\partial T}(\mu p)\right]_V = \frac{\mathrm{d}\mu}{\mathrm{d}T}p + \mu\left(\frac{\partial p}{\partial T}\right)_V$$

$$\Leftrightarrow \quad \mu\frac{nR}{V} = -\frac{nRT}{V}\frac{\mathrm{d}\mu}{\mathrm{d}T}$$

$$\Leftrightarrow \quad \mu + T\frac{\mathrm{d}\mu}{\mathrm{d}T} = \mathrm{d}(\mu T) = 0 \quad \Leftrightarrow \quad \mu T = \text{const} .$$

Konstante willkürlich gleich 1 gesetzt $\Rightarrow$ *integrierender Faktor*: $\mu(T) = 1/T$. Damit ist

$$\mathrm{d}y = \frac{\delta Q}{T} = \mathrm{d}S \quad \text{ein totales Differential.}$$

Entropie des idealen Gases:

$$S(T,V) - S(T_0,V_0) = C_V \int_{T_0}^{T} \frac{\mathrm{d}T'}{T'} + \int_{V_0}^{V} \frac{p}{T}\,\mathrm{d}V'$$

$$= C_V \ln\frac{T}{T_0} + nR\ln\frac{V}{V_0} .$$

Probe:

$$\left(\frac{\partial S}{\partial T}\right)_V = \frac{C_V}{T} ; \quad \left(\frac{\partial S}{\partial V}\right)_T = \frac{nR}{V} = \frac{p}{T} .$$

b) $\mu = \mu(V)$ so wählen, dass

$$dy = \mu\,\delta Q = (\mu C_V)\,dT + (\mu p)\,dV$$

ein totales Differential wird.
Integrabilitätsbedingung:

$$C_V \frac{d\mu}{dV} = \mu \left(\frac{\partial p}{\partial T}\right)_V = \mu \frac{nR}{V}$$

$$\Leftrightarrow \quad \frac{C_V}{nR}\frac{d\mu}{\mu} = \frac{dV}{V}\,.$$

Ideales Gas:

$$nR = C_p - C_V = C_V\,(\gamma - 1)\,; \quad \gamma = \frac{C_p}{C_V}$$

$$\Rightarrow \quad d\ln\mu = (\gamma - 1)\,d\ln V = d\ln V^{\gamma-1}$$

$$\Leftrightarrow \quad d\ln\left(\mu V^{1-\gamma}\right) = 0 \quad \Leftrightarrow \quad \mu V^{1-\gamma} = \text{const}\,, \quad \text{z. B.} = 1$$

$$\Rightarrow \quad \mu(V) = V^{\gamma-1} \quad \Rightarrow \quad dy = V^{\gamma-1}\,\delta Q\,;$$

$$dy = C_V\,V^{\gamma-1}\left(dT + (\gamma - 1)\frac{T}{V}\,dV\right)\,.$$

Lösung zu Aufgabe 2.9.2

$$\Delta W = -\int_1^2 p(V)\,dV = -\text{const}\int_1^2 \frac{dV}{V^n}\,, \quad (n \neq 1)$$

$$= \text{const}\left[\frac{1}{V_2^{n-1}} - \frac{1}{V_1^{n-1}}\right]\frac{1}{n-1}\,,$$

$$\text{const} = p_1 V_1^n = p_2 V_2^n$$

$$\Rightarrow \quad \Delta W = \frac{1}{n-1}\,(p_2 V_2 - p_1 V_1)\,.$$

Ideales Gas:

$$\Delta U = C_V\,(T_2 - T_1) = \frac{C_V}{N k_B}\,(p_2 V_2 - p_1 V_1)$$

$$\Rightarrow \quad \frac{\Delta Q}{-\Delta W} = \frac{\Delta U - \Delta W}{-\Delta W} = 1 - \frac{\Delta U}{\Delta W} = 1 + (1-n)\,\frac{C_V}{n k_B} = \text{const}\,.$$

Spezialfall $n = 1$:

$$p\,V = \text{const} \quad \Leftrightarrow \quad \text{Isotherme des idealen Gases}$$

$$\Rightarrow \quad \Delta U = 0 \Rightarrow \quad \frac{\Delta Q}{-\Delta W} = 1\,.$$

Lösung zu Aufgabe 2.9.3

Integration:

$$\ln p'\Big|_{p_0}^{p} = a \ln V'\Big|_{V_0}^{V}\,.$$

Das bedeutet:

$$p(V) = p_0 \left(\frac{V}{V_0}\right)^a \curvearrowright p\,V = \frac{p_0}{V_0^a}\,V^{a+1}\,.$$

Mit der Zustandsgleichung des idealen Gases

$$\frac{pV}{T} = \frac{p_0 V_0}{T_0}$$

folgt:

$$V = \frac{p_0}{p}\,\frac{V^{a+1}}{V_0^a} = \frac{V}{V_0}\,\frac{T_0}{T}\,\frac{V^{a+1}}{V_0^a} \curvearrowright V^{a+1} = V_0^{a+1}\,\frac{T}{T_0}$$

und damit

$$V(T) = V_0 \left(\frac{T}{T_0}\right)^{\frac{1}{a+1}} \qquad (V_0 = V(T_0))\,.$$

Erster Hauptsatz für geschlossenen Systeme:

$$\delta Q = \mathrm{d}U + p\,\mathrm{d}V = \left(\frac{\partial U}{\partial T}\right)_V \mathrm{d}T + \left(\frac{\partial U}{\partial V}\right)_T \mathrm{d}V + p\,\mathrm{d}V\,.$$

Ideales Gas, Gay-Lussac: $\left(\frac{\partial U}{\partial V}\right)_T = 0$:

$$\delta Q = C_V \mathrm{d}T + p\,\mathrm{d}V\,.$$

Wärmekapazität:

$$C_a = \left(\frac{\delta Q}{\mathrm{d}T}\right)_a = C_V + p\left(\frac{\partial V}{\partial T}\right)_a = C_V + \frac{p}{a+1}\,\frac{V}{T} = C_V + \frac{nR}{a+1}\,.$$

Spezialfälle:

$$a = 0: \; p(V) = p_0 = \text{const.} \qquad \text{isobar}$$
$$C_a = C_V + nR = C_p$$

$$a \to \infty: \; V(T) = V_0 = \text{const.} \qquad \text{isochor}$$
$$C_a = C_V$$

$$a \to -1: \; pV = p_0 V_0 = \text{const.} \qquad \text{isotherm}$$

$$a \to -\gamma: \; pV^\gamma = p_0 V_0^\gamma = \text{const.} \qquad \text{adiabatisch}$$

$$\begin{aligned} C_a &= C_V - \frac{nR}{\gamma - 1} \\ &= C_V - C_V \frac{nR}{C_p - C_V} \\ &= C_V - C_V = 0 \end{aligned}$$

Lösung zu Aufgabe 2.9.4

1. Nach (2.59) gilt allgemein:

$$\left(\frac{\partial U}{\partial V}\right)_T = T \left(\frac{\partial p}{\partial T}\right)_V - p \,.$$

Damit folgt:

$$\left(\frac{\partial U}{\partial V}\right)_T = 0 \;\curvearrowright\; \left(\frac{\partial p}{\partial T}\right)_V = \frac{p}{T} \,.$$

Das bedeutet:

$$p = p(T, V) = T f(V) \,.$$

Gilt insbesondere für das ideale Gas.

2.

$$\left(\frac{\partial U}{\partial V}\right)_T = bp = T \left(\frac{\partial p}{\partial T}\right)_V - p$$

$$\curvearrowright\; \frac{b}{V} f(T) = \frac{T}{V} f'(T) - \frac{1}{V} f(T)$$

$$\curvearrowright\; \frac{1}{V}(b+1) f(T) = \frac{T}{V} f'(T)$$

$$\curvearrowright \frac{\mathrm{d}f}{f} = (b+1)\,\frac{\mathrm{d}T}{T}$$

$$\curvearrowright \ln f(T) = (1+b)\ln T + c$$

$$\curvearrowright f(T) \propto T^{1+b} \quad \text{oder}\ f(T) = p_0 V_0 \left(\frac{T}{T_0}\right)^{1+b} .$$

Lösung zu Aufgabe 2.9.5

Adiabate bedeutet $\delta Q = 0$ und damit $\mathrm{d}S = 0$ (Isentrope).

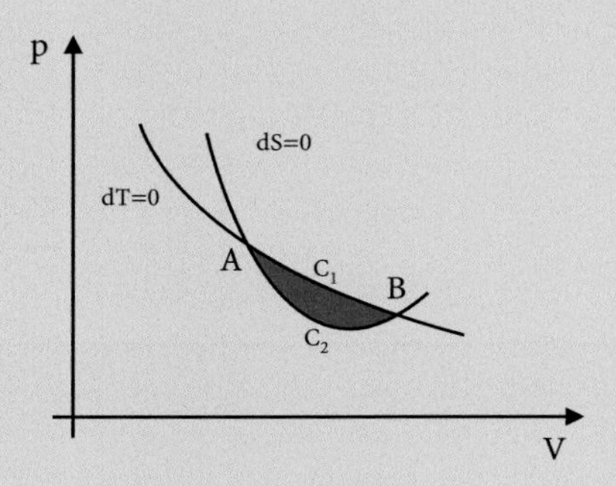

Abb. A.8

Für die Isotherme muss gelten $\mathrm{d}T = 0$. Falls es wie in Abb. A.8 zwei Schnittpunkte A und B gibt, so gilt offenbar:

$$\oint_{ABA} \delta W = -\oint_{ABA} p\,\mathrm{d}V \neq 0 .$$

Erster Hauptsatz:

$$\delta W = \mathrm{d}U - \delta Q = \mathrm{d}U - T\,\mathrm{d}S .$$

Damit folgt:

$$\oint_{ABA} \delta W = \oint_{ABA} (\mathrm{d}U - T\,\mathrm{d}S) = -\oint_{ABA} T\,\mathrm{d}S \quad \text{(da } \mathrm{d}U \text{ totales Differential)}$$

$$= -\int_{C_1} T\,\mathrm{d}S - \int_{C_2} T\,\mathrm{d}S = -\int_{C_1} T\,\mathrm{d}S \quad \text{(da } C_2 \text{ Adiabate, Isentrope)}$$

$$= -T^* \int_{C_1} \mathrm{d}S \quad (\text{da } C_1 \text{ Isotherme})$$

$$= -T^* \left(S(A) - S(B)\right) \quad (\text{da d}S \text{ totales Differential}).$$

A und B liegen auf derselben Isentrope, d. h. $S(\mathrm{A}) = S(\mathrm{B})$. Damit verschwindet das Integral:

$$\oint_{\mathrm{ABA}} \delta W = 0\,.$$

Das steht im Widerspruch zur obigen Abbildung, die also falsch sein muss. Isothermen und Adiabaten schneiden sich höchstens einmal.

Lösung zu Aufgabe 2.9.6

1.

$$C_m = \left(\frac{\partial U}{\partial T}\right)_m$$

folgt direkt aus dem Ersten Hauptsatz, s. (2.19).
Wir nutzen noch (2.20) aus:

$$C_H = C_m + \left[\left(\frac{\partial U}{\partial m}\right)_T - \mu_0\, H\right]\left(\frac{\partial m}{\partial T}\right)_H\,.$$

Curie-Gesetz:

$$m = V\,M = V\,\frac{C}{T}\,H$$

$$\Rightarrow \quad \left(\frac{\partial m}{\partial T}\right)_H = -V\,\frac{C}{T^2}\,H = -V\,\frac{M^2}{C\,H}\,.$$

Dies ergibt, oben eingesetzt:

$$C_H = \left(\frac{\partial U}{\partial T}\right)_m + \left(\frac{\partial U}{\partial m}\right)_T\left(\frac{\partial m}{\partial T}\right)_H + \mu_0\,\frac{V}{C}\,M^2\,,$$

$$U = U(T, m) \quad \Rightarrow \quad \mathrm{d}U = \left(\frac{\partial U}{\partial T}\right)_m \mathrm{d}T + \left(\frac{\partial U}{\partial m}\right)_T \mathrm{d}m\,.$$

Dies bedeutet:

$$\left(\frac{\partial U}{\partial T}\right)_H = \left(\frac{\partial U}{\partial T}\right)_m + \left(\frac{\partial U}{\partial m}\right)_T\left(\frac{\partial m}{\partial T}\right)_H\,.$$

Also bleibt die Behauptung:

$$C_H = \left(\frac{\partial U}{\partial T}\right)_H + \mu_0 \frac{V}{C} M^2 \,.$$

2. Es gilt:

$$\left(\frac{\partial m}{\partial H}\right)_{\text{ad}} = \left(\frac{\partial m}{\partial T}\right)_{\text{ad}} \left(\frac{\partial T}{\partial H}\right)_{\text{ad}} .$$

Wir bestimmen die beiden Faktoren separat:

a) Erster Hauptsatz:

$$\begin{aligned} \mathrm{d}U &= \delta Q + \mu_0\, H\, \mathrm{d}m \\ &= \left(\frac{\partial U}{\partial T}\right)_m \mathrm{d}T + \left(\frac{\partial U}{\partial m}\right)_T \mathrm{d}m \,, \end{aligned}$$

$\delta Q = 0$, da Zustandsänderung adiabatisch!

$$\Rightarrow \quad \left\{\left(\frac{\partial U}{\partial T}\right)_m \mathrm{d}T\right\}_{\text{ad}} = \left\{\left[\mu_0\, H - \left(\frac{\partial U}{\partial m}\right)_T\right] \mathrm{d}m\right\}_{\text{ad}} .$$

Dies bedeutet:

$$\left(\frac{\partial m}{\partial T}\right)_{\text{ad}} = \frac{C_m}{\mu_0\, H - \left(\frac{\partial U}{\partial m}\right)_T} .$$

b) Erster Hauptsatz:

$$0 = \delta Q = \mathrm{d}U - \mu_0\, H\, \mathrm{d}m \,,$$

jetzt: $U = U(T, H)$; $\quad m = m(T, H)$.
Damit folgt:

$$0 = \left\{\left(\frac{\partial U}{\partial T}\right)_H - \mu_0\, H \left(\frac{\partial m}{\partial T}\right)_H\right\} \mathrm{d}T + \left\{\left(\frac{\partial U}{\partial H}\right)_T - \mu_0\, H \left(\frac{\partial m}{\partial H}\right)_T\right\} \mathrm{d}H \,.$$

Nach Teil 1. ist die erste Klammer gerade gleich C_H:

$$\begin{aligned} C_H\, \mathrm{d}T &= \left\{\mu_0\, H\, V \left(\frac{\partial M}{\partial H}\right)_T - \left(\frac{\partial U}{\partial H}\right)_T\right\} \mathrm{d}H \\ &= \left\{\mu_0\, V\, M(T,H) - \left(\frac{\partial U}{\partial H}\right)_T\right\} \mathrm{d}H \,. \end{aligned}$$

Daran liest man ab:

$$\left(\frac{\mathrm{d}T}{\mathrm{d}H}\right)_{\text{ad}} = \frac{\mu_0\, m\,(T,H) - \left(\frac{\partial U}{\partial H}\right)_T}{C_H} .$$

a) und b) kombiniert ergibt die Behauptung:

$$\left(\frac{\partial m}{\partial H}\right)_{\mathrm{ad}} = \left(\frac{\partial m}{\partial T}\right)_{\mathrm{ad}} \left(\frac{\partial T}{\partial H}\right)_{\mathrm{ad}} = \frac{C_m}{C_H} \frac{\mu_0\, m - \left(\frac{\partial U}{\partial H}\right)_T}{\mu_0\, H - \left(\frac{\partial U}{\partial m}\right)_T} .$$

Lösung zu Aufgabe 2.9.7

1. Die Wand ist thermisch isolierend, deswegen läuft rechts ein adiabatischer Prozess. Mit den Adiabaten-Gleichungen des idealen Gases (2.24), (2.25) folgt dann ($\gamma = C_p / C_V$ bekannt!):

$$\Delta W_{\mathrm{r}} = -\int_{V_0}^{V_{\mathrm{r}}} p\, \mathrm{d}V = -\mathrm{const}_1 \int_{V_0}^{V_{\mathrm{r}}} \frac{\mathrm{d}V}{V^\gamma} = -\frac{\mathrm{const}_1}{1-\gamma}\left(V_{\mathrm{r}}^{1-\gamma} - V_0^{1-\gamma}\right) ,$$

$$\mathrm{const}_1 = p_0\, V_0^\gamma = p_{\mathrm{r}}\, V_{\mathrm{r}}^\gamma$$

$$\Rightarrow \quad \Delta W_{\mathrm{r}} = -\frac{1}{1-\gamma}\left(p_{\mathrm{r}} V_{\mathrm{r}} - p_0 V_0\right) = \frac{-N k_{\mathrm{B}}}{1-\gamma}\left(T_{\mathrm{r}} - T_0\right) .$$

Jetzt noch T_{r} durch Anfangsdaten festlegen:

$$T_{\mathrm{r}}^\gamma\, p_{\mathrm{r}}^{1-\gamma} = T_0^\gamma\, p_0^{1-\gamma} \quad \Rightarrow \quad T_{\mathrm{r}} = T_0 \left(\frac{p_0}{p_{\mathrm{r}}}\right)^{(1-\gamma)/\gamma}$$

$$\Rightarrow \quad \Delta W_{\mathrm{r}} = -\frac{N k_{\mathrm{B}}\, T_0}{1-\gamma}\left[\left(\frac{p_0}{p_{\mathrm{r}}}\right)^{(1-\gamma)/\gamma} - 1\right]$$

$$\Rightarrow \quad \Delta W_{\mathrm{r}} = \frac{N k_{\mathrm{B}}\, T_0}{\gamma - 1}\left(3^{(\gamma-1)/\gamma} - 1\right) > 0 .$$

↖ da $\gamma > 1$!

Es wird also **am** rechten System Arbeit geleistet! Trivialerweise ist $\Delta Q_{\mathrm{r}} = 0$.

2. $$T_{\mathrm{r}}^\gamma\, p_{\mathrm{r}}^{1-\gamma} = T_0^\gamma\, p_0^{1-\gamma}\, ; \quad p_{\mathrm{r}} = 3 p_0 \quad \Rightarrow \quad T_{\mathrm{r}} = T_0\, 3^{(\gamma-1)/\gamma} > T_0 .$$

Zustandsgleichung:

$$T_1 = \frac{p_1\, V_1}{N k_{\mathrm{B}}} = \frac{p_1}{N k_{\mathrm{B}}}\left(2 V_0 - V_{\mathrm{r}}\right) .$$

Gleichgewicht:

$$p_l = p_r = 3\,p_0$$

$$\Rightarrow \quad T_l = \frac{3p_0\,2V_0}{N\,k_B} - T_r = 6\,T_0 - T_r$$

$$\Rightarrow \quad T_l = T_0\left(6 - 3^{(\gamma-1)/\gamma}\right) .$$

3.

$$\text{Erster Hauptsatz:} \quad \Delta Q_l = \Delta U_l - \Delta W_l \,,$$

$$\text{ideales Gas:} \quad \Delta U_l = C_V\,(T_l - T_0) \,.$$

ΔW_l sorgt für die Energieänderung rechts, d. h.:

$$\Delta W_l = -\Delta W_r = -\Delta U_r$$

↖ rechts adiabatisch

$$\Rightarrow \quad \Delta W_l = -C_V(T_r - T_0)$$

$$\Rightarrow \quad \Delta Q_l = C_V(T_l - T_0 + T_r - T_0) = C_V(T_l + T_r - 2\,T_0) \,,$$

$$T_l + T_r = 6\,T_0 \quad \Rightarrow \quad \Delta Q_l = 4\,C_V\,T_0 \,.$$

Lösung zu Aufgabe 2.9.8

1.

$$\delta W = -p\,\mathrm{d}V, \quad V = \frac{R\,T}{p}, \quad \mathrm{d}V = -\frac{R\,T}{p^2}\,\mathrm{d}p$$

$$\Rightarrow \quad \Delta W = R\,T\int_{p_0}^{p_1}\frac{\mathrm{d}p}{p} = R\,T\ln\frac{p_1}{p_0} = -R\,T\ln 20 < 0 \,.$$

Das System leistet also Arbeit:

$$R = 8{,}315\,\frac{\mathrm{J}}{\mathrm{grad}\cdot\mathrm{mol}} \quad \Rightarrow \quad \Delta W = -7{,}298\cdot 10^3\,\mathrm{J} \,.$$

2.

$$T = \text{const}\,, \quad \text{ideales Gas} \quad \Rightarrow \quad \mathrm{d}U = 0$$

$$\Rightarrow \quad \delta Q = -\delta W \quad \Rightarrow \quad \Delta Q = |\Delta W| \,.$$

3. Zustandsänderung jetzt adiabatisch:

$$p\,V^{\gamma} = C \quad \Rightarrow \quad \mathrm{d}V = -\frac{1}{\gamma}\,C^{1/\gamma}\,\frac{1}{p^{1/\gamma+1}}\,\mathrm{d}p$$

$$\Rightarrow \quad \Delta W = \frac{C^{1/\gamma}}{\gamma}\int\limits_{p_0}^{p_1}\frac{\mathrm{d}p}{p^{1/\gamma}} = \frac{C^{1/\gamma}}{\gamma\left(1-\frac{1}{\gamma}\right)}\left[p_1^{1-1/\gamma} - p_0^{1-1/\gamma}\right].$$

Nun ist

$$C^{1/\gamma}\,p_{1,0}^{-1/\gamma} = V_{1,0}$$

$$\Rightarrow \quad \Delta W = \frac{p_1 V_1 - p_0 V_0}{\gamma - 1},$$

$$p_1 V_1^{\gamma} = p_0 V_0^{\gamma} \quad \Rightarrow \quad V_1 = V_0\left(\frac{p_0}{p_1}\right)^{1/\gamma}$$

$$\Rightarrow \quad \Delta W = \frac{V_0}{\gamma-1}\left[p_1\left(\frac{p_0}{p_1}\right)^{1/\gamma} - p_0\right] = \frac{R\,T_0}{\gamma-1}\left[\left(\frac{p_0}{p_1}\right)^{1/\gamma-1} - 1\right],$$

$$C_V = \frac{5}{2}R \quad \Rightarrow \quad \gamma = \frac{C_p}{C_V} = 1 + \frac{R}{C_V} = 1{,}4\,,$$

$$T_0 = 293\,\mathrm{K}\,; \quad p_0 = 20\,p_1$$

$$\Rightarrow \quad \Delta W = -3{,}503\cdot 10^3\,\mathrm{J}\,.$$

4. Adiabatischer Prozess:

$$\Delta W = \Delta U = C_V\,(T_1 - T_0)$$

$$\Rightarrow \quad T_1 = T_0 + \frac{\Delta W}{C_V} = 124{,}5\,\mathrm{K}\,.$$

Lösung zu Aufgabe 2.9.9

Eine Auslenkung um die Strecke z bedeutet eine Volumenänderung um

$$\Delta V = z\,F \qquad (F = \text{Querschnitt.})$$

Dadurch entsteht eine Differenz Δp zwischen Außen- und Innendruck, der für eine rücktreibende Kraft in z-Richtung sorgt:

$$K = F\,\Delta p\,.$$

Die Zustandsänderung des idealen Gases verläuft adiabatisch:

$$p\,V^{\gamma} = \text{const}\,.$$

Daraus berechnen wir Δp:

$$\mathrm{d}\left(p\,V^{\gamma}\right) = 0 = \mathrm{d}p\,V^{\gamma} + \gamma\,p\,V^{\gamma-1}\,\mathrm{d}V \quad \Rightarrow \quad \mathrm{d}p = -\frac{\gamma p}{V}\,\mathrm{d}V\,.$$

Dies bedeutet

$$\Delta p = -\frac{\gamma p}{V}\,\Delta V = -\frac{\gamma p}{V}\,z\,F$$

und damit

$$K = -\frac{\gamma p}{V}\,F^2 z = -k\,z\,.$$

Wenn m die Masse der Kugel ist, so lautet die Schwingungsdauer:

$$\tau = 2\pi\sqrt{\frac{m}{k}} = 2\pi\sqrt{\frac{m\,V}{\gamma\,p\,F^2}} \quad \Rightarrow \quad \gamma = \frac{4\pi^2\,m\,V}{p\,F^2\,\tau^2}\,.$$

Lösung zu Aufgabe 2.9.10

Wir bestimmen zunächst

$$\frac{1}{T}\,\delta Q_{\text{rev}}$$

für beide Systeme als Funktion von T und V. Wir benutzen dazu zunächst den Ersten Hauptsatz,

$$\delta Q = \mathrm{d}U + p\,\mathrm{d}V\,,$$

und die Voraussetzung,

$$U = U(T) \quad \Rightarrow \quad \mathrm{d}U = C_V(T)\,\mathrm{d}T\,,$$

für eine reversible Zustandsänderung:

$$\frac{1}{T}\,\delta Q_{\text{rev}} = C_V(T)\,\frac{\mathrm{d}T}{T} + \frac{p}{T}\,\mathrm{d}V\,,$$

$$p(A) = \alpha\,\frac{N\,T}{V^2}\,; \quad p(B) = \left(\beta\frac{N}{V}T\right)^{1/2}$$

$$\Rightarrow \quad \frac{1}{T}\,\delta Q_{\text{rev}}\,(A) = C_V(T)\,\frac{\mathrm{d}T}{T} + \alpha N\,\frac{\mathrm{d}V}{V^2}\,,$$

$$\frac{1}{T}\,\delta Q_{\text{rev}}\,(B) = C_V(T)\,\frac{\mathrm{d}T}{T} + \left(\beta\frac{N}{T V}\right)^{1/2}\,\mathrm{d}V\,.$$

Damit die Entropie eine Zustandsgröße ist, muss

$$\mathrm{d}S = \frac{1}{T}\,\delta Q_{\text{rev}}$$

ein totales Differential sein. Man überprüfe die Integrabilitätsbedingungen:

(A)

$$\frac{\partial}{\partial V}\left(\frac{C_V(T)}{T}\right) \stackrel{!}{=} \frac{\partial}{\partial T}\left(\frac{\alpha N}{V^2}\right)\,; \quad \text{offenbar erfüllt!}$$

$$\Rightarrow \quad \text{Entropie als Zustandsgröße definierbar!}$$

(B)

$$\frac{\partial}{\partial V}\left(\frac{C_V(T)}{T}\right) \stackrel{!}{=} \frac{\partial}{\partial T}\left(\beta\frac{N}{V T}\right)^{1/2}$$

$$\Leftrightarrow \quad 0 = -\frac{1}{2\,T}\left(\frac{\beta N}{T V}\right)^{1/2}\,.$$

Das ist ein Widerspruch. Eine Entropie ist für System B deshalb nicht definierbar. System B kann also nicht existieren!

Lösung zu Aufgabe 2.9.11

1. Nach (2.59) gilt:

$$\left[\left(\frac{\partial U}{\partial V}\right)_T + p\right] = T\left(\frac{\partial p}{\partial T}\right)_V\,.$$

Dies bedeutet nach (2.58):

$$\mathrm{d}S = \frac{C_V(T,V)}{T}\,\mathrm{d}T + \left(\frac{\partial p}{\partial T}\right)_V\,\mathrm{d}V\,.$$

Integrabilitätsbedingung für $\mathrm{d}S$:

$$\frac{1}{T}\left(\frac{\partial}{\partial V}\,C_V(T,V)\right)_T \stackrel{!}{=} \left(\frac{\partial^2 p}{\partial T^2}\right)_V = \left(\frac{\partial \alpha(V)}{\partial T}\right)_V = 0$$

$$\Leftrightarrow \quad C_V(T,V) = C_V(T)\,.$$

2.
$$\mathrm{d}S = \frac{C_V(T)}{T}\,\mathrm{d}T + \left(\frac{\partial p}{\partial T}\right)_V \mathrm{d}V\,.$$

Das van der Waals-Gas erfüllt die Voraussetzungen von Teil 1.:

$$\left(p + a\,\frac{n^2}{V^2}\right)(V - n\,b) = n\,R\,T$$

$$\Rightarrow \quad p = T\,\frac{n\,R}{V - n\,b} - a\,\frac{n^2}{V^2} \quad \Rightarrow \quad \left(\frac{\partial p}{\partial T}\right)_V = \frac{n\,R}{V - n\,b}$$

$$\Rightarrow \quad \mathrm{d}S = \frac{C_V}{T}\,\mathrm{d}T + \frac{n\,R}{V - n\,b}\,\mathrm{d}V$$

C_V nach Voraussetzung T-**un**abhängig

$$\Rightarrow \quad \Delta S = S(T, V) - S(T_0, V_0)$$
$$= C_V \ln\frac{T}{T_0} + n\,R \ln\frac{V - n\,b}{V_0 - n\,b}\,.$$

3. $U = U(T, V)$

$$\mathrm{d}U = \left(\frac{\partial U}{\partial T}\right)_V \mathrm{d}T + \left(\frac{\partial U}{\partial V}\right)_T \mathrm{d}V\,,$$

↖ s. 1.

$$\left(\frac{\partial U}{\partial V}\right)_T = T\left(\frac{\partial p}{\partial T}\right)_V - p = \qquad (= 0 \quad \text{beim idealen Gas, Gay-Lussac})$$

$$\stackrel{2.}{=} p + a\,\frac{n^2}{V^2} - p = a\,\frac{n^2}{V^2}$$

$$\Rightarrow \quad \mathrm{d}U = C_V\,\mathrm{d}T + a\,n^2\,\frac{\mathrm{d}V}{V^2}$$

$$\Rightarrow \quad U = U(T, V) = C_V\,T - a\,\frac{n^2}{V} + \text{const}\,.$$

Die Wechselwirkung der Gasteilchen sorgt also für eine Volumenabhängigkeit der inneren Energie, die letztlich für die Temperaturänderung bei der Expansion verantwortlich sein wird:

$$U(T_2, V_2) - U(T_1, V_1) = C_V\,(T_2 - T_1) - a\,n^2\left(\frac{1}{V_2} - \frac{1}{V_1}\right) \stackrel{!}{=} 0$$

$$\Rightarrow \quad \Delta T = \frac{a\,n^2}{C_V}\left(\frac{1}{V_2} - \frac{1}{V_1}\right).$$

4. Nach 2. gilt für reversible adiabatische Zustandsänderungen des van der Waals-Gases ($\Delta S = 0$):

$$C_V \ln T + nR \ln(V - nb) = \text{const}_1$$
$$\Leftrightarrow \quad \ln\left[T(V - nb)^{\frac{nR}{C_V}}\right] = \text{const}_2$$
$$\Rightarrow \quad T(V - nb)^{\frac{nR}{C_V}} = \text{const}_3 \; .$$

Man vergleiche diese Adiabaten-Gleichung mit $T V^{\gamma - 1} = \text{const}$ des idealen Gases ($\gamma = \frac{C_p}{C_V} = 1 + \frac{nR}{C_V}$).
Einsetzen der Zustandsgleichung:

$$\left(p + a\frac{n^2}{V^2}\right)(V - nb)^{\frac{nR + C_V}{C_V}} = \text{const}_4 \; .$$

Beim idealen Gas lautet diese Adiabaten-Gleichung: $p V^\gamma = \text{const.}$ – Schließlich liefert die Zustandsgleichung noch:

$$T^{\frac{nR + C_V}{C_V}}\left(p + a\frac{n^2}{V^2}\right)^{-\frac{nR}{C_V}} = \text{const}_5 \; .$$

Dies ist mit $T^\gamma p^{1-\gamma} = \text{const}$ beim idealen Gas zu vergleichen!

Lösung zu Aufgabe 2.9.12

Thermische Zustandsgleichung:

$$V = V_0 - \alpha p + \gamma T \; .$$

C_p, α, γ sind als materialspezifische Parameter bekannt.

$$\left(\frac{\partial p}{\partial T}\right)_V = \frac{\gamma}{\alpha} \; ; \quad \left(\frac{\partial V}{\partial T}\right)_p = \gamma \; .$$

Gleichung (2.65):

$$C_p - C_V = \left[\left(\frac{\partial U}{\partial V}\right)_T + p\right]\left(\frac{\partial V}{\partial T}\right)_p = T\left(\frac{\partial p}{\partial T}\right)_V\left(\frac{\partial V}{\partial T}\right)_p$$

bedeutet hier:

$$C_p - C_V = \frac{\gamma^2}{\alpha} T$$

und damit für die Wärmekapazität C_V:

$$C_V = C_p - \frac{\gamma^2}{\alpha} T .$$

Innere Energie:

$$\begin{aligned} \mathrm{d}U &= C_V \,\mathrm{d}T + \left(T \left(\frac{\partial p}{\partial T} \right)_V - p \right) \mathrm{d}V \\ &= \left(C_p - \frac{\gamma^2}{\alpha} T \right) \mathrm{d}T + \frac{V - V_0}{\alpha} \,\mathrm{d}V . \end{aligned}$$

Das lässt sich leicht integrieren:

$$\begin{aligned} U(T, V) &= U_0 + C_p T - \frac{\gamma^2}{2\alpha} T^2 + \frac{(V - V_0)^2}{2\alpha} \\ U(T, p) &= U_0 + C_p T + \frac{\alpha}{2} p^2 - \gamma T p . \end{aligned}$$

Im letzten Schritt wurde lediglich die thermische Zustandsgleichung eingesetzt.

Lösung zu Aufgabe 2.9.13

1. Thermische Zustandsgleichung:

$$p = \frac{nRT}{V - nb} - a \frac{n^2}{V^2} .$$

Damit folgt:

$$\left(\frac{\partial p}{\partial T} \right)_V = \frac{nR}{V - nb} .$$

Weiterhin benutzen wir:

$$\left(\frac{\partial V}{\partial T} \right)_p = - \left[\left(\frac{\partial T}{\partial p} \right)_V \cdot \left(\frac{\partial p}{\partial V} \right)_T \right]^{-1} = - \left(\frac{\partial p}{\partial T} \right)_V \cdot \left[\left(\frac{\partial p}{\partial V} \right)_T \right]^{-1} .$$

Für das van der Waals-Gas gilt:

$$\left(\frac{\partial p}{\partial V} \right)_T = - \frac{nRT}{(V - nb)^2} + 2a \frac{n^2}{V^3} .$$

Damit folgt:

$$\left(\frac{\partial V}{\partial T}\right)_p = nR\left[\frac{nRT}{V-nb} - 2a\,\frac{n^2}{V^3}(V-nb)\right]^{-1} .$$

Differenz der Wärmekapazitäten:

$$C_p - C_V \overset{(2.65)}{=} T\left(\frac{\partial p}{\partial T}\right)_V\left(\frac{\partial V}{\partial T}\right)_p = \frac{n^2R^2T}{nRT - 2a\,\frac{n^2}{V^3}(V-nb)^2} .$$

Korrektur zum idealen Gas (a und b klein):

$$C_p - C_V = \frac{nR}{1 - 2a\,\frac{n^2}{V^3}\frac{(V-nb)^2}{nRT}} \approx nR\left(1 + 2a\,\frac{n^2}{V^3}\frac{(V-nb)^2}{nRT}\right)$$

$$\approx nR\left(1 + 2a\,\frac{n}{VRT}\right) .$$

Für das ideale Gas gilt $C_p - C_V = nR$.

2. Thermische Zustandsgleichung:

$$p = \frac{nRT}{V-nb} - a\,\frac{n^2}{V^2} .$$

Wir benutzen (2.58), (2.59):

$$\mathrm{d}S = \frac{1}{T}\,C_V\,\mathrm{d}T + \left(\frac{\partial p}{\partial T}\right)_V \mathrm{d}V .$$

Adiabatisch-reversibel heißt $dS = 0$. Also:

$$\left(\frac{\partial T}{\partial V}\right)_S = -\left(\frac{\partial p}{\partial T}\right)_V \cdot \frac{T}{C_V} = \frac{-nRT}{C_V(V-nb)} .$$

Trennung der Variablen:

$$\frac{\mathrm{d}T}{T} = -\frac{nR}{C_V}\frac{\mathrm{d}V}{V-nb} \curvearrowright \mathrm{d}\ln T = -\frac{nR}{C_V}\,\mathrm{d}\ln(V-nb) .$$

Lösung:

$$T = T_0\left(\frac{V-nb}{V_0-nb}\right)^{-\frac{nR}{C_V}} .$$

Lösung zu Aufgabe 2.9.14

1. Hauptsatz

$$\delta Q = \mathrm{d}U - \delta W = \mathrm{d}U - \varphi\,\mathrm{d}q\,.$$

Wähle $U = U(T, q)$, d. h.

$$\mathrm{d}U = \left(\frac{\partial U}{\partial T}\right)_q \mathrm{d}T + \left(\frac{\partial U}{\partial q}\right)_T \mathrm{d}q\,.$$

Damit gilt:

$$\delta Q = \left(\frac{\partial U}{\partial T}\right)_q \mathrm{d}T + \left\{\left(\frac{\partial U}{\partial q}\right)_T - \varphi\right\} \mathrm{d}q\,.$$

2. Hauptsatz
reversibler Prozess: $\delta Q = T\,\mathrm{d}S$, also:

$$\mathrm{d}S = \frac{1}{T}\left(\frac{\partial U}{\partial T}\right)_q \mathrm{d}T + \frac{1}{T}\left\{\left(\frac{\partial U}{\partial q}\right)_T - \varphi\right\} \mathrm{d}q\,.$$

$\mathrm{d}S$ und $\mathrm{d}U$ sind totale Differentiale. Maxwell-Relation:

$$0 = -\frac{1}{T}\left(\frac{\partial \varphi}{\partial T}\right)_q - \frac{1}{T^2}\left\{\left(\frac{\partial U}{\partial q}\right)_T - \varphi\right\}.$$

Bedeutet:

$$\left(\frac{\partial U}{\partial q}\right)_T = \varphi - T\left(\frac{\partial \varphi}{\partial T}\right)_q\,.$$

Wärmemenge:

$$\delta Q = \left(\frac{\partial U}{\partial T}\right)_q \mathrm{d}T - T\left(\frac{\partial \varphi}{\partial T}\right)_q \mathrm{d}q\,.$$

Isotherme Prozessführung:

$$(\delta Q)_T = 0 - T\left(\frac{\partial \varphi}{\partial T}\right)_q \mathrm{d}q\,.$$

Damit bleibt:

$$(\Delta Q)_{is} = \int\limits_{q_a}^{q_e} \delta Q = -T\frac{\mathrm{d}\varphi}{\mathrm{d}T}\int\limits_{q_a}^{q_e} \mathrm{d}q = -T\frac{\mathrm{d}\varphi}{\mathrm{d}T}\,(q_e - q_a)\,.$$

Lösung zu Aufgabe 2.9.15

1. Grundrelation der Thermodynamik:

$$\mathrm{d}S = \frac{1}{T}\,\mathrm{d}U + \frac{p}{T}\,\mathrm{d}V = C_V\,\frac{\mathrm{d}T}{T} + n\,R\,\frac{\mathrm{d}V}{V}$$
$$\Rightarrow \quad S = S_0 + C_V \ln T + n\,R \ln V\,.$$

2. Wir bestimmen aus 1. die Temperatur als Funktion von S und V:

$$\ln T = \frac{1}{C_V}\,(S - S_0) - \frac{n\,R}{C_V}\ln V$$
$$\Rightarrow \quad T = \frac{\exp\left(\frac{1}{C_V}\,(S - S_0)\right)}{V^{\frac{nR}{C_V}}}$$
$$\Rightarrow \quad U = \frac{C_V}{V^{\frac{nR}{C_V}}}\exp\left[\frac{1}{C_V}(S - S_0)\right] + U_0 = U(S, V)\,.$$

In den Variablen S und V ist U auch beim idealen Gas vom Volumen V abhängig (**kein** Widerspruch zu Gay-Lussac).

3.

$$\text{Freie Expansion:} \quad U(T_2, V_2) = U(T_1, V_1)\,,$$
$$\text{ideales Gas:} \quad U = U(T) \quad \Rightarrow \quad \Delta T = 0$$
$$\Rightarrow \quad \text{nach 1.:} \quad \Delta S = n\,R \ln \frac{V_2}{V_1}\,.$$

Lösung zu Aufgabe 2.9.16

Innere Energie:

$$U(T, V) = \int^T \mathrm{d}T'\,C_V(T') + \varphi(V) = \frac{3}{2}N\,k_\mathrm{B}\,T - N\,k_\mathrm{B}\frac{N}{V}\left(T^2\frac{\mathrm{d}f}{\mathrm{d}T}\right) + \varphi(V)$$
$$\Rightarrow \quad \left(\frac{\partial U}{\partial V}\right)_T = \frac{N^2\,k_\mathrm{B}\,T^2}{V^2}\,\frac{\mathrm{d}f}{\mathrm{d}T} + \varphi'(V)\,.$$

Nach (2.59) gilt:

$$\left(\frac{\partial U}{\partial V}\right)_T = T\left(\frac{\partial p}{\partial T}\right)_V - p\,,$$
$$\left(\frac{\partial p}{\partial T}\right)_V = \frac{N k_B}{V}\left(1 + \frac{N}{V} f(T)\right) + \frac{N^2 k_B T}{V^2}\frac{df}{dT}$$
$$\Rightarrow \quad \left(\frac{\partial U}{\partial V}\right)_T = \frac{N^2 k_B T^2}{V^2}\frac{df}{dT}\,.$$

Vergleich mit dem obigen Ausdruck:

$$\varphi'(V) = 0 \quad \Leftrightarrow \quad \varphi(V) = \text{const} = U_0$$
$$\Rightarrow \quad U = \frac{3}{2} N k_B T - N k_B \frac{N}{V}\left(T^2 \frac{df}{dT}\right) + U_0\,.$$

Bleibt noch die Entropie zu bestimmen!

$$(2.58) + (2.59) \quad \Rightarrow \quad dS = \frac{C_V}{T}\,dT + \left(\frac{\partial p}{\partial T}\right)_V dV\,.$$

Es gilt also:

$$\left(\frac{\partial S}{\partial T}\right)_V = \frac{C_V}{T}\,; \quad \left(\frac{\partial S}{\partial V}\right)_T = \left(\frac{\partial p}{\partial T}\right)_V$$
$$\Rightarrow \quad S(T,V) = \int^T dT' \frac{C_V(T')}{T'} + \psi(V)\,,$$
$$\frac{C_V}{T} = \frac{3}{2}\frac{N k_B}{T} - N k_B \frac{N}{V}\frac{1}{T}\frac{d}{dT}\left(T^2 \frac{df}{dT}\right)$$
$$= \frac{3}{2}\frac{N k_B}{T} - N k_B \frac{N}{V}\frac{d}{dT}\left(f + T\frac{df}{dT}\right)$$
$$\Rightarrow \quad S(T,V) = \frac{3}{2} N k_B \ln T - \frac{N^2 k_B}{V}\left(f(T) + T\frac{df}{dT}\right) + \psi(V)$$
$$\Rightarrow \quad \left(\frac{\partial S}{\partial V}\right)_T = \frac{N^2 k_B}{V^2}\left(f(T) + T\frac{df}{dT}\right) + \psi'(V)\,.$$

Andererseits gilt auch:

$$\left(\frac{\partial S}{\partial V}\right)_T = \left(\frac{\partial p}{\partial T}\right)_V = \frac{N k_B}{V}\left(1 + \frac{N}{V} f(T)\right) + \frac{N^2 k_B T}{V^2}\frac{df}{dT}\,.$$

Der Vergleich ergibt:

$$\psi'(V) = \frac{N k_B}{V} \quad \Rightarrow \quad \psi(V) = N k_B \ln V + S_0\,.$$

Dies bedeutet schließlich:

$$S(T,V) = \frac{3}{2} N k_B \ln T + N k_B \ln V - \frac{N^2 k_B}{V}\left(f(T) + T\frac{df}{dT}\right) + S_0 \,.$$

Lösung zu Aufgabe 2.9.17

1. $p = \text{const} = p_0$

$$\Delta W = -\int_{V_1}^{V_2} p\, dV = -p_0 (V_2 - V_1) \,,$$

$$\delta Q = C_V\, dT + p\, dV \,; \quad dT = \frac{p_0}{nR} dV$$

$$\Rightarrow \quad \delta Q = \left(\frac{C_V}{nR} + 1\right) p_0\, dV = \frac{\gamma}{\gamma - 1} p_0\, dV$$

$$\Rightarrow \quad \Delta Q = \frac{\gamma}{\gamma - 1} p_0 (V_2 - V_1) \,.$$

Reversible Zustandsänderung:

$$dS = C_V \frac{dT}{T} + \frac{p}{T} dV \,; \quad \frac{dT}{T} = \frac{dV}{V}$$

$$\Rightarrow \quad dS = (C_V + nR)\frac{dV}{V} = C_p \frac{dV}{V}$$

$$\Rightarrow \quad \Delta S = C_p \ln \frac{V_2}{V_1} \,.$$

2. $T = \text{const} = T_0$

$$\Delta W = -nRT_0 \int_{V_1}^{V_2} \frac{dV}{V} = -nRT_0 \ln \frac{V_2}{V_1}$$

$$\Delta U = 0 \,, \quad \text{da isotherm} \quad \Rightarrow \quad \Delta Q = -\Delta W \,,$$

$$\text{reversibel mit } T = \text{const} \quad \Rightarrow \quad \Delta S = \frac{1}{T_0}\Delta Q = nR \ln \frac{V_2}{V_1} \,.$$

3. Adiabatisch:

$$\text{außerdem reversibel} \quad \Rightarrow \quad \Delta S = \Delta Q = 0 \,,$$

$$\Delta W = -\int_{V_1}^{V_2} p\,\mathrm{d}V = -C\int_{V_1}^{V_2} \frac{\mathrm{d}V}{V^\gamma} = \frac{1}{\gamma-1}\left(\frac{C}{V_2^{\gamma-1}} - \frac{C}{V_1^{\gamma-1}}\right)$$
$$= \frac{1}{\gamma-1}(p_2V_2 - p_1V_1)\ ; \quad p_2 = p_1\left(\frac{V_1}{V_2}\right)^\gamma$$
$$\Rightarrow \quad \Delta W = \frac{p_1}{\gamma-1}\left[V_2\left(\frac{V_1}{V_2}\right)^\gamma - V_1\right] .$$

Lösung zu Aufgabe 2.9.18

$$\Delta W = 0\,, \quad \text{da} \quad \Delta V = 0\,,$$
$$\delta Q = C_V\,\mathrm{d}T + p\,\mathrm{d}V = C_V\,\mathrm{d}T = \frac{C_V}{nR}V_0\,\mathrm{d}p$$
$$\Rightarrow \quad \Delta Q = \frac{1}{\gamma-1}V_0\,(p_2 - p_1)\ ,$$
$$\mathrm{d}S = \frac{C_V}{T}\mathrm{d}T \quad \Rightarrow \quad \Delta S = \int_{p_1}^{p_2} C_V\frac{\mathrm{d}p}{p} = C_V \ln\frac{p_2}{p_1} .$$

Lösung zu Aufgabe 2.9.19

1. Es gilt die allgemeine Beziehung (2.59):

$$\left(\frac{\partial U}{\partial V}\right)_T = T\left(\frac{\partial p}{\partial T}\right)_V - p\,,$$
$$U(T,V) = V\,\varepsilon(T)$$
$$\Rightarrow \quad \varepsilon(T) = \alpha\left(T\frac{\mathrm{d}\varepsilon(T)}{\mathrm{d}T} - \varepsilon(T)\right)$$
$$\Leftrightarrow \quad (1+\alpha)\varepsilon(T) = \alpha\,T\frac{\mathrm{d}\varepsilon}{\mathrm{d}T}$$
$$\Leftrightarrow \quad \frac{1+\alpha}{\alpha}\frac{\mathrm{d}T}{T} = \frac{\mathrm{d}\varepsilon}{\varepsilon} \quad \Rightarrow \quad \ln T^{(1+\alpha)/\alpha} = \ln\varepsilon + C_0$$
$$\Rightarrow \quad U(T,V) = A\,V\,T^{(1+\alpha)/\alpha} .$$

2.
$$dS = \frac{1}{T}(dU + p\,dV) = \frac{1}{T}\left(\frac{\partial U}{\partial T}\right)_V dT + \frac{1}{T}\left[p + \left(\frac{\partial U}{\partial V}\right)_T\right] dV$$

$$\Rightarrow \quad \left(\frac{\partial S}{\partial T}\right)_V = \frac{1}{T}\left(\frac{\partial U}{\partial T}\right)_V = \frac{1+\alpha}{\alpha} A\,V\,T^{(1/\alpha)-1}$$

$$\Rightarrow \quad S(T,V) = (1+\alpha) A\,V\,T^{1/\alpha} + f(V)\,,$$

$$\left(\frac{\partial S}{\partial V}\right)_T = \frac{1}{T}\left[p + \left(\frac{\partial U}{\partial V}\right)_T\right] = \left(\alpha\,\varepsilon(T) + A\,T^{(1+\alpha)/\alpha}\right)\frac{1}{T} = (\alpha+1) A\,T^{1/\alpha}$$

$$\stackrel{!}{=} (1+\alpha) A\,T^{1/\alpha} + f'(V) \quad \Rightarrow f(V) = \text{const}$$

$$\Rightarrow \quad S(T,V) = S_0 + (1+\alpha) A\,V\,T^{1/\alpha}\,.$$

Lösung zu Aufgabe 2.9.20

1. Mischungstemperatur T_m:
   Der Druck ändert sich nicht, wenn man die Trennwand herauszieht. Deshalb gelten die Zustandsgleichungen:

$$\text{vorher:} \qquad p\,V_{1,2} = n_{1,2} R\,T_{1,2}\,,$$

$$\text{nachher:} \qquad p\,V = n\,R\,T_\mathrm{m}$$

$$V = V_1 + V_2\,, \qquad n = n_1 + n_2$$

$$\Rightarrow \quad n\,R\,T_\mathrm{m} = R(n_1 T_1 + n_2 T_2)\,,$$

$$T_\mathrm{m} = \frac{n_1}{n} T_1 + \frac{n_2}{n} T_2 = \frac{n_1 T_1 + n_2 T_2}{n_1 + n_2}\,.$$

   T_m ist damit bekannt.
2. Die Durchmischung ist irreversibel. Wir müssen die Entropie deshalb über einen **reversiblen Ersatzprozess** berechnen.
   a) Isotherme Expansion (reversibel, s. Abschn. 2.7) eines jeden Teilgases:

$$V_{1,2} \longrightarrow V\,, \quad \Delta U_{1,2} = 0\,, \quad \text{da isotherm,}$$

$$\Delta W_{1,2} = -n_{1,2} R\,T_{1,2} \int\limits_{V_{1,2}}^{V} \frac{dV}{V} = -n_{1,2} R\,T_{1,2} \ln \frac{V}{V_{1,2}}\,,$$

$$\Delta S_{1,2}^{(a)} = \frac{-\Delta W_{1,2}}{T_{1,2}} = n_{1,2} R \ln \frac{V}{V_{1,2}}\,.$$

   Der Druck der beiden Teilgase wird sich geändert haben.

b) Isochore Temperaturänderung (reversibel):

$$T_{1,2} \longrightarrow T_{\mathrm{m}} ,$$

$$\Delta U = \Delta Q , \quad \text{da isochor,}$$

$$\Delta S_{1,2}^{(\mathrm{b})} = n_{1,2}\, C_V \int\limits_{T_{1,2}}^{T_{\mathrm{m}}} \frac{\mathrm{d}T}{T} = n_{1,2}\, C_V \ln \frac{T_{\mathrm{m}}}{T_{1,2}} .$$

c) Gesamtbilanz: Mischungsentropie

$$\Delta S = \Delta S_1^{(\mathrm{a})} + \Delta S_2^{(\mathrm{a})} + \Delta S_1^{(\mathrm{b})} + \Delta S_2^{(\mathrm{b})} ,$$

$$\Delta S = R\left[n_1 \ln \frac{V}{V_1} + n_2 \ln \frac{V}{V_2}\right] + C_V\left[n_1 \ln \frac{T_{\mathrm{m}}}{T_1} + n_2 \ln \frac{T_{\mathrm{m}}}{T_2}\right] .$$

3. Man setze $T_1 = T_2$. Dann darf sich bei identischen Gasen der Zustand des Gesamtsystems wegen des gleichen Drucks und der gleichen Temperatur in den beiden Kammern **nicht** ändern. $\Delta S = 0$ ist zu erwarten. Unsere Rechnung ergibt aber:

$$\Delta S\,(T_1 = T_2 = T_{\mathrm{m}}) = R\left(n_1 \ln \frac{V}{V_1} + n_2 \ln \frac{V}{V_2}\right) .$$

Das ist **paradox**, weil ich dann durch Einsetzen beliebig vieler Trennwände in ein Gas die Entropie desselben beliebig klein machen könnte. Die Entropie wäre dann eine Funktion der Vorgeschichte und **keine** Zustandsgröße!
Sei $\widehat{C}_V$ die Wärmekapazität pro Teilchen. Dann gilt allgemein für die Entropie des idealen Gases:

$$S = N\left(\widehat{C}_V \ln T + k_{\mathrm{B}} \ln V + C\right) .$$

Die *Konstante* C ist unabhängig von T und V, muss aber offensichtlich N-abhängig sein. Dann können wir aber durch die Definition

$$S = N\left(\widehat{C}_V \ln T + k_{\mathrm{B}} \ln \frac{V}{N} + C'\right)$$

das *Paradoxon* vermeiden. Die Mischungsentropie

$$\Delta S = S(N, V, T) - [S\,(N_1, V_1, T_1) + S\,(N_2, V_2, T_2)]$$

ist widerspruchsfrei.

Lösung zu Aufgabe 2.9.21

1.

$$\Delta Q_1 = \int_{T_U}^{T_0} C_p \, dT = C_p \, (T_0 - T_U) \; .$$

2. Die Carnot-Maschine nimmt δQ_0 vom Wärmebad auf, verwandelt davon δW in Arbeit und gibt δQ^* an den Stahlblock bei der Zwischentemperatur T^* ab (Abb. A.9).

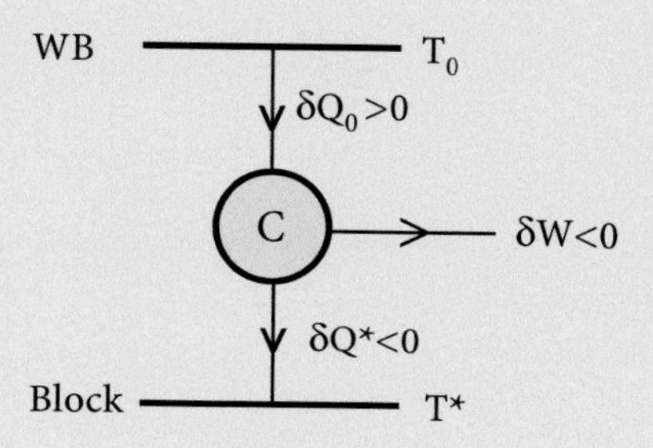

Abb. A.9

Wirkungsgrad der Carnot-Maschine:

$$\eta_C = 1 - \frac{T^*}{T_0} = 1 + \frac{\delta Q^*}{\delta Q_0} \curvearrowright 0 = \frac{\delta Q^*}{T^*} + \frac{\delta Q_0}{T_0}$$

$$\curvearrowright \delta Q^* = \frac{T^*}{T_0}(-\delta Q_0) = -C_p \, dT^* \; .$$

Im letzten Schritt haben wir ausgenutzt, dass der Prozess insgesamt isobar erfolgen soll und dass δQ^* negativ zu zählen ist. Wir können nun aufintegrieren:

$$\Delta Q_2 = \int_{T_U}^{T_0} \delta Q_0 = -T_0 \int_{T_U}^{T_0} \frac{\delta Q^*}{T^*} = C_p T_0 \int_{T_U}^{T_0} \frac{dT^*}{T^*} \; .$$

Das ergibt:

$$\Delta Q_2 = C_p T_0 \ln \frac{T_0}{T_U} \; .$$

3. (a) **Entropieänderung für Prozess 1)**
Das Bad gibt bei $T = T_0$ Wärme reversibel ab:

$$(\Delta S)^{(1)}_{\text{WB}} = -\frac{\Delta Q_1}{T_0} = -C_p \left(1 - \frac{T_U}{T_0}\right) \; .$$

Der Block nimmt **irreversibel** Wärme auf, um seine Temperatur von T_U auf T_0 zu steigern. Um seine Entropieänderung zu berechnen, benötigen wir einen *„reversiblen Ersatzprozess"*. Das ist aber gerade der Prozess 2). Deshalb

$$(\Delta S)^{(1)}_{\text{Block}} = \frac{\Delta Q_2}{T_0} = C_p \ln \frac{T_0}{T_U} \,.$$

Gesamte Entropieänderung:

$$\Delta S^{(1)} = C_p \left(-1 + \frac{T_U}{T_0} + \ln \frac{T_0}{T_U} \right) > 0$$

da $\ln x - 1 + 1/x > 0$ für $x > 1$.

Irreversibilität erzeugt Entropie!

(b) **Entropieänderung für Prozess 2)**

Jetzt sind alle Teilschritte reversibel

$$(\Delta S)_{\text{WB}} = \frac{-\Delta Q_2}{T_0} = -C_p \ln \frac{T_0}{T_U}$$

$$(\Delta S)_{\text{Carnot}} = 0$$

$$(\Delta S)_{\text{Block}} = \int\limits_{T_U}^{T_0} \frac{-\delta Q^*}{T^*} = C_p \ln \frac{T_0}{T_U} \,.$$

Das ergibt als gesamte Entropieänderung das erwartete Ergebnis:

$$\Delta S^{(2)} = 0 \,.$$

Lösung zu Aufgabe 2.9.22

$$\eta_C = \frac{T_1 - T_2}{T_1} = \frac{1}{6} \quad \Rightarrow \quad -\Delta W = \eta_C \, \Delta Q_1 = \frac{1}{6} \, \text{kJ}$$

Lösung zu Aufgabe 2.9.23

1. Wegstück $a \to b$:

$$p \sim V \quad \Rightarrow \quad p = \frac{p_a}{V_a} V \quad \Rightarrow \quad V_b = \frac{V_a}{p_a} p_b \,,$$

ideales Gas: $p\,V = n\,R\,T$

$$\Rightarrow \quad \frac{p_a V_a}{p_b V_b} = \frac{T_a}{T_b} = \frac{p_a^2}{p_b^2} \quad \Rightarrow \quad T_b = T_a \left(\frac{p_b}{p_a}\right)^2 .$$

Wegstück $b \to c$:

$$V = \text{const} \quad \Rightarrow \quad V_c = V_b = \frac{V_a}{p_a} p_b ,$$

$$p_c\,V_c = n\,R\,T_c = p_a\,V_b \quad \Rightarrow \quad T_c = p_a\,V_b \frac{T_b}{p_b\,V_b}$$

$$\Rightarrow \quad T_c = T_a \frac{p_b}{p_a} .$$

2. Arbeitsleistungen:

$$\Delta W_{ab} = -\int_a^b p\,\mathrm{d}V = -\frac{p_a}{V_a} \int_a^b V\,\mathrm{d}V = -\frac{p_a}{2\,V_a}\left(V_b^2 - V_a^2\right)$$

$$\Rightarrow \quad \Delta W_{ab} = -\frac{1}{2} p_a V_a \left[\left(\frac{p_b}{p_a}\right)^2 - 1\right] < 0 ,$$

$$\Delta W_{bc} = 0 , \quad \text{da } \mathrm{d}V = 0,$$

$$\Delta W_{ca} = -p_a(V_a - V_c) = -p_a\,V_a \left(1 - \frac{p_b}{p_a}\right) > 0 .$$

Innere Energien:
Die innere Energie des idealen Gases hängt nur von der Temperatur ab. Daraus folgt:

$$\Delta U_{ab} = C_V(T_b - T_a) = C_V\,T_a \left[\left(\frac{p_b}{p_a}\right)^2 - 1\right],$$

$$\Delta U_{bc} = C_V(T_c - T_b) = C_V\,T_a \frac{p_b}{p_a}\left(1 - \frac{p_b}{p_a}\right),$$

$$\Delta U_{ca} = C_V(T_a - T_c) = C_V\,T_a \left(1 - \frac{p_b}{p_a}\right).$$

Wärmemengen:

$$\Delta Q_{ab} = \Delta U_{ab} - \Delta W_{ab} = \left(C_V\, T_a + \frac{1}{2} p_a\, V_a\right)\left[\left(\frac{p_b}{p_a}\right)^2 - 1\right],$$

$$\Delta Q_{bc} = \Delta U_{bc} - \Delta W_{bc} = C_V\, T_a \frac{p_b}{p_a}\left(1 - \frac{p_b}{p_a}\right),$$

$$\Delta Q_{ca} = \Delta U_{ca} - \Delta W_{ca} = (C_V\, T_a + p_a\, V_a)\left(1 - \frac{p_b}{p_a}\right),$$

$$\Delta Q_{ab} > 0\,,$$

$$\Delta Q_{bc} < 0\,; \quad \Delta Q_{ca} < 0\,.$$

Entropieänderungen:

$$\Delta S_{b \to c} = \int_b^c \frac{\delta Q}{T} = C_V \int_b^c \frac{\mathrm{d}T}{T} = C_V \ln \frac{T_c}{T_b} = C_V \ln \frac{p_a}{p_b}\,,$$

$$\Delta S_{c \to a} = \int_c^a \frac{\delta Q}{T} = C_p \ln \frac{T_a}{T_c} = C_p \ln \frac{p_a}{p_b}\,,$$

S Zustandsgröße: $\oint \mathrm{d}S = 0$

$$\Rightarrow \quad \Delta S_{a \to b} = -\left(\Delta S_{b \to c} + \Delta S_{c \to a}\right) = -(C_V + C_p) \ln \frac{p_a}{p_b}\,,$$

$$C_p = C_V + n\,R = C_V + \frac{p_a\, V_a}{T_a}$$

$$\Rightarrow \quad \Delta S_{a \to b} = -\left(2\,C_V + \frac{p_a\, V_a}{T_a}\right) \ln \frac{p_a}{p_b}\,.$$

3.

$$\eta = \frac{\text{gesamte Arbeitsleistung}}{\text{aufgenommene Wärme}} = \frac{-\Delta W}{\Delta Q_{ab}}\,,$$

$$\Delta W = -\frac{1}{2} p_a\, V_a \left[\left(\frac{p_b}{p_a}\right)^2 - 1 + 2 - 2\frac{p_b}{p_a}\right]$$

$$= -\frac{1}{2} p_a\, V_a \left(\frac{p_b}{p_a} - 1\right)^2 < 0$$

$$\Rightarrow \quad \eta = \frac{\frac{1}{2} p_a\, V_a}{C_V\, T_a + \frac{1}{2} p_a\, V_a}\, \frac{\frac{p_b}{p_a} - 1}{\frac{p_b}{p_a} + 1} = \frac{p_a\, V_a}{2\,C_V\, T_a + p_a\, V_a}\, \frac{p_b - p_a}{p_b + p_a}\,.$$

Lösung zu Aufgabe 2.9.24

1. Temperaturen:
   Auf den Adiabaten gilt: $T\,p^{(1-\gamma)/\gamma} = \text{const}$

$$\Rightarrow \quad T_c\,p_2^{(1-\gamma)/\gamma} = T_d\,p_1^{(1-\gamma)/\gamma}\,; \qquad T_b\,p_2^{(1-\gamma)/\gamma} = T_a\,p_1^{(1-\gamma)/\gamma}$$

$$\Rightarrow \quad \frac{T_a - T_d}{T_b - T_c} = \left(\frac{p_2}{p_1}\right)^{(1-\gamma)/\gamma} .$$

2. Wärmemengen:

$$\Delta Q_{ab} = \Delta Q_{cd} = 0\,,$$

$$\Delta Q_{bc} = C_p\,(T_c - T_b) > 0 \quad (T_c > T_b \text{ folgt aus der Zustandsgleichung!})\,,$$
$$\Delta Q_{da} = C_p\,(T_a - T_d) < 0\,.$$

3. Wirkungsgrad:

$$\eta = \frac{-\Delta W}{\Delta Q_{bc}} = 1 + \frac{\Delta Q_{da}}{\Delta Q_{bc}} = 1 - \frac{T_a - T_d}{T_b - T_c} = 1 - \left(\frac{p_1}{p_2}\right)^{(\gamma-1)/\gamma} .$$

Lösung zu Aufgabe 2.9.25

1. $\delta Q = T\,\mathrm{d}S$

$$\begin{aligned}
1 \to 2 &: \quad T = \text{const} = T_2 \quad \Rightarrow \quad \Delta Q_{12} = T_2\,(S_2 - S_1) > 0\,,\\
2 \to 3 &: \quad \text{adiabatisch, isentrop} \quad \Rightarrow \quad \Delta Q_{23} = 0\,,\\
3 \to 4 &: \quad T = \text{const} = T_1 \quad \Rightarrow \quad \Delta Q_{34} = T_1\,(S_1 - S_2) < 0\,,\\
4 \to 1 &: \quad \text{adiabatisch, isentrop} \quad \Rightarrow \quad \Delta Q_{41} = 0\,.
\end{aligned}$$

2. $0 = \oint \mathrm{d}U$, da Kreisprozess

$$\Rightarrow \quad -\Delta W = \oint \delta Q = (T_2 - T_1)\,(S_2 - S_1)$$
$$\Rightarrow \quad \eta = \frac{-\Delta W}{\Delta Q_{12}} = 1 - \frac{T_1}{T_2} = \eta_c\,.$$

3. Der Kreisprozess ist nichts anderes als der Carnot-Prozess!

Lösung zu Aufgabe 2.9.26

Weg (A):
T hängt linear von S ab:

$$T(S) = -\frac{T_2 - T_1}{S_2 - S_1} S + b \,.$$

Mit $T(S_2) = T_1$ ergibt sich:

$$b = T_1 + \frac{T_2 - T_1}{S_2 - S_1} S_2 = \frac{T_2 S_2 - T_1 S_1}{S_2 - S_1} \,.$$

Damit gilt auf dem Weg (A):

$$T(S) = -\frac{T_2 - T_1}{S_2 - S_1} S + \frac{T_2 S_2 - T_1 S_1}{S_2 - S_1} \,.$$

Dieses ergibt den Wärmeaustauschbeitrag:

$$\Delta Q_A = \int\limits_{(A)} \mathrm{d}S\, T(S) = -\frac{1}{2} \frac{T_2 - T_1}{S_2 - S_1} \left(S_2^2 - S_1^2\right) + \frac{T_2 S_2 - T_1 S_1}{S_2 - S_1} (S_2 - S_1)$$

$$\curvearrowright \ \Delta Q_A = \frac{1}{2} (T_2 + T_1)(S_2 - S_1) > 0 \,.$$

Auf (A) nimmt das System also Wärme auf!

Arbeitsleistung (1. Hauptsatz):

$$\Delta W_A = \Delta U_A - \Delta Q_A = U(T_1) - U(T_2) - \Delta Q_A \,.$$

Hier wurde ausgenutzt, dass beim idealen Gas die innere Energie nur von der Temperatur abhängt.

Weg (B):
Der Prozess erfolgt isotherm:

$$\Delta U_B = 0 \ \curvearrowright \ \Delta W_B = -\Delta Q_B = -T_1(S_1 - S_2) \ \curvearrowright \ \Delta Q_B < 0 \,.$$

Weg (C):

$$\Delta Q_C = 0 \ \curvearrowright \ \Delta W_C = \Delta U_C = U(T_2) - U(T_1) \,.$$

Summe aller Arbeitsleistungen:

$$\Delta W = \Delta W_A + \Delta W_B + \Delta W_C$$
$$= U(T_1) - U(T_2) - \frac{1}{2}(T_2 + T_1)(S_2 - S_1) - T_1(S_1 - S_2) + U(T_2) - U(T_1)$$
$$\curvearrowright \quad \Delta W = -\frac{1}{2}(T_2 - T_1)(S_2 - S_1)\ .$$

Wirkungsgrad

$$\eta = \frac{-\Delta W}{\Delta Q_A} = \frac{T_2 - T_1}{T_2 + T_1}\ .$$

Lösung zu Aufgabe 2.9.27

Wegstück $1 \to 2$:

Adiabatische Verdichtung des Gases $\Rightarrow$ Temperaturerhöhung (über die Entzündungstemperatur des Brennstoffgemisches!):

$$\Delta W_{12} = -\int_{V_1}^{V_2} p\,\mathrm{d}V = -\int_{V_1}^{V_2} \frac{C_1}{V^\gamma}\,\mathrm{d}V = \frac{C_1}{\gamma - 1}\left(V_2^{1-\gamma} - V_1^{1-\gamma}\right)$$
$$= \frac{1}{\gamma - 1}\left(p_2 V_2 - p_1 V_1\right)\ ,$$
$$\Delta Q_{12} = 0\ .$$

Wegstück $2 \to 3$:

Einspritzen des Brennstoffes (isobar):

$$\Delta W_{23} = -p_2 (V_3 - V_2)\ ,$$
$$\Delta Q_{23} = C_p (T_3 - T_2)\ ,$$
$$p_2 V_2 = n R T_2\ ,$$
$$p_2 V_3 = n R T_3$$
$$\Rightarrow \quad T_3 - T_2 = \frac{p_2}{nR}(V_3 - V_2)\ ,$$
$$\Delta Q_{23} = \frac{C_p}{nR} p_2 (V_3 - V_2)$$
$$= \frac{\gamma}{\gamma - 1} p_2 (V_3 - V_2) > 0\ .$$

Wegstück $3 \to 4$:

Expansion längs einer Adiabaten (Arbeitsleistung):

$$\Delta W_{34} = \frac{C_2}{\gamma - 1}\left(V_4^{1-\gamma} - V_3^{1-\gamma}\right) = \frac{1}{\gamma - 1}(p_4 V_1 - p_2 V_3) ,$$

$$\Delta Q_{34} = 0 .$$

Wegstück $4 \to 1$:

Ausstoß des Restgases:

$$\begin{aligned}
\Delta W_{41} &= 0 , \\
\Delta Q_{41} &= C_V (T_1 - T_4) , \\
p_4 V_1 &= n R T_4 , \\
p_1 V_1 &= n R T_1 \\
\Rightarrow \quad T_1 - T_4 &= \frac{V_1}{nR}(p_1 - p_4) , \\
\Delta Q_{41} &= \frac{C_V}{nR} V_1 (p_1 - p_4) \\
&= \frac{1}{\gamma - 1} V_1 (p_1 - p_4) < 0 .
\end{aligned}$$

Gesamtbilanz:

$$\begin{aligned}
\Delta W = \oint \delta W &= \frac{1}{\gamma - 1}(p_2 V_2 - p_1 V_1 + p_4 V_1 - p_2 V_3) - p_2 (V_3 - V_2) \\
&= p_2 (V_3 - V_2) \frac{\gamma}{1 - \gamma} + \frac{V_1}{\gamma - 1}(p_4 - p_1) \\
&= \frac{1}{\gamma - 1}\left[V_1 (p_4 - p_1) - \gamma p_2 (V_3 - V_2)\right] .
\end{aligned}$$

Lösung zu Aufgabe 2.9.28

1. $0 \to 1$: Ansaugen, Kolben wird verschoben, Volumenexpansion bei gleichbleibendem Druck,
   $1 \to 2$: Verdichten, adiabatische Kompression, dabei Druckerhöhung,
   $2 \to 3$: Zünden, Druckerhöhung bei konstantem Volumen,
   $3 \to 4$: adiabatische Expansion, dabei Arbeitsleistung,

$4 \to 1$: Öffnung der Auslassventile, Abnahme des Drucks bei gleichbleibendem Volumen,
$1 \to 0$: Ausstoß des Restgases.

($0 \to 1$, $1 \to 0$ gehören nicht zum thermodynamischen Kreisprozess!)

2. $\Delta U = \Delta Q + \Delta W = 0$, da Kreisprozess

$$\Rightarrow \quad \Delta W = -\Delta Q \, ,$$

$$\Delta Q = C_V\,(T_3 - T_2) + C_V\,(T_1 - T_4) = \Delta Q_{23} + \Delta Q_{41} \, .$$

Zustandsgleichung:

$$p_2\,V_2 = n\,R\,T_2\,; \quad p_3\,V_2 = n\,R\,T_3$$

$$\Rightarrow \quad T_3 > T_2\,, \quad \text{da} \quad p_3 > p_2\,,$$

$$p_1\,V_1 = n\,R\,T_1\,; \quad p_4\,V_1 = n\,R\,T_4$$

$$\Rightarrow \quad T_4 > T_1\,, \quad \text{da} \quad p_4 > p_1$$

$$\Rightarrow \quad \Delta Q_{23} = C_V\,(T_3 - T_2) > 0\,,$$

$$\Delta Q_{41} = C_V\,(T_1 - T_4) < 0\,.$$

Adiabaten-Gleichungen:

$$T_1\,V_1^{\gamma-1} = T_2\,V_2^{\gamma-1} \quad \Rightarrow \quad T_1 < T_2\,,$$

$$T_3\,V_2^{\gamma-1} = T_4\,V_1^{\gamma-1} \quad \Rightarrow \quad T_4 < T_3\,.$$

T_3 ist also die höchste, T_1 die niedrigste Temperatur des Kreisprozesses!

$$(T_1 - T_4)\;V_1^{\gamma-1} = (T_2 - T_3)\;V_2^{\gamma-1}$$

$$\Rightarrow \quad \Delta Q = -\Delta W = C_V\,(T_3 - T_2)\left[1 - \left(\frac{V_2}{V_1}\right)^{\gamma-1}\right].$$

3. Auf dem Teilstück $2 \to 3$ nimmt das System Wärme auf, deshalb:

$$\eta = \frac{-\Delta W}{\Delta Q_{23}} = 1 - \left(\frac{V_2}{V_1}\right)^{\gamma-1} = 1 - \frac{T_1}{T_2}\,.$$

4. Carnot-Maschine zwischen den Wärmebädern $WB(T_1)$ und $WB(T_3)$ hat den Wirkungsgrad

$$\eta_C = 1 - \frac{T_1}{T_3}$$

$$\Rightarrow \quad \eta_{otto} < \eta_C \; .$$

$T_2 \to T_3$ geht nicht beim Otto-Motor, da dann das *Zünden* wegfiele.

Lösung zu Aufgabe 2.9.29

$\boxed{1 \to 2}$: Wärme $Q_D = Q_D^{(1)} + Q_D^{(2)}$ wird dem Wärmebad $WB(T)$ entnommen und zur Überwindung der Kohäsionskräfte $(Q_D^{(1)})$ und zur Expansion $(Q_D^{(2)})$ verwendet:

$$\Delta W_{12} = -(p + \Delta p)\,(V_2 - V_1) \; .$$

$\boxed{2 \to 3}$: Kaum Arbeitsleistung, da vernachlässigbare Volumenänderung:

$$\Delta W_{23} \approx 0 \; .$$

$\boxed{3 \to 4}$: Isotherme Kondensation:

$$\Delta W_{34} = -p\,(V_1 - V_2) \; .$$

$Q_D^{(1)}$ geht durch Kondensation ins Wärmebad $WB(T - \Delta T)$.

$\boxed{4 \to 1}$: $\Delta W_{41} \approx 0$, da nur unbedeutende Volumenänderung.

$$\Rightarrow \quad \Delta W = \oint \delta W = -\Delta p\,(V_2 - V_1) < 0 \; .$$

Wirkungsgrad:

$$\eta = 1 - \frac{T - \Delta T}{T} = \frac{\Delta T}{T} \overset{!}{=} \frac{-\Delta W}{Q_D} = \frac{\Delta p\,(V_2 - V_1)}{Q_D}$$

↖ Carnot

$$\Rightarrow \quad \frac{\Delta p}{\Delta T} = \frac{Q_D}{T\,(V_2 - V_1)} \quad \text{q. e. d.}$$

Lösung zu Aufgabe 2.9.30

Nach (2.73) gilt für adiabatische Zustandsänderungen:

$$(\mathrm{d}T)_{\mathrm{ad}} = -T\frac{\beta(T)}{C_V\,\kappa_T}(\mathrm{d}V)_{\mathrm{ad}}\,.$$

Wegen $\beta(T = 4\,°\mathrm{C}) = 0$ ist die **adiabatische** Abkühlung von Wasser von 6 °C auf 4 °C nicht möglich. Der beschriebene Carnot-Prozess ist also gar nicht realisierbar. Deswegen handelt es sich auch nicht um einen Widerspruch.

Lösung zu Aufgabe 2.9.31

Arbeitsleistungen:

$$\Delta W_{12} = -\int\limits_{V_1}^{V_2} p(V)\,\mathrm{d}V = -n\,R\,T_2\ln\frac{V_2}{V_1} < 0\,,$$

$$\Delta W_{23} = 0\,,\quad \text{da}\quad \mathrm{d}V = 0\,,$$

$$\Delta W_{34} = -\int\limits_{V_2}^{V_1} p(V)\,\mathrm{d}V = -n\,R\,T_1\ln\frac{V_1}{V_2} > 0\,,$$

$$\Delta W_{41} = 0$$

$$\Rightarrow\quad \Delta W = -n\,R\,(T_2 - T_1)\ln\frac{V_2}{V_1}\,.$$

Zustandsgleichung:

$$\begin{aligned} p_4\,V_1 &= n\,R\,T_1 \\ p_1\,V_1 &= n\,R\,T_2 \end{aligned}\quad\Rightarrow\quad T_2 > T_1 \quad\Rightarrow\quad \Delta W < 0\,.$$

Wärmemengen:

$\Delta Q_{12} = -\Delta W_{12}$: bei isothermen Zustandsänderungen bleibt die innere Energie des idealen Gases konstant!

$$\Delta Q_{23} = C_V\,(T_1 - T_2) < 0\,,$$

$$\Delta Q_{34} = -\Delta W_{34}\,,$$

$$\Delta Q_{41} = C_V\,(T_2 - T_1) > 0\,.$$

Wirkungsgrad:

$$\eta = \frac{-\Delta W}{\Delta Q} \, .$$

ΔQ ist die dem System zugeführte Wärmemenge:

$$\Delta Q = \Delta Q_{12} + \Delta Q_{41} \neq \Delta Q_{12} \, ,$$
$$\Delta Q = n R T_2 \ln \frac{V_2}{V_1} + C_V (T_2 - T_1)$$
$$\Rightarrow \quad \eta = \frac{T_2 - T_1}{T_2 + \frac{C_V (T_2 - T_1)}{n R \ln V_2 / V_1}} < \eta_C \, .$$

Ist das ein Widerspruch zu dem in Abschn. 2.5 bewiesenen Satz, dass η_C von allen reversibel und periodisch zwischen zwei Wärmebädern arbeitenden Maschinen erreicht wird?

Lösung zu Aufgabe 2.9.32

1. Isothermen: $p \sim 1 / V$ (Zustandsgleichung!)
   a) $p_1 V_1 = n R T_1$,
   b) $p_1 V_2 = n R T_2$,
   c) $p_2 V_2 = n R T_3$,
   d) $p_2 V_1 = n R T_4$.
   Wegen $p_1 V_2 = p_2 V_1$ ist $T_2 = T_4$. Es gibt also nur drei verschiedene Temperaturen T_1, T_2, T_3 (Abb. A.10). Wir brauchen zur Darstellung drei Isothermen.

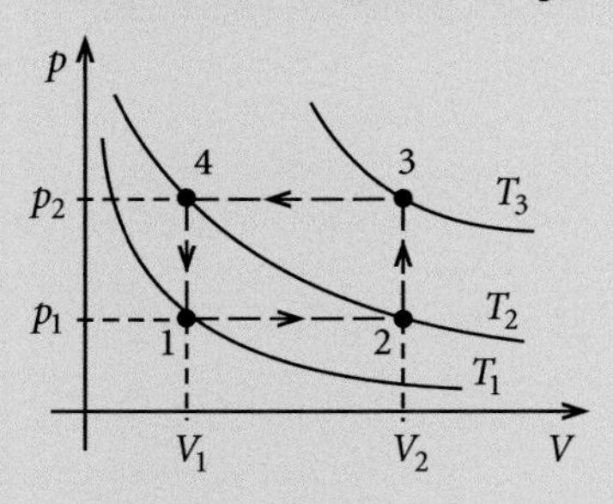

Abb. A.10

2. Isobaren: $T \sim V$ (Abb. A.11)

$$p(1) = p(2) = p_1 \, ; \quad p(3) = p(4) = p_2 \, ,$$
$$V(1) = V(4) = V_1 \, ; \quad V(2) = V(3) = V_2 \, .$$

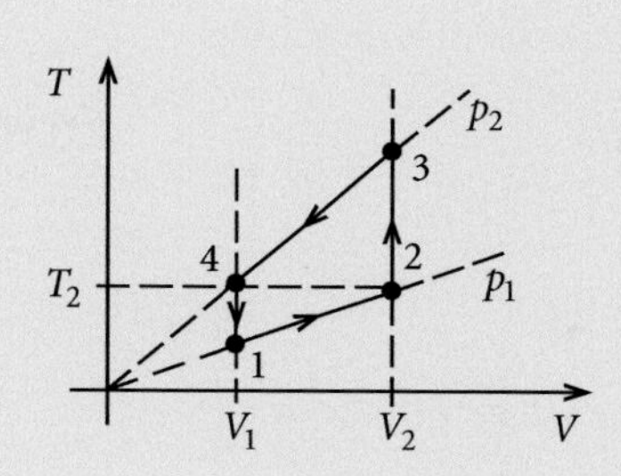

Abb. A.11

3. Isochoren: $p \sim T$ (Abb. A.12)

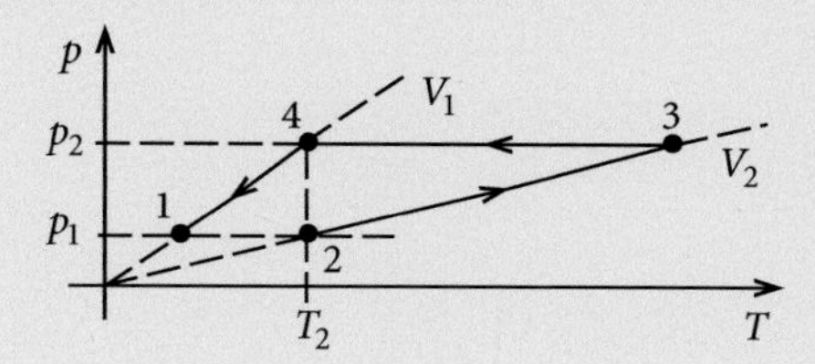

Abb. A.12

Lösung zu Aufgabe 2.9.33

1. Verlängerung des Fadens bedeutet Arbeitsleistung am System, die also positiv zu zählen ist. Es ergibt sich damit die folgende Analogie zum Gas:

$$
\begin{aligned}
Z\,\mathrm{d}L &\Leftrightarrow -p\,\mathrm{d}V\,, \\
Z &\Leftrightarrow -p\,, \\
L &\Leftrightarrow V\,.
\end{aligned}
$$

Erster Hauptsatz:

$$
\begin{aligned}
\mathrm{d}U &= \delta Q + Z\,\mathrm{d}L\,, \\
\mathrm{d}S &= \frac{\mathrm{d}U}{T} - \frac{Z}{T}\,\mathrm{d}L\,,
\end{aligned}
$$

$$
U = U(T,L) \quad \Rightarrow \quad \mathrm{d}S = \frac{1}{T}\left(\frac{\partial U}{\partial T}\right)_L \mathrm{d}T + \left[\frac{1}{T}\left(\frac{\partial U}{\partial L}\right)_T - \frac{Z}{T}\right]\mathrm{d}L\,.
$$

$\mathrm{d}S$ ist ein totales Differential. Daraus folgt:

$$\frac{1}{T}\left[\frac{\partial}{\partial L}\left(\frac{\partial U}{\partial T}\right)_L\right]_T \stackrel{!}{=} \left\{\frac{\partial}{\partial T}\left[\frac{1}{T}\left(\frac{\partial U}{\partial L}\right)_T - \frac{Z}{T}\right]\right\}_L$$

Integrabilitätsbedingungen

$$\Rightarrow \quad \frac{1}{T^2}\left(\frac{\partial U}{\partial L}\right)_T = -\left[\frac{\partial}{\partial T}\left(\frac{Z}{T}\right)\right]_L ,$$

$$\left[\frac{\partial}{\partial T}\left(\frac{Z}{T}\right)\right]_L = \left(\frac{\partial}{\partial T}\frac{L-L_0}{\alpha}\right)_L = 0$$

$$\Rightarrow \quad \left(\frac{\partial U}{\partial L}\right)_T = 0 \quad \Leftrightarrow \quad U(T,L) \equiv U(T) .$$

Wärmekapazität:

$$C_L(T,L) = \left(\frac{\delta Q}{\mathrm{d}T}\right)_L = \left(\frac{\partial U}{\partial T}\right)_L \equiv C_L(T) .$$

Nach Aufgabenstellung gilt speziell für $L = L_0$:

$$C_{L_0}(T) = C_{L_0} = C > 0 .$$

Wegen $C_L(T) = C_{L_0}(T)$ für beliebige L folgt dann die Behauptung:

$$C_L(T) \equiv C > 0 .$$

2. Aus Teil 1. folgt bereits:

$$U(T) = C\,T + U_0 ,$$

$$\mathrm{d}S = \frac{\mathrm{d}U}{T} - \frac{Z}{T}\mathrm{d}L = C\frac{\mathrm{d}T}{T} - \frac{L-L_0}{\alpha}\mathrm{d}L$$

$\Rightarrow$ Entropie:

$$S(T,L) = C\ln T - \frac{1}{2\alpha}(L-L_0)^2 + S_0 .$$

Adiabaten-Gleichungen:

$$\mathrm{d}S = 0 \quad \Rightarrow \quad C\,\frac{\mathrm{d}T}{T} = \frac{L - L_0}{\alpha}\,\mathrm{d}L$$

$$\Leftrightarrow \quad \mathrm{d}\ln T = \frac{L - L_0}{\alpha\, C}\,\mathrm{d}L$$

$$\Leftrightarrow \quad T(L) = D\,\exp\left[\frac{(L - L_0)^2}{2\,\alpha\, C}\right],$$

Die Konstante D nimmt auf verschiedenen Adiabaten verschiedene Werte an:

$$D = T(L_0) = \exp\left[(S - S_0)\,/\,C\right] = D(S)\,.$$

$$Z(L) = \frac{1}{\alpha}(L - L_0)\,T(L) = \frac{D}{\alpha}\,(L - L_0)\exp\left[\frac{(L - L_0)^2}{2\,\alpha\, C}\right].$$

3.

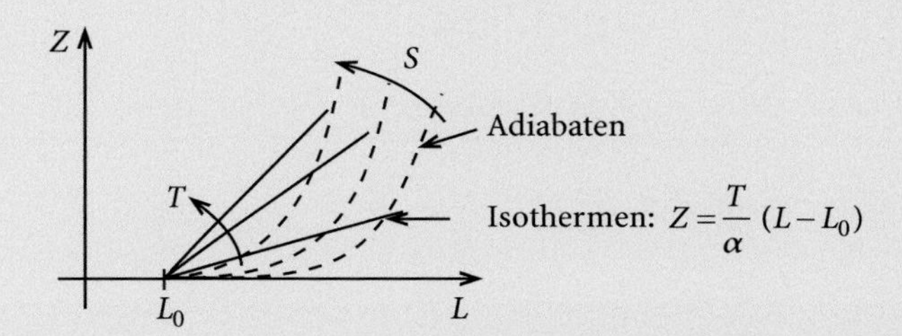

Abb. A.13

4.

$$C_Z = T\left(\frac{\partial S}{\partial T}\right)_Z .$$

Wir benötigen also $S = S(T, Z)$:

$$\mathrm{d}S = \frac{C}{T}\,\mathrm{d}T - \frac{Z}{T}\,\mathrm{d}L\,,$$

$$L = L(T, Z) = L_0 + \alpha\,\frac{Z}{T} \quad \Rightarrow \quad \mathrm{d}L = -\frac{\alpha\, Z}{T^2}\,\mathrm{d}T + \frac{\alpha}{T}\,\mathrm{d}Z$$

$$\Rightarrow \quad \mathrm{d}S = \left(\frac{C}{T} + \alpha\,\frac{Z^2}{T^3}\right)\mathrm{d}T - \frac{\alpha\, Z}{T^2}\,\mathrm{d}Z$$

$$\Rightarrow \quad C_Z = C + \alpha\,\frac{Z^2}{T^2}\,.$$

5.
$$\Delta L = \alpha Z \left(\frac{1}{T_2} - \frac{1}{T_1} \right) < 0 \,, \quad \text{falls} \quad \alpha > 0 \,,$$

$$\beta = \frac{-\Delta W}{\Delta Q} = 1 - \frac{\Delta U}{\Delta Q} < 1 \,, \quad \text{da sich beim Erwärmen auch die innere Energie ändert,}$$

$$\Delta U = C (T_2 - T_1) \,,$$

$$\Delta Q = \int_{T_1}^{T_2} C_Z \, dT = C (T_2 - T_1) - \alpha Z^2 \left(\frac{1}{T_2} - \frac{1}{T_1} \right)$$

$$\Rightarrow \quad \beta = \frac{1}{1 + \frac{C}{\alpha Z^2} T_1 T_2} < 1 \,.$$

Die zugeführte Wärmemenge wird also **nicht** ausschließlich für mechanische Arbeit verwendet!

6. *Wärmeisoliert* $\Rightarrow$ Adiabaten-Gleichung verwendbar (s. 2.).

$$T(L_{1,2}) = D \exp \left[\frac{(L_{1,2} - L_0)^2}{2 \alpha C} \right] ,$$

$$L_2 > L_1 \quad \Rightarrow \quad T(L_2) > T(L_1) \,.$$

Der Faden erwärmt sich also.

Lösung zu Aufgabe 2.9.34

1. Der Carnot-Prozess besteht aus zwei Isothermen und zwei Adiabaten (Abb. A.14). Als *Wärmekraftmaschine* arbeitet er genau dann, wenn er einem Wärmereservoir Wärme entzieht und einen Teil davon für eine Arbeitsleistung verbraucht:

$$\oint \delta W \overset{!}{<} 0 \,; \qquad \oint \delta Q > 0 \,.$$

Wegen $\delta W = Z \, dL$ ist der Umlaufsinn deswegen wie skizziert.

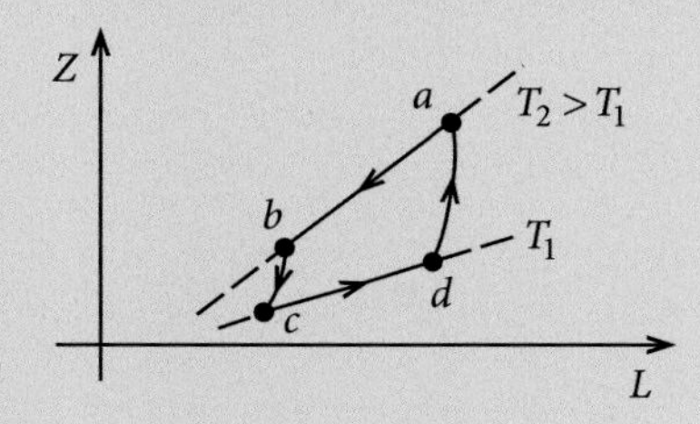

Abb. A.14

2. Erster Hauptsatz:

$$\delta Q = \mathrm{d}U - Z\,\mathrm{d}L\,; \quad \mathrm{d}U = C\,\mathrm{d}T\,,$$

$$\Delta Q_2 = \int_a^b \delta Q = -\int_a^b Z(T,L)\,\mathrm{d}L = \quad \text{(Isotherme!)}$$

$$= -\frac{T_2}{\alpha}\int_{L_a}^{L_b}(L - L_0)\,\mathrm{d}L = -\frac{T_2}{2\,\alpha}\left[(L_b - L_0)^2 - (L_a - L_0)^2\right]\,,$$

$$L_a > L_b > L_0 \quad \Rightarrow \quad \Delta Q_2 > 0\,.$$

Das System nimmt auf dem Teilstück $a \to b$ Wärme auf. Analog findet man:

$$\Delta Q_1 = -\frac{T_1}{2\,\alpha}\left[(L_d - L_0)^2 - (L_c - L_0)^2\right],$$

$$L_0 < L_c < L_d \quad \Rightarrow \quad \Delta Q_1 < 0\,.$$

Das System gibt auf dem Teilstück $c \to d$ Wärme an das Wärmebad $WB(T_1)$ ab. Nach Teil 2. aus Aufgabe 2.9.33 gilt:

$$(L_{a,b,c,d} - L_0)^2 = 2\,\alpha\left[C \ln T_{a,b,c,d} - (S_{a,b,c,d} - S_0)\right]\,.$$

Auf den Adiabaten ist:

$$S_a = S_d\,; \quad S_b = S_c$$

$$\Rightarrow \quad (L_b - L_0)^2 - (L_a - L_0)^2 = 2\,\alpha\left[S_a - S_b\right]\,,$$

$$(L_d - L_0)^2 - (L_c - L_0)^2 = 2\,\alpha\left[S_c - S_d\right] = 2\,\alpha\left[S_b - S_a\right]\,.$$

Wirkungsgrad:

$$\eta = \frac{\Delta Q_1 + \Delta Q_2}{\Delta Q_2} = 1 - \frac{T_1}{T_2} = \eta_c\,.$$

3. Der Punkt bei L_0 ist sowohl auf der Isothermen als auch auf der Adiabaten mehrdeutig (Abb. A.15). Auf der Isothermen gilt sonst $T = T_1$ und auf der Adiabaten

nach Teil 2. aus Aufgabe 2.9.33:

$$
\begin{aligned}
T &= D(S)\exp\left[\frac{(L-L_0)^2}{2\,\alpha\,C}\right] = T(L) \\
\Rightarrow \quad T_2 &= (T(L_0))_{\text{ad}} = D\,, \\
T_1 &= (T(L_1))_{\text{ad}} = D\exp\left[\frac{(L_1-L_0)^2}{2\,\alpha\,C}\right] \\
&= T_2\exp\left[\frac{(L_1-L_0)^2}{2\,\alpha\,C}\right] > T_2\,.
\end{aligned}
$$

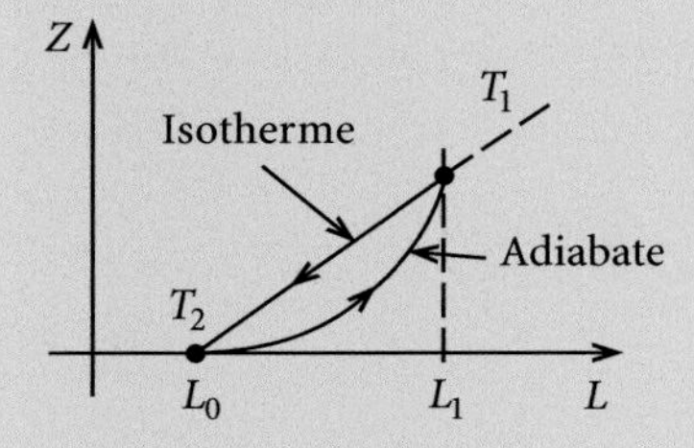

Abb. A.15

Bei $L = L_0$ muss also von T_1 auf T_2 abgekühlt werden. Dieser Prozess ist irreversibel, wenn dazu das Wärmebad $WB(T_2)$ benutzt wird. Wir erwarten deshalb

$$
\eta < \eta_{\text{C}} = 1 - \frac{T_2}{T_1}\,.
$$

Arbeitsleistung:

$$
\begin{aligned}
\Delta W &= \int\limits_{\text{is}} Z\,\text{d}L + \int\limits_{\text{ad}} Z\,\text{d}L \\
&= \frac{T_1}{\alpha}\int\limits_{L_1}^{L_0}(L-L_0)\,\text{d}L + \frac{D}{\alpha}\int\limits_{L_0}^{L_1}(L-L_0)\,\text{e}^{\frac{(L-L_0)^2}{2\alpha C}}\,\text{d}L \\
&= -\frac{T_1}{2\alpha}(L_1-L_0)^2 + \frac{T_2}{\alpha}\alpha\,C\int\limits_{L_0}^{L_1}\text{d}L\frac{\text{d}}{\text{d}L}\,\text{e}^{\frac{(L-L_0)^2}{2\alpha C}}\,, \\
\Delta W &= -\frac{T_1}{2\,\alpha}(L_1-L_0)^2 + C\,T_2\left\{\exp\left[\frac{(L_1-L_0)^2}{2\,\alpha\,C}\right] - 1\right\}\,.
\end{aligned}
$$

Wärmemenge:

$$\Delta Q = (\Delta Q)_{\rm is} = \int\limits_{\rm is} (\mathrm{d}U - Z\,\mathrm{d}L) = -\frac{T_1}{\alpha} \int\limits_{L_1}^{L_0} (L - L_0)\,\mathrm{d}L$$

$$\Rightarrow \quad \Delta Q = \frac{T_1}{2\,\alpha} (L_1 - L_0)^2 > 0\,, \quad \text{wird vom System aufgenommen!}$$

Wirkungsgrad:

$$\eta = \frac{-\Delta W}{\Delta Q} = 1 - \frac{T_2}{T_1} \frac{\mathrm{e}^{\frac{(L_1-L_0)^2}{2\alpha C}} - 1}{\frac{(L_1-L_0)^2}{2\alpha C}}\,,$$

$$\frac{1}{x}(\mathrm{e}^x - 1) = 1 + \frac{1}{2!}x > 1\,, \quad (x > 0)\,.$$

Es ist also wie erwartet:

$$\eta < \eta_{\rm C} = 1 - \frac{T_2}{T_1}\,.$$

Lösung zu Aufgabe 2.9.35

$\Delta W = 0$, da die Längenänderung gegen $Z = 0$ erfolgt,
$\Delta Q = 0$, da kein Wärmeaustausch mit der Umgebung stattfindet.

Ein passender reversibler Ersatzprozess würde die folgende Entropieänderung bringen:

Teil 2. aus Aufgabe 2.9.33 hatte ergeben:

$$S(T, L) = C \ln T - \frac{1}{2\,\alpha}(L - L_0)^2 + S_0$$

$$\Rightarrow \quad \Delta S = S(T, L_0) - S(T, L) = \frac{1}{2\,\alpha}(L - L_0)^2 = \frac{1}{2}\alpha \frac{Z^2}{T^2}\,.$$

Reversibler Ersatzprozess:

Isotherme Zustandsänderung durch Kontakt mit Wärmebad $WB(T)$, quasistatischer Ablauf. Dabei $Z = 0$, d. h.$L \to L_0$:

$$dU = 0 \quad \Rightarrow \quad \delta Q = -\delta W = -Z\,dL = T\,dS$$

$$\Rightarrow \quad \Delta S = -\frac{1}{T}\int_L^{L_0} Z\,dL' = -\frac{1}{\alpha}\int_L^{L_0} (L' - L_0)\,dL'$$

$$= \frac{(L - L_0)^2}{2\alpha} = \frac{1}{2}\alpha\frac{Z^2}{T^2} \quad \text{q. e. d.}$$

Lösung zu Aufgabe 2.9.36

1.
$$\delta Q^{(m)} = dU^{(m)} - \delta W^{(m)} ,$$

$$\delta W^{(m)} = \mu_0 V H\,dM$$

$$\Rightarrow \quad C_M^{(m)} = \left(\frac{\delta Q^{(m)}}{dT}\right)_M = \left(\frac{\partial U^{(m)}}{\partial T}\right)_M ,$$

$$C_H^{(m)} = C_M^{(m)} + \left[\left(\frac{\partial U^{(m)}}{\partial M}\right)_T - \mu_0 H V\right]\left(\frac{\partial M}{\partial T}\right)_H .$$

Für die Entropie des paramagnetischen Momentensystem gilt:

$$dS^{(m)} = \frac{1}{T}\left(\frac{\partial U^{(m)}}{\partial T}\right)_M dT + \frac{1}{T}\left[\left(\frac{\partial U^{(m)}}{\partial M}\right)_T - \mu_0 VH\right] dM .$$

Integrabilitätsbedingung für das totale Differential $dS^{(m)}$:

$$\frac{1}{T}\left(\frac{\partial^2 U^{(m)}}{\partial M \partial T}\right) \stackrel{!}{=} -\frac{1}{T^2}\left[\left(\frac{\partial U^{(m)}}{\partial M}\right)_T - \mu_0 VH\right] + \frac{1}{T}\left[\left(\frac{\partial^2 U^{(m)}}{\partial T \partial M}\right) - \mu_0 V\left(\frac{\partial H}{\partial T}\right)_M\right] .$$

Nun Integrabilitätsbedingung für $dU^{(m)}$ ausnutzen und die Zustandsgleichung (Curie-Gesetz) einsetzen:

$$\left(\frac{\partial U^{(m)}}{\partial M}\right)_T = \mu_0 VH - T\mu_0 V\left(\frac{\partial H}{\partial T}\right)_M = 0 .$$

Dies bedeutet

$$dU^{(m)} = \left(\frac{\partial U^{(m)}}{\partial T}\right)_M dT = C_M^{(m)} dT$$

oder für die Wärmemenge:

$$\begin{aligned}\delta Q^{(m)} &= C_M^{(m)} dT - \mu_0 VH\left[\left(\frac{\partial M}{\partial T}\right)_H dT + \left(\frac{\partial M}{\partial H}\right)_T dH\right]\\ &= C_H^{(m)} dT - \mu_0 VH\left(\frac{\partial M}{\partial H}\right)_T dH\,.\end{aligned}$$

Das ist die Behauptung.

2a.

$$\delta Q^{(m)} = 0$$

$$\Rightarrow \quad \frac{dT}{dH} = \mu_0\, V\, H\, \frac{\left(\frac{\partial M}{\partial H}\right)_T}{C_H^{(m)}} = \frac{\widehat{C}\,\frac{1}{T}\cdot H}{\widehat{C}\,\frac{H^2+H_r^2}{T^2}}$$

$$\Rightarrow \quad \frac{dT}{dH} = \frac{T H}{H^2 + H_r^2}\,.$$

Dies lässt sich leicht integrieren:

$$d\ln T = \frac{dT}{T} = \frac{H\,dH}{H^2+H_r^2} = \frac{1}{2}\frac{d}{dH}\ln\left(H^2+H_r^2\right) dH\,.$$

Mit $T_0 = T(H=0)$ folgt:

$$\ln\frac{T}{T_0} = \frac{1}{2}\ln\frac{H^2+H_r^2}{H_r^2}$$

$$\Rightarrow \quad T(H) = T_0\sqrt{\frac{H^2+H_r^2}{H_r^2}}\,.$$

2b. Thermisches Gleichgewicht bedeutet:

$$\delta Q^{(m)} = -\delta Q_K = -C_K\, dT\,,$$

C_K gilt als bekannt,

$$\Rightarrow \quad -\left(C_K + C_H^{(m)}\right) dT = -\mu_0\, V\, H\left(\frac{\partial M}{\partial H}\right)_T dH$$

$$\Rightarrow \quad \frac{dT}{dH} = \mu_0\, V\,\frac{\widehat{C}\,\frac{H}{T}}{C_K + C_H^{(m)}} \approx \mu_0\, V\,\frac{\widehat{C}}{C_K}\,\frac{H}{T}\,.$$

↖

da $C_K \gg C_H^{(m)}$

Das lässt sich wiederum leicht integrieren:

$$\frac{1}{2}\left(T^2 - T_0^2\right) = \mu_0\, V \frac{\widehat{C}}{C_K} \frac{1}{2} H^2$$

$$\Rightarrow \quad T(H) = \sqrt{\mu_0\, V \frac{\widehat{C}}{C_K} H^2 + T_0^2}\,.$$

3a. Das ist die Situation von 2a.:

$$T_0 = T^* \sqrt{\frac{H_r^2}{H^{*2} + H_r^2}} < T^* \quad \text{(Abkühlung!)}.$$

3b.

$$-\int_{T_0}^{T_g} \delta Q^{(m)} \stackrel{!}{=} \int_{T^*}^{T_g} \delta Q_K \quad (H = \text{const} = 0)$$

$$\Leftrightarrow \quad -\int_{T_0}^{T_g} C_H^{(m)}(H = 0)\, \mathrm{d}T = \int_{T^*}^{T_g} C_K\, \mathrm{d}T$$

$$\Leftrightarrow \quad -\widehat{C}\, \mu_0\, V H_r^2 \int_{T_0}^{T_g} \frac{\mathrm{d}T}{T^2} = C_K \left(T_g - T^*\right)$$

$$\Leftrightarrow \quad \widehat{C}\, \mu_0\, V H_r^2 \left(\frac{1}{T_g} - \frac{1}{T_0}\right) = C_K \left(T_g - T^*\right)\,.$$

Die Gittertemperatur wird sich wegen der hohen Wärmekapazität beim obigen Wärmeaustausch nur wenig ändern. Wir können also auf der linken Seite näherungsweise T_g durch T^* ersetzen:

$$\begin{aligned} T_g - T^* &= \frac{\widehat{C}\, \mu_0\, V}{C_K} H_r^2 \left(\frac{1}{T^*} - \frac{1}{T_0}\right) \\ &= \frac{\widehat{C}\, \mu_0\, V}{C_K} \frac{H_r^2}{T^*} \left(1 - \frac{\sqrt{H_r^2 + H^{*2}}}{H_r}\right) < 0\,. \end{aligned}$$

4. Das ist nun die Situation von 2b., für die wegen $C_K \gg C_H^{(m)}$ zu lösen bleibt:

$$\frac{dT}{dH} \approx \mu_0 \, V \frac{\widehat{C}}{C_K} \frac{H}{T}$$

$$\Rightarrow \quad \widehat{T}_g^2 - T^{*2} = -\mu_0 \, V \frac{\widehat{C}}{C_K} H^{*2}$$

$$\Leftrightarrow \quad \left(\widehat{T}_g - T^*\right)\left(\widehat{T}_g + T^*\right) = -\mu_0 \, V \frac{\widehat{C}}{C_K} H^{*2} \, .$$

Aus denselben Gründen wie unter 3b. können wir

$$\widehat{T}_g + T^* \approx 2\,T^*$$

setzen:

$$\Rightarrow \quad \widehat{T}_g - T^* \approx -\mu_0 \, V \frac{\widehat{C}}{2\,C_K} \frac{H_*^2}{T^*} < 0 \, .$$

Auch jetzt ergibt sich eine Abkühlung!

5a. Der Prozess 3. ist irreversibel, und zwar der Wärmeaustausch zwischen Momentensystem und Kristall (Teil 2.). Der Prozess 4. ist reversibel.
Das Gesamtsystem ist thermisch isoliert:

$$\Delta Q = \Delta Q^{(m)} + \Delta Q_K = 0 \, .$$

Allgemein gilt in einem solchen Fall:

$$dS \geq \frac{\delta Q}{T} = 0 \, ,$$

„=“ für reversibel; „>“ für irreversibel ⇒ Prozess 3.: $\Delta S > 0$; Prozess 4.: $\Delta S = 0$

$$\Rightarrow \quad S_g > \widehat{S}_g \, .$$

5b. Durch Auflösen von $S = S(T, H)$ nach T,

$$T = T(S, H) \, ,$$

gilt in den Endzuständen:

$$T_g = T\left(S_g, 0\right) \neq \widehat{T}_g = T(\widehat{S}_g, 0) \, .$$

Wir behaupten, dass

$$\widehat{T}_g \geq T_g$$

ist. Das ist richtig, falls gilt:

$$0 \geq \mu_0 \, V \frac{\widehat{C}}{C_K} \frac{1}{T^*} \left(-\frac{1}{2} H^{*2} - H_r^2 + H_r \sqrt{H_r^2 + H^{*2}} \right)$$

$$\begin{aligned}
\Leftrightarrow \quad & H^{*2} \geq 2 \left(H_r \sqrt{H_r^2 + H^{*2}} - H_r^2 \right) \\
\Leftrightarrow \quad & H^{*2} + 2 H_r^2 \geq 2 H_r \sqrt{H_r^2 + H^{*2}} \\
\Leftrightarrow \quad & H^{*4} + 4 H^{*2} H_r^2 + 4 H_r^4 \geq 4 H_r^4 + 4 H_r^2 H^{*2} \\
\Leftrightarrow \quad & H^{*4} \geq 0 \quad \text{q. e. d.}
\end{aligned}$$

Das Gleichheitszeichen ($\widehat{T}_g = T_g$) gilt nur bei $H^* = 0$.

Abschnitt 3.9

Lösung zu Aufgabe 3.9.1

1. Freie Energie: $F = F(T, V)$

$$\left(\frac{\partial F}{\partial T} \right)_V = -S(T, V) \, ; \quad \left(\frac{\partial F}{\partial V} \right)_T = -p(T, V) \, .$$

Wir integrieren die erste Gleichung:

$$\begin{aligned}
F(T, V) &= -\int_{T_0}^{T} dT' \, S(T', V) + f(V) = -\frac{R V_0}{V} \frac{1}{T_0^a} \int_{T_0}^{T} dT' \, T'^a + f(V) \\
&\overset{(a \neq -1)}{=} -\frac{R V_0}{V T_0^a} \frac{1}{a+1} \left(T^{a+1} - T_0^{a+1} \right) + f(V) \, .
\end{aligned}$$

Zwischenergebnis:

$$F(T, V) = -\frac{R V_0}{V} \frac{T}{a+1} \left(\frac{T}{T_0} \right)^a + \frac{R V_0}{V} \frac{T_0}{a+1} + f(V) \, .$$

Wegen

$$dF = -S\,dT - p\,dV = -S\,dT + \delta W$$

gilt für **isotherme** Zustandsänderungen:

$$(dF)_T = (\delta W)_T \,.$$

Das nutzen wir für $T = T_0$ aus:

$$\left(\frac{\partial F}{\partial V}\right)_{T_0} = \left(\frac{\delta W}{\partial V}\right)_{T_0} = \frac{R\,T_0}{V}$$
$$= \left\{\frac{R\,V_0}{V^2}\,\frac{T}{a+1}\left(\frac{T}{T_0}\right)^a - \frac{R\,T_0\,V_0}{V^2(a+1)} + f'(V)\right\}_{T=T_0} = f'(V)$$
$$\Rightarrow \quad f(V) = R\,T_0 \ln\frac{V}{V_0} + f(V_0)\,.$$

Das legt schließlich die freie Energie fest:

$$F(T,V) = R\,\frac{V_0}{V}\,\frac{T_0}{a+1}\left[1-\left(\frac{T}{T_0}\right)^{a+1}\right] + R\,T_0 \ln\frac{V}{V_0} + F(T_0, V_0)\,.$$

2. Zustandsgleichung:

$$p = -\left(\frac{\partial F}{\partial V}\right)_T = R\,\frac{V_0}{V^2}\,\frac{T_0}{a+1}\left[1-\left(\frac{T}{T_0}\right)^{a+1}\right] - \frac{R\,T_0}{V}\,.$$

3. Arbeitsleistung:

$$\Delta W_T = -\int_{V_0}^{V} p(T, V')\,dV'$$
$$= R\,V_0\frac{T_0}{a+1}\left[1-\left(\frac{T}{T_0}\right)^{a+1}\right]\left(\frac{1}{V}-\frac{1}{V_0}\right) + R\,T_0 \ln\frac{V}{V_0}$$
$$\Rightarrow \quad \Delta W_T = \frac{R\,T_0}{a+1}\left[1-\left(\frac{T}{T_0}\right)^{a+1}\right]\frac{V_0 - V}{V} + R\,T_0 \ln\frac{V}{V_0}$$
$$= F(T,V) - F(T,V_0)\,.$$

Lösung zu Aufgabe 3.9.2

$$(2.59) \quad \Rightarrow \quad \left(\frac{\partial U}{\partial V}\right)_T = T\left(\frac{\partial p}{\partial T}\right)_V - p\,.$$

Das bedeutet für das Photonengas:

$$\varepsilon(T) = \frac{1}{3}\left(T\frac{\mathrm{d}\varepsilon}{\mathrm{d}T} - \varepsilon\right) \quad \Leftrightarrow \quad 4\,\varepsilon(T) = T\,\frac{\mathrm{d}\varepsilon}{\mathrm{d}T}$$
$$\Rightarrow \quad \varepsilon(T) = \sigma\,T^4\,.$$

Damit folgt die kalorische Zustandsgleichung:

$$U(T,V) = \sigma\,V\,T^4\,.$$

Die Entropie berechnen wir wie folgt:

$$T\left(\frac{\partial S}{\partial T}\right)_V = \left(\frac{\partial U}{\partial T}\right)_V = 4\,\sigma\,V\,T^3$$
$$\Rightarrow \quad \left(\frac{\partial S}{\partial T}\right)_V = 4\,\sigma\,V\,T^2\,.$$

Eine erste Integration liefert:

$$S(T,V) = \frac{4}{3}\sigma\,V\,T^3 + f(V)\,.$$

Wir benutzen nun die folgende Maxwell-Relation für die freie Energie:

$$\left(\frac{\partial S}{\partial V}\right)_T = \left(\frac{\partial p}{\partial T}\right)_V = \frac{1}{3}\frac{\mathrm{d}}{\mathrm{d}T}\left(\sigma\,T^4\right) = \frac{4}{3}\sigma\,T^3$$
$$= \frac{4}{3}\sigma\,T^3 + f'(V)$$
$$\Rightarrow \quad f(V) = \text{const}\,.$$

Wir kennen damit die Entropie als Funktion von T und V:

$$S(T,V) = \frac{4}{3}\sigma\,T^3\,V + \text{const}\,.$$

Der Dritte Hauptsatz besagt, dass die Konstante Null sein muss. Wir lösen nach T auf

$$T = \left(\frac{3}{4\,\sigma}\right)^{1/3} S^{1/3}\,V^{-1/3}$$

und setzen das Ergebnis in die kalorische Zustandsgleichung ein:

$$U(S,V) = \left[\frac{3}{4}\left(\frac{3}{4\sigma}\right)^{1/3}\right] V^{-1/3}\,S^{4/3}\,.$$

Das ist die innere Energie des Photonengases in ihren natürlichen Variablen S und V.

Die freie Energie ist einfacher zu berechnen:

$$F(T,V) = U(T,V) - T\,S(T,V) = -\frac{1}{3}\,\sigma\,V\,T^4\,.$$

Für die freie Enthalpie ergibt sich ein besonders einfacher Ausdruck:

$$G = F + pV = -\frac{1}{3}\,\sigma\,V\,T^4 + \frac{1}{3}\sigma\,V\,T^4 = 0\,.$$

Aus der Gibbs-Duhem-Relation $G = \mu\,N$ folgt damit für das chemische Potential des Photonengases:

$$\mu \equiv 0\,.$$

Es bleibt noch die Enthalpie H übrig:

$$H = U + p\,V \quad \Rightarrow \quad H = \frac{4}{3}\,\sigma\,V\,T^4 = S\,T\,.$$

Mit $T = \left(\frac{3p}{\sigma}\right)^{1/4}$ folgt:

$$H(S,p) = \left(\frac{3}{\sigma}\right)^{1/4} p^{1/4}\,S\,.$$

Lösung zu Aufgabe 3.9.3

Arbeit:

$$\delta W = -F_k\,\mathrm{d}x = +k(T)\,x\,\mathrm{d}x\,.$$

Analogie zum Gas:

$$\delta W = -p\,\mathrm{d}V \quad \Rightarrow \quad p \Leftrightarrow -(k\,x)\,,$$
$$V \Leftrightarrow x\,.$$

Für eine durch x und T charakterisierte Zustandsänderung ist die freie Energie F das passende thermodynamische Potential:

$$\mathrm{d}F = -S\,\mathrm{d}T + k\,x\,\mathrm{d}x\,.$$

Bei isothermer Dehnung der Feder gilt:

$$F(x, T = \text{const}) = \int_{x_0}^{x} kx' \, dx' + F(x_0, T)$$
$$= \frac{1}{2} k \left(x^2 - x_0^2\right) + F(x_0, T) \; ,$$
$$\Delta F(x, T = \text{const}) = \frac{1}{2} k \left(x^2 - x_0^2\right) .$$

Die Entropieänderung ergibt sich aus der Maxwell-Relation für F:

$$\left(\frac{\partial S}{\partial x}\right)_T = -\left[\frac{\partial}{\partial T}(kx)\right]_x = -x \left(\frac{\partial k}{\partial T}\right)_x$$
$$\Rightarrow \quad (\Delta S)_{T=\text{const}} = -\int_{x_0}^{x} x' \frac{dk}{dT} \, dx' = -\frac{1}{2} \frac{dk}{dT} \left(x^2 - x_0^2\right) .$$

Damit berechnen wir die Änderung der inneren Energie:

$$(\Delta U)_T = (\Delta F)_T + T(\Delta S)_T$$
$$= \frac{1}{2} \left(x^2 - x_0^2\right) \left(k - T \frac{dk}{dT}\right) = k \left(x^2 - x_0^2\right) .$$

Lösung zu Aufgabe 3.9.4

1. Arbeit:

$$\delta W = \sigma \, dL \; .$$

Bei Dehnung des Bandes wird **am** System Arbeit geleistet (Vorzeichenkonvention!).

Freie Energie:

$$F(T, L) = -S \, dT + \sigma \, dL \; .$$

Maxwell-Relation:

$$-\left(\frac{\partial S}{\partial L}\right)_T = \left(\frac{\partial \sigma}{\partial T}\right)_L = \alpha \; .$$

Innere Energie:

$$U(T, L) = F(T, L) + T S(T, L) \; .$$

Wir zeigen, dass U nur von T, nicht von L abhängt:

$$\left(\frac{\partial U}{\partial L}\right)_T = \left(\frac{\partial F}{\partial L}\right)_T + T \left(\frac{\partial S}{\partial L}\right)_T = \sigma - \alpha T = 0 \; .$$

2.
$$\left(\frac{\partial S}{\partial L}\right)_T = -\alpha < 0\,.$$

Die Entropie des Bandes nimmt bei Dehnung ab!

3. Gesucht: $(\partial T / \partial L)_S$.
Kettenregel:

$$\left(\frac{\partial T}{\partial L}\right)_S \left(\frac{\partial L}{\partial S}\right)_T \left(\frac{\partial S}{\partial T}\right)_L = -1\,,$$

$$C_L = T\left(\frac{\partial S}{\partial T}\right)_L \quad : \quad \text{Wärmekapazität bei konstanter Länge; stets positiv}$$

$$\Rightarrow \quad \left(\frac{\partial T}{\partial L}\right)_S = \frac{\alpha}{C_L}\,T > 0\,.$$

Die Temperatur des Bandes steigt bei adiabatischer Dehnung!

Lösung zu Aufgabe 3.9.5

Entropie:

$$S = S(T\,H) \quad \Rightarrow \quad \mathrm{d}S = \left(\frac{\partial S}{\partial T}\right)_H \mathrm{d}T + \left(\frac{\partial S}{\partial H}\right)_T \mathrm{d}H \overset{!}{=} 0$$

$$\Rightarrow \quad \left(\frac{\partial T}{\partial H}\right)_S = -\frac{\left(\frac{\partial S}{\partial H}\right)_T}{\left(\frac{\partial S}{\partial T}\right)_H} = -\frac{T}{C_H}\left(\frac{\partial S}{\partial H}\right)_T\,.$$

Freie Enthalpie:

$$\mathrm{d}G = -S\,\mathrm{d}T - m\,\mathrm{d}B_0$$

$$B_0 = \mu_0\,H\,; \quad m = M\,V\,; \quad V = \text{const}\,, \quad \text{keine Variable}$$

$$\Rightarrow \quad \left(\frac{\partial S}{\partial B_0}\right)_T = \left(\frac{\partial m}{\partial T}\right)_{B_0}$$

$$\Rightarrow \quad \left(\frac{\partial S}{\partial H}\right)_T = \mu_0\,V\left(\frac{\partial M}{\partial T}\right)_H = -\mu_0\,V\frac{C}{T^2}H$$

C : Curie-Konstante

$$\Rightarrow \quad \left(\frac{\partial T}{\partial H}\right)_S = \mu_0\,V\frac{C\,H}{C_H\,T}\,.$$

Lösung zu Aufgabe 3.9.6

1. Grundrelation:

$$dS = \frac{1}{T}dU - \frac{1}{T}Q\,dL = \frac{1}{T}\left(\frac{\partial U}{\partial T}\right)_L dT + \left[\frac{1}{T}\left(\frac{\partial U}{\partial L}\right)_T - \frac{Q}{T}\right] dL\,.$$

Integrabilitätsbedingung für S:

$$\frac{1}{T}\left(\frac{\partial}{\partial L}\left(\frac{\partial U}{\partial T}\right)_L\right)_T \stackrel{!}{=} -\frac{1}{T^2}\left[\left(\frac{\partial U}{\partial L}\right)_T - Q\right] + \frac{1}{T}\left[\left(\frac{\partial}{\partial T}\left(\frac{\partial U}{\partial L}\right)_T\right)_L - \left(\frac{\partial Q}{\partial T}\right)_L\right]\,.$$

Wegen der Integrabilitätsbedingung für U heben sich die beiden doppelten Ableitungen auf und es bleibt:

$$\left(\frac{\partial U}{\partial L}\right)_T = Q - T\left(\frac{\partial Q}{\partial T}\right)_L = -T^2\left(\frac{\partial}{\partial T}\frac{Q}{T}\right)_L$$

$$\left(\frac{\partial U}{\partial T}\right)_L = C_L(T,L)\,.$$

- **Innere Energie**

  Wir integrieren längs des Weges $(T_0, L_0) \to (T, L_0) \to (T, L)$:

$$U(T,L) = U(T_0,L_0) + \int\limits_{T_0}^{T} dT'\, C_L(T',L_0) - T^2\left(\frac{\partial}{\partial T}\left(\frac{1}{T}\int\limits_{L_0}^{L} dL'\, Q(T,L')\right)\right)_L\,.$$

- **Wärmekapazität**

$$C_L(T,L) = \left(\frac{\partial U}{\partial T}\right)_L = C_L(T,L_0) - \left(\frac{\partial}{\partial T}T^2\left(\frac{\partial}{\partial T}\left(\frac{1}{T}\int\limits_{L_0}^{L} dL'\, Q(T,L')\right)\right)_L\right)_L\,.$$

- **Entropie**
  Mit den Beziehungen(s. o.)

$$\left(\frac{\partial S}{\partial T}\right)_L = \frac{1}{T} C_L(T,L)$$
$$\left(\frac{\partial S}{\partial L}\right)_T = \left[\frac{1}{T}\left(\frac{\partial U}{\partial L}\right)_T - \frac{Q}{T}\right] = -\left(\frac{\partial Q}{\partial T}\right)_L$$

folgt durch Integration längs des Weges $(T_0, L_0) \to (T, L_0) \to (T, L)$:

$$S(T,L) = S(T_0,L_0) + \int\limits_{T_0}^{T} \mathrm{d}T' \frac{1}{T'} C_L(T',L_0) - \int\limits_{L_0}^{L} \mathrm{d}L' \left(\frac{\partial Q(T,L')}{\partial T}\right)_{L'} .$$

- **Freie Energie**

  T, L sind die „natürlichen" Variablen der freien Energie:

$$F = U - TS = F(T,L) .$$

Durch Kombination der Ergebnisse für U und S ergibt sich:

$$F(T,L) = U(T_0,L_0) - TS(T_0,L_0) + \int\limits_{T_0}^{T} \mathrm{d}T' \left(1 - \frac{T}{T'}\right) C_L(T',L_0) + \int\limits_{L_0}^{L} \mathrm{d}L'\, Q(T,L') .$$

2. - **Innere Energie**

  Mit den speziellen Ansätzen berechnet man leicht:

$$\int\limits_{T_0}^{T} \mathrm{d}T'\, C_L(T',L_0) = \frac{1}{2} b(T^2 - T_0^2)$$
$$\int\limits_{L_0}^{L} \mathrm{d}L'\, Q(T,L') = \frac{1}{2} a T^2 (L - L_0)^2$$
$$\left(\frac{\partial}{\partial T}\left(\frac{1}{T}\int\limits_{L_0}^{L} \mathrm{d}L'\, Q(T,L')\right)\right)_L = \frac{1}{2} a (L - L_0)^2 .$$

Das ergibt für die innere Energie:

$$U(T,L) = U(T_0,L_0) + \frac{1}{2} b(T^2 - T_0^2) - \frac{1}{2} a T^2 (L - L_0)^2 .$$

- **Wärmekapazität**

$$C_L(T,L) = \left(\frac{\partial U}{\partial T}\right)_L = bT - aT(L-L_0)^2 .$$

- **Entropie**

$$\int_{T_0}^{T} \mathrm{d}T' \, \frac{1}{T'} C_L(T', L_0) = \int_{T_0}^{T} \mathrm{d}T' \, b = b(T - T_0)$$

$$\left(\frac{\partial}{\partial T} \int_{L_0}^{L} \mathrm{d}L' \, Q(T, L')\right)_L = 2aT \int_{L_0}^{L} \mathrm{d}L' \, (L' - L_0) = aT(L - L_0)^2 .$$

Damit folgt:

$$S(T,L) = S(T_0, L_0) + b(T - T_0) - aT(L - L_0)^2 .$$

- **Freie Energie**

$$F = U(T_0, L_0) - TS(T_0, L_0) + \frac{1}{2} aT^2 (L - L_0)^2 - \frac{1}{2} b(T - T_0)^2 .$$

3. Für den thermischen Ausdehnungskoeffizienten benötigen wir:

$$L = \frac{Q}{aT^2} + L_0$$

$$\curvearrowright \left(\frac{\partial L}{\partial T}\right)_Q = -\frac{2Q}{aT^3} .$$

Damit bleibt:

$$\alpha = -\frac{2Q}{aLT^3} = -\frac{2}{T}\left(1 - \frac{L_0}{L}\right) .$$

4. Adiabatisch-reversibel bedeutet:

$$S(T_1, L) \stackrel{!}{=} S(T_2, L_0)$$

und damit

$$b(T_1 - T_0) - aT_1(L - L_0)^2 = b(T_2 - T_0) .$$

Dies ergibt schließlich

$$T_2 = T_1 \left(1 - \frac{a}{b} (L - L_0)^2\right) .$$

Lösung zu Aufgabe 3.9.7

1.
$$S(T,V) = -\left(\frac{\partial F}{\partial T}\right)_V = N\,k_B(\alpha + \ln C_0\,V) + N\,k_B \ln C_1(k_B\,T)^\alpha\,.$$

2.
$$p = -\left(\frac{\partial F}{\partial V}\right)_T = \frac{N\,k_B\,T}{V}\,.$$

3.
$$U = F(T,V) + T\,S(T,V) = N\,k_B\,T\,\alpha\,.$$

4.
$$C_V = \left(\frac{\partial U}{\partial T}\right)_V = T\left(\frac{\partial S}{\partial T}\right)_V = N\,k_B\,\alpha\,.$$

5.
$$\kappa_T = -\frac{1}{V}\left(\frac{\partial V}{\partial p}\right)_T = -\frac{1}{V}\left[\left(\frac{\partial p}{\partial V}\right)_T\right]^{-1} = \frac{V}{N\,k_B\,T} = \frac{1}{p}\,.$$

Lösung zu Aufgabe 3.9.8

Innere Energie **vor** der Durchmischung:

$$U = U_1 + U_2\,; \quad U_1 = \frac{3}{2}Nk_B T_1\,; \quad U_2 = \frac{3}{2}Nk_B T_2\,.$$

Da keine Arbeitsleistung vonnöten ist und kein Wärmeübertrag auftritt, gilt **nach** der Durchmischung:

$$U = \frac{3}{2}(2N)k_B T = \frac{3}{2}Nk_B(T_1 + T_2) \Rightarrow T = \frac{1}{2}(T_1 + T_2)\,.$$

Mit Hilfe der thermischen Zustandsgleichung folgt zusätzlich:

$$U = \frac{3}{2}pV = \frac{3}{2}p_0(V_1 + V_2) = \frac{3}{2}p_0 V \Rightarrow p = p_0\,.$$

Nach (3.43) gilt für die Entropie des idealen Gases:

$$\begin{aligned} S(U,V,N) &= Nc + \frac{3}{2}Nk_B \ln\frac{U}{N} + Nk_B \ln\frac{V}{N} \\ &= Nc + \frac{3}{2}Nk_B \ln\left(\frac{3}{2}k_B T\right) + Nk_B \ln\left(\frac{k_B T}{p}\right)\,. \end{aligned}$$

Mischungsentropie:

$$\begin{aligned}
\Delta S &= S(T, p_0, 2N) - S(T_1, p_0, N) - S(T_2, p_0, N) \\
&= 3Nk_B \ln\left(\frac{3}{2}k_B\frac{1}{2}(T_1+T_2)\right) + 2Nk_B \ln\left(\frac{k_B\frac{1}{2}(T_1+T_2)}{p_0}\right) \\
&\quad - \frac{3}{2}Nk_B \ln\left(\frac{3}{2}k_B T_1\right) - Nk_B \ln\left(\frac{k_B T_1}{p_0}\right) \\
&\quad - \frac{3}{2}Nk_B \ln\left(\frac{3}{2}k_B T_2\right) - Nk_B \ln\left(\frac{k_B T_2}{p_0}\right) \\
&= \frac{3}{2}Nk_B\left[\ln\left(\left(\frac{3}{2}k_B\right)^2\frac{1}{4}(T_1+T_2)^2\right) - \ln\left(\frac{3}{2}k_B T_1\right) - \ln\left(\frac{3}{2}k_B T_2\right)\right] \\
&\quad + Nk_B\left[\ln\left(\left(\frac{k_B}{p_0}\right)^2\frac{1}{4}(T_1+T_2)^2\right) - \ln\left(\frac{k_B}{p_0}T_1\right) - \ln\left(\frac{k_B}{p_0}T_2\right)\right] \\
&= \frac{3}{2}Nk_B \ln\left(\frac{1}{4}\frac{(T_1+T_2)^2}{T_1\cdot T_2}\right) + Nk_B \ln\left(\frac{1}{4}\frac{(T_1+T_2)^2}{T_1\cdot T_2}\right)
\end{aligned}$$

$$\curvearrowright \quad \Delta S = \frac{5}{2}Nk_B \ln\left(\frac{1}{4}\frac{(T_1+T_2)^2}{T_1\cdot T_2}\right).$$

Für den Spezialfall $T_1 = T_2$ ergibt sich offensichtlich $\Delta S = 0$, d. h. das Gibb'sche Paradoxon tritt nicht auf.

Lösung zu Aufgabe 3.9.9

1. $$dF = -S\,dT + B_0\,dm = -S\,dT + \mu_0\,V H\,dM$$

$$\Rightarrow \quad \left(\frac{\partial F}{\partial M}\right)_T = \mu_0\,V H\,.$$

Suszeptibilität:

$$\chi_T = \left(\frac{\partial M}{\partial H}\right)_T = \left[\left(\frac{\partial H}{\partial M}\right)_T\right]^{-1} = \frac{\mu_0\,V}{\left(\frac{\partial^2 F}{\partial M^2}\right)_T}\,.$$

Freie Energie:

$$\left(\frac{\partial^2 F}{\partial M^2}\right)_T = \frac{\mu_0 V}{\chi_T}$$

$$\Rightarrow \quad \left(\frac{\partial F}{\partial M}\right)_T = \mu_0 V \int_0^M \chi_T^{-1}(T, M')\,\mathrm{d}M' + f(T)$$

$$\Rightarrow \quad F(T, M) = F(T, 0) + \mu_0 V \int_0^M \mathrm{d}M' \int_0^{M'} \mathrm{d}M''\, \chi_T^{-1}(T, M'') + f(T)\, M\,.$$

Dies ist die allgemeinste Lösung!
Spezialfall:

$$\chi_T(T, M) \equiv \chi_T(T) \quad \text{(z. B. Curie-Gesetz)}$$

$$\Rightarrow \quad \chi_T = \frac{M}{H}\,.$$

Dann folgt:

$$\left(\frac{\partial F}{\partial M}\right)_T = \mu_0 V \frac{M}{\chi_T} + f(T) \quad \Rightarrow \quad f(T) \equiv 0$$

$$\Rightarrow \quad F(T, M) = F(T, 0) + \mu_0 V \frac{1}{2} \frac{M^2}{\chi_T}\,.$$

2. Entropie:

$$S = -\left(\frac{\partial F}{\partial T}\right)_M$$

$$= S(T, 0) - M \frac{\mathrm{d}f(T)}{\mathrm{d}T} - \mu_0 V \int_0^M \mathrm{d}M' \int_0^{M'} \mathrm{d}M'' \left(\frac{\partial}{\partial T} \chi_T^{-1}(T, M'')\right)_{M''}\,.$$

Obiger **Spezialfall:**

$$S(T, M) = S(T, 0) - \mu_0 V \frac{1}{2} M^2 \left(\frac{\mathrm{d}}{\mathrm{d}T} \chi_T^{-1}(T)\right)\,.$$

Innere Energie:

$$U = F + T S ,$$

$$U(T,M) = U(T,0) + M\left(f(T) - T\frac{\mathrm{d}f}{\mathrm{d}T}\right)$$

$$+ \mu_0 V \int\limits_0^M \mathrm{d}M' \int\limits_0^{M'} \mathrm{d}M'' \left(\chi_T^{-1}(T,M'') - T\frac{\partial}{\partial T}\chi_T^{-1}(T,M'')\right) .$$

Spezialfall:

$$U(T,M) = U(T,0) + \mu_0 V \frac{1}{2} M^2 \left(\chi_T^{-1} - T\frac{\partial \chi_T^{-1}}{\partial T}\right) .$$

Dabei ist:

$$U(T,0) = F(T,0) + T S(T,0) .$$

Lösung zu Aufgabe 3.9.10

Aus $\mathrm{d}F = -S\,\mathrm{d}T + B_0\,\mathrm{d}m$ folgt als Integrabilitätsbedingung:

$$\left(\frac{\partial S}{\partial m}\right)_T = -\left(\frac{\partial B_0}{\partial T}\right)_\mathrm{m} = -\mu_0 \left(\frac{\partial H}{\partial T}\right)_\mathrm{m} .$$

Curie-Weiß-Gesetz:

$$M = \frac{C}{T - T_\mathrm{c}} H = V m \quad (V = \mathrm{const}) .$$

Wärmekapazität:

$$\left(\frac{\partial C_\mathrm{m}}{\partial m}\right)_T = T\left[\frac{\partial}{\partial m}\left(\frac{\partial S}{\partial T}\right)_\mathrm{m}\right]_T = T\left[\frac{\partial}{\partial T}\left(\frac{\partial S}{\partial m}\right)_T\right]_\mathrm{m}$$

$$= -\mu_0 T \left(\frac{\partial^2 H}{\partial T^2}\right)_\mathrm{m} = 0$$

$$\Rightarrow \quad C_\mathrm{m}(T,M) \equiv C_\mathrm{m}(T) .$$

Innere Energie:

$$\mathrm{d}U = T\,\mathrm{d}S + \mu_0 V H\,\mathrm{d}M$$

$$\Rightarrow \quad \left(\frac{\partial U}{\partial T}\right)_M = T\left(\frac{\partial S}{\partial T}\right)_M = C_M = C_\mathrm{m} ,$$

$$\begin{aligned}\left(\frac{\partial U}{\partial M}\right)_T &= T\left(\frac{\partial S}{\partial M}\right)_T + \mu_0\, V H\\ &= T\, V\left(\frac{\partial S}{\partial m}\right)_T + \mu_0\, V H\\ &= -\mu_0\, T\, V\left(\frac{\partial H}{\partial T}\right)_{\mathrm{m}} + \mu_0\, V H\\ &= -\mu_0\, T\, V\,\frac{M}{C} + \mu_0\, V\,\frac{M}{C}\,(T-T_{\mathrm{c}})\\ &= -\mu_0\, V\,\frac{M}{C}\,T_{\mathrm{c}}\end{aligned}$$

$$\Rightarrow \quad U(T,M) = -\mu_0\, V\, T_{\mathrm{c}}\frac{M^2}{2\,C} + g(T)\ .$$

Wegen

$$\left(\frac{\partial U}{\partial T}\right)_M = g'(T) = C_{\mathrm{m}}$$

gilt insgesamt:

$$U(T,M) = \int_0^T C_{\mathrm{m}}(T')\,\mathrm{d}T' - \mu_0\, V\, T_{\mathrm{c}}\frac{M^2}{2\,C} + U_0\ .$$

Entropie:

$$S(T,M) = \int_0^T \frac{C_{\mathrm{m}}(T')}{T'}\,\mathrm{d}T' + f(M)\ ,$$

$$\left(\frac{\partial S}{\partial m}\right)_T = \frac{1}{V}\left(\frac{\partial S}{\partial M}\right)_T = -\mu_0\left(\frac{\partial H}{\partial T}\right)_{\mathrm{m}} = -\frac{\mu_0}{C}M$$

$$\Rightarrow \quad f'(M) \overset{!}{=} -\frac{\mu_0\, V}{C}\,M$$

$$\Rightarrow \quad S(T,M) = S_0 + \int_0^T \frac{C_{\mathrm{m}}(T')}{T'}\,\mathrm{d}T' - \frac{\mu_0\, V}{2\,C}\,M^2\ .$$

Freie Energie:

$$\begin{aligned}F(T,M) &= U(T,M) - T\,S(T,M)\\ &= F_0 + \int_0^T C_{\mathrm{m}}(T')\left(1-\frac{T}{T'}\right)\mathrm{d}T' + \frac{\mu_0\, V}{2\,C}M^2\,(T-T_{\mathrm{c}})\ .\end{aligned}$$

Freie Enthalpie:

$$G = F - m B_0 = F - \mu_0 V M H = F - \frac{\mu_0 V}{C} (T - T_c) M^2$$

$$= F_0 + \int_0^T C_m(T') \left(1 - \frac{T}{T'}\right) dT' - \frac{\mu_0 V}{2C} M^2 (T - T_c)$$

$$\Rightarrow \quad G(T, B_0) = F_0 + \int_0^T C_m(T') \left(1 - \frac{T}{T'}\right) dT' - \frac{V C}{2 \mu_0} B_0^2 \frac{1}{T - T_c} .$$

Lösung zu Aufgabe 3.9.11

$$H = U + p V = H(S, p) ; \quad dH = T dS + V dp ,$$

$$\left(\frac{\partial H}{\partial p}\right)_V = T \left(\frac{\partial S}{\partial p}\right)_V + V .$$

Maxwell-Relation für U:

$$dU = T dS - p dV \quad \Rightarrow \quad \left(\frac{\partial p}{\partial S}\right)_V = -\left(\frac{\partial T}{\partial V}\right)_S$$

$$\Rightarrow \quad \left(\frac{\partial H}{\partial p}\right) = V - T \left(\frac{\partial V}{\partial T}\right)_S .$$

Lösung zu Aufgabe 3.9.12

1. Erster Hauptsatz:

$$dU = \delta Q + \delta W .$$

Die Arbeit setzt sich aus einem elektrischen und einem mechanischen Anteil zusammen:

$\delta W_e = V E dP$ (das Volumen V ist wieder als konstant anzusehen, gehört **nicht** zu den thermodynamischen Variablen),

$\delta W_m = \tau dL$.

Für reversible Zustandsänderungen gilt somit:

$$dU = T dS + V E dP + \tau dL .$$

Das Differential der freien Enthalpie,

$$G = U - TS - V\,EP - \tau L\,,$$

lautet:

$$\mathrm{d}G = -S\,\mathrm{d}T - V\,P\,\mathrm{d}E - L\,\mathrm{d}\tau\,.$$

Es ist total, sodass die Maxwell-Relation

$$V\left(\frac{\partial P}{\partial \tau}\right)_{T,E} = \left(\frac{\partial L}{\partial E}\right)_{T,\tau}$$

gilt.

2. Es gibt so viele thermodynamische Potentiale, wie man durch Legendre-Transformation aus U erzeugen kann:

$U\,;$

$U - TS\,;\quad U - VPE\,;\quad U - L\tau \quad \Leftrightarrow$ Transformation in **einer** Variablen,

$U - TS - VPE\,;\quad U - TS - L\tau\,;\quad U - VPE - L\tau \quad \Leftrightarrow$ Transformation in **zwei** Variablen,

$U - TS - VPE - L\tau \quad \Leftrightarrow$ Transformation in **drei** Variablen.

Es gibt also insgesamt **acht** verschiedene thermodynamische Potentiale.

3. Jedes Potential hängt von drei Variablen ab. Das bedeutet jeweils drei Integrabilitätsbedingungen. Insgesamt sind es dann vierundzwanzig!

Lösung zu Aufgabe 3.9.13

1.

$$U(T,V,N) = F + TS = F - T\left(\frac{\partial F}{\partial T}\right)_{V,N}$$

$$\Rightarrow \quad \left(\frac{\partial U}{\partial N}\right)_{T,V} = \left(\frac{\partial F}{\partial N}\right)_{T,V} - T\left[\frac{\partial}{\partial N}\left(\frac{\partial F}{\partial T}\right)_{V,N}\right]_{T,V}\,.$$

Man beachte, dass die Ableitung nach der Teilchenzahl nur dann das chemische Potential μ ergibt, wenn es sich bei der abgeleiteten Größe um ein thermodynamischès Potential handelt:

$$\left(\frac{\partial U}{\partial N}\right)_{T,V} \neq \mu \,; \quad \text{aber:} \quad \left(\frac{\partial U}{\partial N}\right)_{S,V} = \mu(S,V,N)\,,$$

$$\left(\frac{\partial F}{\partial N}\right)_{T,V} = \mu(T,V,N)\,.$$

Dies bedeutet für die obige Beziehung:

$$\left(\frac{\partial U}{\partial N}\right)_{T,V} = \mu(T,V,N) - T\left[\frac{\partial}{\partial T}\left(\frac{\partial F}{\partial N}\right)_{T,V}\right]_{V,N}$$

$$\Rightarrow \quad \left(\frac{\partial U}{\partial N}\right)_{T,V} - \mu(T,V,N) = -T\left(\frac{\partial \mu}{\partial T}\right)_{V,N}\,.$$

2.

$$N = N(T,V,\mu)$$

$$\Rightarrow \quad \mathrm{d}N = \left(\frac{\partial N}{\partial T}\right)_{V,\mu}\mathrm{d}T + \left(\frac{\partial N}{\partial V}\right)_{T,\mu}\mathrm{d}V + \left(\frac{\partial N}{\partial \mu}\right)_{T,V}\mathrm{d}\mu\,.$$

Man setze:

$$x = \frac{\mu}{T}$$

$$\Rightarrow \quad \left(\frac{\partial N}{\partial T}\right)_{V,x} = \left(\frac{\partial N}{\partial T}\right)_{V,\mu} + 0 + \left(\frac{\partial N}{\partial \mu}\right)_{T,V}\left(\frac{\partial \mu}{\partial T}\right)_{V,x}\,,$$

$$\left(\frac{\partial \mu}{\partial T}\right)_{V,x} = \left[\frac{\partial}{\partial T}(Tx)\right]_{V,x} = x = \frac{\mu}{T}\,.$$

Damit haben wir als Zwischenergebnis:

$$\left(\frac{\partial N}{\partial T}\right)_{V,x} = \left(\frac{\partial N}{\partial \mu}\right)_{T,V}\left[\left(\frac{\partial N}{\partial T}\right)_{V,\mu}\left(\frac{\partial \mu}{\partial N}\right)_{T,V} + \frac{\mu}{T}\right]\,.$$

Kettenregel:

$$\left(\frac{\partial N}{\partial T}\right)_{\mu,V}\left(\frac{\partial T}{\partial \mu}\right)_{N,V}\left(\frac{\partial \mu}{\partial N}\right)_{T,V} = -1$$

$$\Rightarrow \quad \left(\frac{\partial N}{\partial T}\right)_{V,x} = \left(\frac{\partial N}{\partial \mu}\right)_{T,V}\left[\frac{\mu}{T} - \left(\frac{\partial \mu}{\partial T}\right)_{N,V}\right]$$

$$\stackrel{1.}{=} \frac{1}{T}\left(\frac{\partial N}{\partial \mu}\right)_{T,V}\left(\frac{\partial U}{\partial N}\right)_{T,V} \quad \text{q. e. d.}$$

3.
$$U = U(T, V, N)$$
$$\Rightarrow \quad dU = \left(\frac{\partial U}{\partial T}\right)_{V,N} dT + \left(\frac{\partial U}{\partial V}\right)_{T,N} dV + \left(\frac{\partial U}{\partial N}\right)_{T,V} dN \, .$$

Daran lesen wir ab:

$$\left(\frac{\partial U}{\partial T}\right)_{V,x} = \left(\frac{\partial U}{\partial T}\right)_{V,N} + 0 + \left(\frac{\partial U}{\partial N}\right)_{T,V} \left(\frac{\partial N}{\partial T}\right)_{V,x} \, .$$

Nach Einsetzen des Resultats von Teil 2. ergibt sich die Behauptung!

Lösung zu Aufgabe 3.9.14

1.
$$dU = T\,dS - p\,dV + B_0\,dm$$
$$dF = -S\,dT - p\,dV + B_0\,dm \, .$$

2. (a) Integrabilitätsbedingung für $F \curvearrowright$

$$\left(\frac{\partial S}{\partial V}\right)_{T,m} = \left(\frac{\partial p}{\partial T}\right)_{V,m} \longrightarrow \frac{Nk_B}{V} \, .$$

(b) Integrabilitätsrelation für $F \curvearrowright$

$$\left(\frac{\partial S}{\partial m}\right)_{T,V} = -\left(\frac{\partial B_0}{\partial T}\right)_{V,m} \longrightarrow -\frac{m}{\alpha V} \, .$$

(c) Mit 1.) und 2.a) findet man

$$\left(\frac{\partial U}{\partial V}\right)_{T,m} = T\left(\frac{\partial S}{\partial V}\right)_{T,m} - p = T\left(\frac{\partial p}{\partial T}\right)_{V,m} - p \, .$$

Wegen

$$T\left(\frac{\partial p}{\partial T}\right)_{V,m} = \frac{Nk_B T}{V} = p$$

bedeutet das für das ideale paramagnetische Gas:

$$\left(\frac{\partial U}{\partial V}\right)_{T,m} = 0 \, .$$

(d) Mit 1.) und 2.b) gilt jetzt:

$$\left(\frac{\partial U}{\partial m}\right)_{T,V} = T\left(\frac{\partial S}{\partial m}\right)_{T,V} + B_0 = -T\left(\frac{\partial B_0}{\partial T}\right)_{V,m} + B_0 \,.$$

Wegen

$$T\left(\frac{\partial B_0}{\partial T}\right)_{V,m} = T\frac{m}{\alpha V} = B_0$$

gilt auch hier

$$\left(\frac{\partial U}{\partial m}\right)_{T,V} = 0 \,.$$

3. • Da die Entropie S eine Zustandsgröße ist, kann der Integrationsweg zwischen zwei Punkten im Zustandsraum beliebig gewählt werden. Hier erscheint günstig: $(T_0, V_0, m_0) \longrightarrow (T_0, V_0, m) \longrightarrow (T_0, V, m) \longrightarrow (T, V, m)$, wobei die Teilchenzahl N konstant gehalten wird:

$$\begin{aligned} S(T,V,m,N) &= S(T_0,V_0,m_0,N) + \int\limits_{m_0}^{m} \left(\frac{\partial S}{\partial m'}\right)_{T_0,V_0} \mathrm{d}m' \\ &\quad + \int\limits_{V_0}^{V} \left(\frac{\partial S}{\partial V'}\right)_{T_0,m} \mathrm{d}V' + \int\limits_{T_0}^{T} \left(\frac{\partial S}{\partial T'}\right)_{V,m} \mathrm{d}T' \\ &= -\frac{1}{\alpha V_0}\int\limits_{m_0}^{m} m'\,\mathrm{d}m' + Nk_\mathrm{B}\int\limits_{V_0}^{V}\frac{\mathrm{d}V'}{V'} + C_{V,m}\int\limits_{T_0}^{T}\frac{\mathrm{d}T'}{T'} \,. \end{aligned}$$

Es ergibt sich also für die Entropie:

$$\begin{aligned} S(T,V,m,N) &= S(T_0,V_0,m_0,N) \\ &\quad -\frac{1}{2\alpha V_0}(m^2 - m_0^2) + Nk_\mathrm{B}\ln\frac{V}{V_0} + \frac{3}{2}Nk_\mathrm{B}\ln\frac{T}{T_0} \,. \end{aligned}$$

• Innere Energie:

Wegen

$$\left(\frac{\partial U}{\partial V}\right)_{T,m} = \left(\frac{\partial U}{\partial m}\right)_{T,V} = 0$$

bleibt

$$U(T,V,m,N) = \frac{3}{2}Nk_\mathrm{B}T + U(T_0,V_0,m_0,N) \,.$$

4. Das obige Resultat für die Entropie sieht auf „den ersten Blick" nicht so aus, als ob die Homogenitätsrelation (λ: beliebige reelle Zahl)

$$S(T, \lambda V, \lambda m, \lambda N) = \lambda S(T, V, m, N)$$

erfüllt wäre. Man hat aber zu bedenken, dass die Integrations*konstante* $S_0(N) \equiv S(T_0, V_0, m_0, N)$ noch von der Teilchenzahl N abhängt, die eine extensive Variable ist und bei den Ableitungen in Teilaufgabe 3.) als konstant angesehen wurde. Die Homogenität ist gewährleistet, falls die folgende Forderung erfüllt werden kann:

$$\begin{aligned} &S_0(\lambda N) - \frac{\lambda^2}{2\alpha V_0} m^2 + \frac{1}{2\alpha V_0} m_0^2 + \lambda N k_B \ln \frac{\lambda V}{V_0} + \frac{3}{2}\lambda N k_B \ln \frac{T}{T_0} \\ &\stackrel{!}{=} \lambda S_0(N) - \frac{\lambda}{2\alpha V_0} m^2 + \frac{\lambda}{2\alpha V_0} m_0^2 + \lambda N k_B \ln \frac{V}{V_0} + \frac{3}{2}\lambda N k_B \ln \frac{T}{T_0} \,. \end{aligned}$$

Es ist also zu fordern:

$$\lambda S_0(N) = S_0(\lambda N) - \frac{1}{2\alpha V_0}\lambda(\lambda - 1)\, m^2 + \frac{1}{2\alpha V_0}(1 - \lambda)\, m_0^2 + \lambda N k_B \ln \lambda \,.$$

λ ist noch beliebig. Wir wählen $\lambda = \frac{N_0}{N}$:

$$S_0(N) = \frac{N}{N_0} S_0(N_0) - \frac{1}{2\alpha V_0}(\frac{N_0}{N} - 1)\, m^2 + \frac{1}{2\alpha V_0}(\frac{N}{N_0} - 1)\, m_0^2 + N k_B \ln \frac{N_0}{N} \,.$$

$S_0(N_0)/N_0 \equiv \gamma$ ist eine Konstante. Wir setzen $S_0(N)$ in den Ausdruck für die Entropie aus Teil 3.) ein:

$$\begin{aligned} S(T, V, m, N) &= N\gamma - \frac{1}{2\alpha V_0}\left(\frac{N_0}{N} - 1\right) m^2 + \frac{1}{2\alpha V_0}\left(\frac{N}{N_0} - 1\right) m_0^2 + N k_B \ln \frac{N_0}{N} \\ &\quad - \frac{1}{2\alpha V_0}\left(m^2 - m_0^2\right) + N k_B \ln \frac{V}{V_0} + \frac{3}{2} N k_B \ln \frac{T}{T_0} \\ &= N\gamma - \frac{1}{2\alpha V_0}\frac{N_0}{N} m^2 + \frac{1}{2\alpha V_0}\frac{N}{N_0} m_0^2 \\ &\quad + N k_B \ln \frac{V/N}{V_0/N_0} + \frac{3}{2} N k_B \ln \frac{T}{T_0} \,. \end{aligned}$$

Das Schlussergebnis zeigt, dass die Entropie in der Tat extensiv ist:

$$S(T, V, m, N) = N\left(\gamma - \frac{N_0}{2\alpha V_0}\frac{m^2}{N^2} + \frac{1}{2\alpha V_0}\frac{m_0^2}{N_0} + k_B \ln \frac{V/N}{V_0/N_0} + \frac{3}{2} k_B \ln \frac{T}{T_0}\right) .$$

Lösung zu Aufgabe 3.9.15

1. **Freie Energie:**
Nach Aufgabe 3.9.9 gilt:

$$F(T,m) = F(T,0) + \frac{\mu_0}{2\,V}\,\frac{m^2}{\chi_T}\,.$$

Dies bedeutet:

$$F(T,m) = F(T,0) + \mu_0\frac{T - T_c}{2\,V\,C}m^2\,.$$

Innere Energie:
Nach Aufgabe 3.9.9 gilt:

$$U(T,m) = U(T,0) + \frac{\mu_0}{2\,V}m^2\left(\chi_T^{-1} - T\frac{\partial\chi_T^{-1}}{\partial T}\right)\,,$$

$$\chi_T^{-1} - T\frac{\partial\chi_T^{-1}}{\partial T} = \frac{1}{C}(T - T_c) - \frac{T}{C} = -\frac{T_c}{C}\,.$$

Dies bedeutet:

$$U(T,m) = U(T,0) - \frac{\mu_0\,T_c}{2\,V\,C}m^2\,.$$

Entropie:
Nach Aufgabe 3.9.9 gilt:

$$S(T,m) = S(T,0) - \frac{\mu_0}{2\,V}m^2\left(\frac{\mathrm{d}}{\mathrm{d}t}\chi_T^{-1}\right)\,.$$

Das bedeutet hier:

$$S(T,m) = S(T,0) - \frac{\mu_0}{2\,V\,C}m^2\,.$$

2. **Entropie:**

$$C_\mathrm{m}(T,m=0) = T\left(\frac{\partial S}{\partial T}\right)_{m=0}$$

$$\Rightarrow\quad S(T,0) = \int\limits_0^T \frac{C_\mathrm{m}(T',0)}{T'}\,\mathrm{d}T' = \gamma\,T\,.$$

Mit dem Teilergebnis aus 1. bleibt:

$$S(T,m) = \gamma\,T - \frac{\mu_0}{2\,V\,C}m^2 \quad \text{(Beachte Teil 4.!)}$$

Wegen

$$m = \frac{C\,V}{T - T_c} H$$

folgt unmittelbar:

$$S(T, H) = \gamma\,T - \frac{1}{2}\mu_0\,C\,V \frac{H^2}{(T - T_c)^2} \,.$$

Freie Energie:

$$\left(\frac{\partial F}{\partial T}\right)_m = -S(T, m)$$

$$\Rightarrow \quad F(T, 0) = F_0 - \int_0^T \gamma\,T'\,\mathrm{d}T' = F_0 - \frac{1}{2}\gamma\,T^2 \,.$$

Mit dem Resultat von Teil 1. folgt dann:

$$F(T, m) = F_0 - \frac{1}{2}\gamma\,T^2 + \mu_0 \frac{T - T_c}{2\,V\,C} m^2 \,.$$

Innere Energie:

$$C_{m=0} = \left(\frac{\partial U}{\partial T}\right)_{m=0}$$

$$\Leftrightarrow \quad U(T, m = 0) = \frac{1}{2}\gamma\,T^2 + U_0 \,.$$

Mit dem Resultat aus Teil 1. ergibt sich:

$$U(T, m) = U_0 + \frac{1}{2}\gamma\,T^2 - \frac{\mu_0\,T_c}{2\,V\,C} m^2 \,.$$

3. **Wärmekapazitäten:**

$$C_m = T\left(\frac{\partial S}{\partial T}\right)_m = \gamma\,T = C_m(T, m = 0) \,,$$

$$C_H = T\left(\frac{\partial S}{\partial T}\right)_H = \gamma\,T + \mu_0\,C\,V \frac{T\,H^2}{(T - T_c)^3} \,.$$

Wegen $T > T_c$ folgt: $C_H \geq C_m$.

Adiabatische Suszeptibilität:
Nach (2.84) gilt:

$$\chi_S = \chi_T \frac{C_m}{C_H} .$$

Einsetzen der obigen Ergebnisse liefert:

$$\chi_S(T,H) = \frac{C}{T - T_c} \frac{\gamma T}{\gamma T + \mu_0 C V \frac{T H^2}{(T-T_c)^3}}$$

$$\Rightarrow \quad \chi_S(T,H) = \frac{C}{T - T_c + \frac{\mu_0 C V}{\gamma} \frac{H^2}{(T-T_c)^2}} .$$

4. $T_c = 0 \quad \Rightarrow \quad$ nach Teil 2.:

$$S(T,H) = \gamma T - \frac{1}{2} \mu_0 C V \frac{H^2}{T^2} .$$

Der Dritte Hauptsatz fordert:

$$\lim_{T \to 0} S(T,H) = 0 .$$

Unser obiges Ergebnis liefert für $H \neq 0$ einen Widerspruch. Das Curie-Gesetz kann also nicht für beliebig tiefe Temperaturen korrekt sein!
Wir hatten in Aufgabe 3.9.9 gefunden:

$$S(T,m) = S(T,0) - \frac{\mu_0}{2V} m^2 \left(\frac{\mathrm{d}}{\mathrm{d}t} \chi_T^{-1} \right) .$$

Falls $\chi_T(T,m) \equiv \chi_T(T)$, d. h., $m = V \chi_T H$ gilt, folgt:

$$S(T,m) = S(T,0) + \frac{\mu_0}{2V} m^2 \frac{1}{\chi_T^2} \frac{\mathrm{d}\chi_T}{\mathrm{d}T}$$

$$\Rightarrow \quad S(T,H) = S(T,0) + \frac{1}{2} \mu_0 V H^2 \frac{\mathrm{d}\chi_T}{\mathrm{d}T} .$$

Um den Dritten Hauptsatz zu erfüllen, müssen wir also

$$\lim_{T \to 0} \frac{\mathrm{d}\chi_T}{\mathrm{d}T} = 0 \quad \Leftrightarrow \quad \chi_T = \mathrm{const} + 0(T^2)$$

fordern, d. h. χ_T bleibt endlich für $T \to 0$!

Lösung zu Aufgabe 3.9.16

Wegen $T_c = 0$ ist:

$$U(T, m) = U_0 + \frac{1}{2}\gamma T^2 \equiv U(T)$$

(vgl. Gay-Lussac-Versuch für das ideale Gas).

1. Isotherm: $0 \to H \quad \Rightarrow \quad \mathrm{d}U = 0$
   Dies bedeutet:

$$\Delta Q = -\Delta W = -\mu_0 \int_0^H H \,\mathrm{d}m \,,$$

$$\mathrm{d}m = \frac{C\,V}{T_1}\,\mathrm{d}H$$

$$\Rightarrow \quad \Delta Q = -\frac{\mu_0\,C\,V}{2\,T_1}\,H^2 < 0\,.$$

   Wärme wird abgeführt!

2. Adiabatisch-reversibel $\Leftrightarrow \quad \mathrm{d}S = 0$

$$\Leftrightarrow \quad S(T_1, H) = S(T_e, 0)\;.$$

   Wir benutzen das Ergebnis

$$S(T, H) = \gamma\,T - \frac{1}{2}\mu_0\,C\,V\frac{H^2}{T^2}$$

   aus Teil 2. der vorangehenden Aufgabe.

$$\gamma\,T_1 - \frac{1}{2}\mu_0\,C\,V\frac{H^2}{T_1^2} \stackrel{!}{=} \gamma\,T_e$$

$$\Leftrightarrow \quad T_e = T_1 - \underbrace{\frac{\mu_0\,C\,V}{2\gamma}\,\frac{H^2}{T_1^2}}_{>0} < T_1\;.$$

   Man erzielt also einen *Kühleffekt*! Man vergleiche das Resultat mit Teil 3. aus Aufgabe 2.9.36!

Lösung zu Aufgabe 3.9.17

1. **Druck:**

$$p = -\left(\frac{\partial F}{\partial V}\right)_T = -\frac{\mathrm{d}F_0}{\mathrm{d}V} - A\,T\,\frac{\frac{1}{k_B\,T}\,\frac{\mathrm{d}E(V)}{\mathrm{d}V}}{1-\mathrm{e}^{-\frac{E(V)}{k_B\,T}}}\;\mathrm{e}^{-\frac{E(V)}{k_B\,T}}$$

$$\Rightarrow \quad p = -\frac{B}{V_0}(V-V_0) + \frac{A\,E_1}{k_B\,V_0}\,n(T,V)\,.$$

Entropie:

$$S = -\left(\frac{\partial F}{\partial T}\right)_V = -A\,\ln\left(1-\mathrm{e}^{-\frac{E(V)}{k_B\,T}}\right) + A\,T\,\frac{\frac{E(V)}{k_B\,T^2}\,\mathrm{e}^{-\frac{E(V)}{k_B\,T}}}{1-\mathrm{e}^{-\frac{E(V)}{k_B\,T}}}$$

$$= -A\,\ln\left(1-\mathrm{e}^{-\frac{E(V)}{k_B\,T}}\right) + A\,\frac{E(V)}{k_B\,T}\,n(T,V)\,.$$

Man verifiziert leicht:

$$\mathrm{e}^{\frac{E(V)}{k_B\,T}} = \frac{n+1}{n}\,,$$

$$1-\mathrm{e}^{-\frac{E(V)}{k_B\,T}} = 1-\frac{n}{n+1} = \frac{1}{n+1}\,,$$

$$\frac{E(V)}{k_B\,T} = \ln(n+1) - \ln n\,.$$

Damit lautet die Entropie:

$$S = A\left\{(n+1)\,\ln(n+1) - n\,\ln n\right\}\,.$$

Innere Energie:

$$U = F + T\,S = F_0(V) + A\,T\ln\left(1-\mathrm{e}^{-\frac{E(V)}{k_B\,T}}\right)$$

$$-A\,T\ln\left(1-\mathrm{e}^{-\frac{E(V)}{k_B\,T}}\right) + A\frac{E(V)}{k_B}\,n(T,V)$$

$$\Rightarrow \quad U = F_0(V) + A\,\frac{E(V)}{k_B}\,n(T,V)\,.$$

2. Aus 1. folgt für $p = 0$:

$$\frac{B}{V_0}\,(V_m - V_0) \stackrel{!}{=} \frac{A\,E_1}{k_B\,V_0}\,n\,(T,V_m)$$

$$\Rightarrow \quad V_m = V(p=0) = \frac{A\,E_1}{k_B\,B}\,n\,(T,V_m) + V_0\,.$$

Das ist eine implizite Bestimmungsgleichung für V_m, die sich z. B. iterieren lässt:

$$n(T, V_m) = \left\{ \exp\left[\frac{1}{k_B T} \left(E_0 - E_1 \frac{V_m - V_0}{V_0} \right) \right] - 1 \right\}^{-1} .$$

Das muss nach Potenzen von E_1 um $E_1 = 0$ entwickelt werden. Da E_1 auch als Faktor auftritt, reicht für $n(T, V_m)$ die nullte Ordnung:

$$V_m \approx V_0 + \frac{A E_1}{k_B B} n(T, V_0) .$$

Ausdehnungskoeffizient:

$$\beta = \frac{1}{V} \left(\frac{\partial V}{\partial T} \right)_p .$$

Abschätzung:

$$\frac{1}{V_m} = \frac{1}{V_0 + \frac{A E_1}{k_B B} n(T, V_m)} \approx \frac{1}{V_0} \left(1 - \frac{A E_1}{k_B B V_0} n(T, V_0) \right) ,$$

$$\frac{\partial V_m}{\partial T} = \frac{A E_1}{k_B B} \frac{\partial n}{\partial T} = \frac{A E_1}{k_B B} \frac{\frac{E(V)}{k_B T^2} e^{\frac{E(V)}{k_B T}}}{\left(e^{\frac{E(V)}{k_B T}} - 1 \right)^2}$$

$$= \frac{A E_1}{k_B B} \frac{1}{T} n(n+1) \ln \frac{n+1}{n}$$

$$\Rightarrow \quad \beta \approx \frac{1}{V_0} \frac{A}{B} \frac{E_1}{k_B T} n_0 (n_0 + 1) \ln \frac{n_0 + 1}{n_0} ,$$

$$n_0 = n(T, V_0) = \left(e^{\frac{E_0}{k_B T}} - 1 \right)^{-1} .$$

$\boxed{T \to 0}$

$$n_0 \approx e^{-\frac{E_0}{k_B T}} \to 0 ,$$

$$n_0 + 1 \to 1 ; \quad \ln \frac{n_0 + 1}{n_0} \approx -\ln n_0 \approx \frac{E_0}{k_B T}$$

$$\Rightarrow \quad \frac{1}{k_B T} n_0 (n_0 + 1) \ln \frac{n_0 + 1}{n_0} \approx \frac{E_0}{(k_B T)^2} e^{-\frac{E_0}{k_B T}} \underset{T \to 0}{\longrightarrow} 0$$

$$\Rightarrow \quad \beta(T = 0) = 0 ; \quad V_m = V_0 .$$

$\boxed{k_B\, T \gg E(V)}$

$$n(T,V) \approx \frac{k_B\, T}{E(V)}\;; \qquad \frac{\partial n}{\partial T} \approx \frac{k_B}{E(V)} = \frac{k_B}{E_0} + 0(E_1)$$

$$\Rightarrow \quad \beta \approx \frac{1}{V_0}\,\frac{A\,E_1}{B\,E_0}\;; \qquad V_m \approx V_0 + \frac{A\,E_1}{B\,E_0}\,T\,.$$

3. Ein günstiger Startpunkt ist Gleichung (2.65):

$$C_p - C_V = T\left(\frac{\partial p}{\partial T}\right)_V \left(\frac{\partial V}{\partial T}\right)_p\,.$$

Der Druck lässt sich in unseren Gleichungen schwer konstant halten:

$$\left(\frac{\partial V}{\partial T}\right)_p = \frac{-1}{\left(\frac{\partial T}{\partial p}\right)_V \left(\frac{\partial p}{\partial V}\right)_T} = -\frac{\left(\frac{\partial p}{\partial T}\right)_V}{\left(\frac{\partial p}{\partial V}\right)_T}\,.$$

Dies bedeutet:

$$C_p - C_V = -T\frac{\left[\left(\frac{\partial p}{\partial T}\right)_V\right]^2}{\left(\frac{\partial p}{\partial V}\right)_T}\,,$$

$$\left(\frac{\partial p}{\partial T}\right)_V = \frac{A\,E_1}{k_B\,V_0}\left(\frac{\partial n}{\partial T}\right)_V \approx \frac{A\,E_1}{k_B\,V_0}\left(\frac{\partial n_0}{\partial T}\right)_V\,,$$

$$\left(\frac{\partial p}{\partial V}\right)_T = -\frac{B}{V_0} + \frac{A\,E_1}{k_B\,V_0}\left(\frac{\partial n}{\partial V}\right)_T\,,$$

$$\left(\frac{\partial n}{\partial V}\right)_T = \frac{-\frac{1}{k_B\,T}\,e^{\frac{E(V)}{k_B\,T}}}{\left(e^{\frac{E(V)}{k_B\,T}} - 1\right)^2}\,\frac{\partial E(V)}{\partial V}\,,$$

$$\frac{\partial E(V)}{\partial V} = -\frac{E_1}{V_0}$$

$$\Rightarrow \quad \left(\frac{\partial p}{\partial V}\right)_T = -\frac{B}{V_0} + 0(E_1^2)$$

$$\Rightarrow \quad C_p - C_V \approx T\,\frac{A^2\,E_1^2}{k_B^2\,B\,V_0}\left(\frac{\partial n_0}{\partial T}\right)_V^2\,.$$

Lösung zu Aufgabe 3.9.18

1.
$$U = U(S, V, A) ,$$
$$dU = \delta Q + \delta W ,$$
$$\delta W = \delta W_V + \delta W_A ,$$
$$\delta W_V = -p\,dV ,$$
$$\delta W_A = \sigma\,dA .$$

Wenn die Oberfläche A um dA vergrößert wird, wird Arbeit **am** System geleistet:

$$dU = T\,dS - p\,dV + \sigma\,dA .$$

2. Maxwell-Relation für dU:

$$\left(\frac{\partial T}{\partial A}\right)_{S,V} = \left(\frac{\partial \sigma}{\partial S}\right)_{V,A} = \left(\frac{\partial \sigma}{\partial T}\right)_{V,A} \left(\frac{\partial T}{\partial S}\right)_{V,A}$$
$$= \frac{\frac{d\sigma}{dT}}{\left(\frac{\partial S}{\partial T}\right)_{V,A}} = \frac{T}{C_{V,A}} \frac{d\sigma}{dT} \quad \text{q. e. d.}$$

3. Sei

$$\gamma = \frac{\alpha}{T_c\,C_{V,A}} ,$$

dann ist zu integrieren:

$$\frac{dT}{T} = -\gamma\,dA \quad \Rightarrow \quad \ln T = -\gamma A + \beta .$$

Anfangswerte:

$$\beta = \gamma A_0 + \ln T_0$$
$$\Rightarrow \quad \ln\frac{T}{T_0} = -\gamma\,(A - A_0) \quad \Rightarrow \quad T = T_0\,e^{-\gamma(A - A_0)} .$$

Die Temperatur nimmt bei adiabatisch-isochorer Vergrößerung der Oberfläche ab!

4.
$$dF = d(U - TS) = dU - T\,dS - S\,dT$$
$$\Rightarrow \quad dF = -S\,dT - p\,dV + \sigma\,dA .$$

5. Unabhängige Variable: T, V, A:

$$\left(\frac{\partial F}{\partial A}\right)_{T,V} = \sigma(T)\,, \quad \text{unabhängig von } V$$

$$\Rightarrow \quad F(T,V,A) = \sigma(T)\,A + F_V(T,V)\,.$$

Außerdem gilt:

$$\frac{\partial}{\partial A}\left(\frac{\partial F}{\partial V}\right)_{T,A} = \frac{\partial}{\partial V}\left(\frac{\partial F}{\partial A}\right)_{T,V} = \frac{\partial}{\partial V}\sigma(T) = 0$$

$$\Rightarrow \quad \left(\frac{\partial F}{\partial V}\right)_{T,A} = f(T,V)\,, \quad \text{unabhängig von } A$$

$$\Rightarrow \quad F(T,V,A) = \int^{V} f(T,V')\,\mathrm{d}V' + F_{\mathrm{A}}(T,A)\,.$$

Ganz offensichtlich gilt:

$$F(T,V,A) = F_V(T,V) + F_{\mathrm{A}}(T,A)\,.$$

F_{A} kann explizit angegeben werden:

$$F_{\mathrm{A}}(T,A) = \sigma(T)\,A\,.$$

6. Maxwell-Relation für F:

$$\left(\frac{\partial S}{\partial A}\right)_{T,V} = -\left(\frac{\partial \sigma}{\partial T}\right)_{V,A} = \frac{\alpha}{T_{\mathrm{c}}} > 0\,.$$

Die Entropie S nimmt bei Vergrößerung der Oberfläche zu!

7. $\mathrm{d}U = T\,\mathrm{d}S + \sigma\,\mathrm{d}A$, falls isochor

$$\Rightarrow \quad \left(\frac{\partial U}{\partial A}\right)_{T,V} = T\left(\frac{\partial S}{\partial A}\right)_{T,V} + \sigma \overset{6.}{=} \alpha\frac{T}{T_{\mathrm{c}}} + \alpha\left(1 - \frac{T}{T_{\mathrm{c}}}\right) = \alpha > 0\,.$$

8.

$$S = -\left(\frac{\partial F}{\partial T}\right)_{V,A} = S_V(T,V) + S_{\mathrm{A}}(T,A)$$

$$\Rightarrow \quad S_{\mathrm{A}}(T,A) = -\left(\frac{\partial F_{\mathrm{A}}}{\partial T}\right)_{V,A} \overset{5.}{=} -A\frac{\mathrm{d}\sigma}{\mathrm{d}T} = +A\frac{\alpha}{T_{\mathrm{c}}}\,.$$

$A_1 \to A_2$: isotherm-isochor $\Leftrightarrow$ $S_V = \text{const}$

$$\Delta Q = T\left(S_{\mathrm{A}}(T,A_2) - S_{\mathrm{A}}(T,A_1)\right) = \alpha\frac{T}{T_{\mathrm{c}}}(A_2 - A_1)\,,$$

$\Delta Q > 0$, falls $A_2 > A_1$.

9. $$dG = d(F + pV) = -S\,dT + V\,dp + \sigma\,dA\,.$$

10. $$\left(\frac{\partial G}{\partial A}\right)_{T,p} = \sigma(T)\,, \quad \text{unabhängig von } p$$

$$\Rightarrow \quad \frac{\partial}{\partial p}\left(\frac{\partial G}{\partial A}\right)_{T,p} = 0 = \frac{\partial}{\partial A}\left(\frac{\partial G}{\partial p}\right)_{T,A}$$

$$\Rightarrow \quad \left(\frac{\partial G}{\partial p}\right)_{T,A} = V(T,p)\,, \quad \text{unabhängig von } A.$$

Dies bedeutet:

$$G(T,p,A) = G_V(T,p) + G_A(T,A)\,.$$

Oberflächenanteil:

$$G_A(T,A) = \sigma(T)\,A\,,$$

$$V = \left(\frac{\partial G}{\partial p}\right)_{T,A} = \left(\frac{\partial G_V}{\partial p}\right)_{T,A}\,.$$

Lösung zu Aufgabe 3.9.19

1. $$\left.\begin{aligned} G_V^{(1)}(T,p) &= M_1\,g_1(T,p)\,,\\ G_A^{(1)}(T,A) &= \sigma(T)\,A_1 = \sigma(T)\,4\pi r^2\,, \end{aligned}\right\}\ \text{- Tropfen}$$

$$\left.G^{(2)}(T,p) = M_2\,g_2(T,p)\right\}\ \text{- Dampf; hat \textbf{keine} Oberfläche}$$

$$\Rightarrow \quad G(T,p,A) = M_1\,g_1(T,p) + \sigma(T)\,4\pi r^2 + M_2\,g_2(T,p)\,.$$

2. Gleichgewicht bedeutet: $dG = 0$
   Da T und p fest sind, bleiben nur M_1, M_2 und r veränderbar:

$$M_1 + M_2 = M = \text{const} \quad \Rightarrow \quad dM_1 = -dM_2\,.$$

Teil 1. liefert dann:

$$0 = dG = dM_1\,(g_1 - g_2) + \sigma\,8\pi r\,dr$$

$$\Rightarrow \quad g_2 - g_1 = \sigma\,8\pi r\frac{dr}{dM_1}\,.$$

Die Massendichte ρ_1,

$$\rho_1 = \frac{M_1}{\frac{4\pi}{3} r^3} ,$$

des Flüssigkeitstropfens ist als konstant anzusehen:

$$\Rightarrow \quad M_1 = \rho_1 \frac{4\pi}{3} r^3 \quad \Rightarrow \quad \frac{dM_1}{dr} = \rho_1 4\pi r^2 .$$

Es ist damit die Behauptung

$$g_2 - g_1 = \frac{2\sigma}{r\rho_1}$$

bewiesen.

3. Aus der allgemeinen Relation

$$\left(\frac{\partial G}{\partial p}\right)_T = V$$

folgt hier:

$$V = V_1 + V_2 = M_1 \left(\frac{\partial g_1}{\partial p}\right)_T + 0 + M_2 \left(\frac{\partial g_2}{\partial p}\right)_T .$$

Dies bedeutet offensichtlich:

$$\left(\frac{\partial g_i}{\partial p}\right)_T = \frac{V_i}{M_i} ; \quad i = 1, 2$$

$$\Rightarrow \quad \frac{V_2}{M_2} - \frac{V_1}{M_1} = \frac{1}{\rho_2} - \frac{1}{\rho_1} = \left[\frac{\partial}{\partial p}(g_2 - g_1)\right]_T$$

$$= -\frac{2\sigma(T)}{r^2\rho_1} \frac{dr}{dp} .$$

$\rho_1 \gg \rho_2$:

$$\frac{1}{\rho_2} \approx -\frac{2\,\sigma(T)}{r^2\rho_1} \frac{dr}{dp} .$$

Dampf = ideales Gas:

$$\rho_2 = \frac{M_2}{V_2} = \frac{M_2}{N_2 k_B T \frac{1}{p}} = \frac{m p}{k_B T} ,$$

m : Masse eines Moleküls,

$$\Rightarrow \quad \frac{k_B T}{m p} \approx -\frac{2\sigma}{r^2\rho_1} \frac{dr}{dp} \quad \Rightarrow \quad \frac{dp}{p} = \frac{2\sigma m}{\rho_1 k_B T}\left(-\frac{dr}{r^2}\right)$$

$$\Rightarrow \quad \ln p = \frac{2\sigma m}{\rho_1 k_B T} \frac{1}{r} + \alpha .$$

$p_\infty(T)$: Dampfdruck bei unendlichem Tröpfchenradius:

$$\Rightarrow \quad \alpha = \ln p_\infty$$

$$\Rightarrow \quad \ln \frac{p}{p_\infty} = \frac{2\sigma m}{\rho_1 k_B T}\frac{1}{r}\,.$$

Dampfdruck des Tröpfchens:

$$p(r,T) = p_\infty(T)\exp\left(\frac{2m\sigma(T)}{\rho_1 k_B T}\frac{1}{r}\right).$$

Lösung zu Aufgabe 3.9.20

1. Erster Hauptsatz: $\mathrm{d}U = \delta Q + \mu_0 V H \,\mathrm{d}M$

$$\Rightarrow \quad C_M = \left(\frac{\partial U}{\partial T}\right)_M,$$

$$\delta Q = C_M\,\mathrm{d}T + \left[\left(\frac{\partial U}{\partial M}\right)_T - \mu_0 V H\right]\mathrm{d}M$$

$$\Rightarrow \quad C_H = \left(\frac{\delta Q}{\mathrm{d}T}\right)_H = C_M + \left[\left(\frac{\partial U}{\partial M}\right)_T - \mu_0 V H\right]\left(\frac{\partial M}{\partial T}\right)_H$$

$$\Rightarrow \quad C_M - C_H = \left[\mu_0 V H - \left(\frac{\partial U}{\partial M}\right)_T\right]\left(\frac{\partial M}{\partial T}\right)_H.$$

2.

$$\left(\frac{\partial M}{\partial T}\right)_H = -\frac{C}{T^2}H$$

$$\Rightarrow \quad C_M - C_H = -\frac{\mu_0 V}{C}M^2\,.$$

3a. Maxwell-Relation der freien Energie:

$$\mathrm{d}F = -S\,\mathrm{d}T + \mu_0 V H\,\mathrm{d}M$$

$$\Rightarrow \quad \left(\frac{\partial S}{\partial M}\right)_T = -\mu_0 V\left(\frac{\partial H}{\partial T}\right)_M.$$

3b. Maxwell-Relation der freien Enthalpie:

$$\mathrm{d}G = -S\,\mathrm{d}T - \mu_0 V M\,\mathrm{d}H$$

$$\Rightarrow \quad \left(\frac{\partial S}{\partial H}\right)_T = \mu_0 V\left(\frac{\partial M}{\partial T}\right)_H.$$

3c. Die Behauptung folgt unmittelbar aus 1. für $\delta Q = T\,\mathrm{d}S$.

4.

$$C_M - C_H \overset{1.}{=} -T\left(\frac{\partial S}{\partial M}\right)_T \left(\frac{\partial M}{\partial T}\right)_H$$
$$= \mu_0\, V\, T\left(\frac{\partial H}{\partial T}\right)_M \left(\frac{\partial M}{\partial T}\right)_H .$$

5.

$$\left(\frac{\partial H}{\partial T}\right)_M = \frac{M}{C} ,$$
$$\mathrm{d}H = \frac{M}{C}\,\mathrm{d}T + \frac{1}{C}\,(T - T_c)\,\mathrm{d}M + 3\,b\,M^2\,\mathrm{d}M$$
$$\Rightarrow \quad \left(\frac{\partial M}{\partial T}\right)_H \left[3\,b\,M^2 + \frac{1}{C}\,(T - T_c)\right] = -\frac{M}{C}$$
$$\Rightarrow \quad \left(\frac{\partial M}{\partial T}\right)_H = \frac{-M}{3\,b\,M^2\,C + (T - T_c)}$$
$$\Rightarrow \quad C_M - C_H = \frac{-\mu_0\,V\,T\,M^2}{3\,b\,M^2\,C^2 + C\,(T - T_c)} .$$

6.

$$\frac{\partial}{\partial M} C_M = \left\{\frac{\partial}{\partial M}\left[T\left(\frac{\partial S}{\partial T}\right)_M\right]\right\}_T = T\left[\frac{\partial}{\partial T}\left(\frac{\partial S}{\partial M}\right)_T\right]_M$$
$$\overset{(3a.)}{=} T\,(-\mu_0\,V)\left(\frac{\partial^2 H}{\partial T^2}\right)_M = 0 .$$

7.

$$\left(\frac{\partial U}{\partial T}\right)_M = C_M(T) .$$

Nach Teil 3. gilt auch:

$$\left(\frac{\partial U}{\partial M}\right)_T = T\left(\frac{\partial S}{\partial M}\right)_T + \mu_0\,V\,H = -\mu_0\,V\,T\left(\frac{\partial H}{\partial T}\right)_M + \mu_0\,V\,H$$
$$= -\mu_0\,V\,T\frac{M}{C} + \mu_0\,V\frac{1}{C}\,(T - T_c)\,M + \mu_0\,V\,b\,M^3$$
$$= \mu_0\,V\left(b\,M^3 - \frac{T_c}{C}\,M\right) .$$

Daraus folgt durch Integration:

$$U(T,M) = \mu_0\, V \left(\frac{1}{4} b\, M^4 - \frac{T_c}{2\,C} M^2\right) + f(T)\,,$$

$$\left(\frac{\partial U}{\partial T}\right)_M = C_M(T) = f'(T)$$

$$\Rightarrow \quad U(T,M) = \mu_0\, V \left(\frac{1}{4} b\, M^4 - \frac{T_c}{2\,C} M^2\right) + \int\limits_0^T C_M(T')\,\mathrm{d}T'\,.$$

Analog findet man die Entropie:

$$\left(\frac{\partial S}{\partial T}\right)_M = \frac{1}{T} C_M(T)\,; \quad \left(\frac{\partial S}{\partial M}\right)_T = -\mu_0\, V \left(\frac{\partial H}{\partial T}\right)_M = -\mu_0\, V \frac{M}{C}$$

$$\Rightarrow \quad S(T,M) = -\mu_0\, V \frac{M^2}{2\,C} + \int\limits_0^T \frac{C_M(T')}{T'}\,\mathrm{d}T' + \underbrace{S(0,0)}_{=0\ (3.82)}\,.$$

Das bedeutet schließlich für die freie Energie:

$$F = U - T\,S = F_0 + \mu_0\, V \frac{1}{2\,C}(T - T_c)\, M^2 + \mu_0\, V \frac{1}{4} b\, M^4 + \int\limits_0^T C_M(T')\left(1 - \frac{T}{T'}\right)\mathrm{d}T'\,.$$

8.

$$H = M\left[\frac{1}{C}(T - T_c) + b\, M^2\right]\,.$$

$H = 0$ besitzt also die Lösungen:

a) $M = 0\,,$

b) $M_S = \pm\sqrt{\frac{1}{b\,C}(T_c - T)}\,.$

Für die freie Energie gilt nach Teil 7.:

$$
\begin{aligned}
F &= f(T) + \frac{\mu_0 V}{2C}(T - T_c)\, M^2 + \frac{1}{4}\mu_0 V b M^4 \\
\Rightarrow \quad & F(T, M = 0) = f(T)\,, \\
F(T, M = \pm M_S) &= f(T) + \frac{\mu_0 V}{2C}(T - T_c)\,\frac{T_c - T}{bC} \\
&\quad + \frac{1}{4}\mu_0 V b \frac{1}{(bC)^2}(T_c - T)^2 \\
&= f(T) - \frac{1}{4}\frac{\mu_0 V}{bC^2}(T_c - T)^2\;.
\end{aligned}
$$

Es ist also:

$$
F(T, M = \pm M_S) < F(T, M = 0)\;.
$$

Die *ferromagnetische* Lösung $M_S \neq 0$ ist demnach stabil. Sie existiert als **reelle** Lösung nur für $T \leq T_c$.

9. Magnetische Suszeptibilität:

$$
\chi_T = \left(\frac{\partial M}{\partial H}\right)_T = \left[\left(\frac{\partial H}{\partial M}\right)_T\right]^{-1} = \frac{1}{\frac{1}{C}(T - T_c) + 3bM^2}
$$

$$
\Rightarrow \quad \lim_{H\to 0}\chi_T = \frac{1}{\frac{1}{C}(T - T_c) + 3bM_S^2} = \frac{C}{2(T_c - T)}\;.
$$

χ_T divergiert im Nullfeld für $T \to T_c$!
Für die Differenz der Wärmekapazitäten benutzen wir das Resultat von Teil 5.:

$$
\begin{aligned}
\lim_{H\to 0}(C_M - C_H) &= \frac{-\mu_0 V T M_S^2}{3bM_S^2C^2 + C(T - T_c)} \\
&= \frac{-\mu_0 V T \frac{1}{bC}(T_c - T)}{3bC^2\frac{1}{bC}(T_c - T) + C(T - T_c)} = -\frac{\mu_0 V}{2bC^2}T\;.
\end{aligned}
$$

Lösung zu Aufgabe 3.9.21

1. Maxwell-Relation zur freien Enthalpie ($\mathrm{d}G = -S\,\mathrm{d}T + V\,\mathrm{d}p$)

$$
\left(\frac{\partial S}{\partial p}\right)_T = -\left(\frac{\partial V}{\partial T}\right)_p\;.
$$

Außerdem gilt:

$$\left(\frac{\partial S}{\partial T}\right)_p = \frac{C_p}{T} \Rightarrow (\mathrm{d}S)_p = \left(C_p \frac{\mathrm{d}T}{T}\right)_p .$$

Damit berechnet man:

$$\begin{aligned}
V\beta &= \left(\frac{\partial V}{\partial T}\right)_p = -\left(\frac{\partial S}{\partial p}\right)_T \\
&= -\left(\frac{\partial}{\partial p}\int_0^T (\mathrm{d}S)_p\right)_T = -\left(\frac{\partial}{\partial p}\int_0^T \left(C_p \frac{\mathrm{d}T'}{T'}\right)_p\right)_T \\
&= -\int_0^T \left(\frac{\partial C_p}{\partial p}\right)_{T'} \frac{\mathrm{d}T'}{T'} \\
&= -\int_0^T \frac{\mathrm{d}T'}{T'}(T')^x\left(a' + b'T + c'T^2 + \ldots\right) \\
&= -\left(\frac{1}{x}T^x a' + \frac{b'}{x+1}T^{x+1} + \frac{c'}{x+2}T^{x+2} + \ldots\right) \\
&= -T^x\left(\frac{a'}{x} + \frac{b'}{x+1}T + \frac{c'}{x+2}T^2 + \ldots\right) .
\end{aligned}$$

In der zweiten Zeile haben wir ausgenutzt, dass nach dem dritten Hauptsatz die Entropie am Nullpunkt verschwindet. Die untere Integrationsgrenze liefert also keinen Beitrag. Die nachfolgenden T-Integrationen sind längs eines Weges mit $p = \text{const}$ durchzuführen. Ferner gilt:

$$a' = \frac{\mathrm{d}}{\mathrm{d}p}a ; \quad b' = \frac{\mathrm{d}}{\mathrm{d}p}b ; \quad c' = \frac{\mathrm{d}}{\mathrm{d}p}c \ \ldots$$

Damit ergibt sich:

$$\frac{V\beta}{C_p} = -\frac{\frac{a'}{x} + \frac{b'}{x+1}T + \frac{c'}{x+2}T^2 + \ldots}{a + bT + cT^2 + \ldots}$$

Der Grenzwert

$$\lim_{T\to 0}\frac{V\beta}{C_p} = -\frac{a'}{ax}$$

stellt eine endliche Konstante dar.

2. Aus der $T\,\mathrm{d}S$-Gleichung (2.74)

$$T\,\mathrm{d}S = C_p\,\mathrm{d}T - TV\beta\,\mathrm{d}p$$

folgt für einen adiabatischen Prozess:

$$\left(\frac{\mathrm{d}T}{\mathrm{d}p}\right)_S = T\frac{V\beta}{C_p} .$$

Wegen 1.) ist dann:

$$\lim_{T\to 0}\left(\frac{\mathrm{d}T}{\mathrm{d}p}\right)_S = 0 .$$

Adiabatisches Entspannen führt in der Grenze $T \to 0$ zu keiner Erniedrigung der Temperatur, was letztlich die Unerreichbarkeit des absoluten Nullpunkts als Folge des dritten Hauptsatzes ausmacht.

Abschnitt 4.3

Lösung zu Aufgabe 4.3.1

1. Clausius-Clapeyron-Gleichung:

$$\frac{\mathrm{d}p}{\mathrm{d}T} = \frac{Q_M}{T(v_g - v_f)} \approx \frac{Q_M}{Tv_g} \approx \frac{p \cdot Q_M}{RT^2} .$$

Dies bedeutet:

$$\frac{\mathrm{d}p}{p} = \mathrm{d}\ln p \approx \frac{Q_M}{R}\frac{\mathrm{d}T}{T^2} \curvearrowright \ln p \approx -\frac{Q_M}{RT} + \text{const.}$$

Also gilt

$$p(T) \approx \alpha \exp\left(-\frac{Q_M}{RT}\right) \quad (\alpha = \text{const.})$$

2. Thermischer Ausdehnungskoeffizient:

$$\beta_{\text{Koex}} = \frac{1}{V}\left(\frac{\partial V}{\partial T}\right)_{\text{Koex}} \approx \frac{1}{v_g}\left(\frac{\partial v_g}{\partial T}\right) .$$

Längs der Koexistenzlinie haben wir

$$v_g = v_g(T, p(T))$$

$$\curvearrowright \left(\frac{\partial v_g}{\partial T}\right)_{\text{Koex}} = \left(\frac{\partial v_g}{\partial T}\right)_p + \left(\frac{\partial v_g}{\partial p}\right)_T \left(\frac{\partial p}{\partial T}\right)_{\text{Koex}} .$$

Der Dampf kann als ideales Gas aufgefasst werden:

$$\left(\frac{\partial v_g}{\partial T}\right)_p = \frac{R}{p}; \quad \left(\frac{\partial v_g}{\partial p}\right)_T = -\frac{RT}{p^2}; \quad \left(\frac{\partial p}{\partial T}\right)_{\text{Koex}} \approx \frac{Q_M}{T\,v_g} .$$

Der letzte Schritt folgt aus der genäherten Clausius-Clapeyron-Gleichung in Teil 1). Es bleibt:

$$\beta_{\text{Koex}} \approx \frac{1}{v_g}\left(\frac{R}{p} - \frac{RT}{p^2}\cdot\frac{Q_M}{T\,v_g}\right) = \frac{R}{p\,v_g}\left(1 - \frac{Q_M}{p\,v_g}\right) .$$

Es folgt schlussendlich:

$$\beta_{\text{Koex}} \approx \frac{1}{T}\left(1 - \frac{Q_M}{RT}\right) .$$

Der erste Term stellt den Beitrag des idealen Gases dar. Der aus den beim Phasenübergang wirksam werdenden Kohäsionskräften resultierende zweite Summand dominiert jedoch im Allgemeinen. Zahlenbeispiel:

$$\begin{aligned} H_2O\colon\ & Q_M \approx 40\,\text{kJ/Mol} \\ & RT \approx 3\,\text{kJ/Mol} \quad \text{bei } T = 373\,\text{K} \curvearrowright \beta_{\text{Koex}} < 0 . \end{aligned}$$

Insgesamt findet also längs der Koexistenzkurve mit zunehmender Temperatur eine Kompression statt.

Lösung zu Aufgabe 4.3.2

1. Maxwell-Relation für $G(T,p)$:

$$\left(\frac{\partial S_i}{\partial p}\right)_T = -\left(\frac{\partial V_i}{\partial T}\right)_p = -\frac{\alpha_i}{p} .$$

Integration über den Druck:

$$S_i(T,p) = -\alpha_i \ln\frac{p}{p_0} + f_i(T) .$$

Wärmekapazitäten:

$$C_p^{(i)}(T) = T\left(\frac{\partial S_i}{\partial T}\right)_p = T\left(\frac{\mathrm{d}f_i}{\mathrm{d}T}\right)_p \stackrel{!}{=} C_p(T)$$

$$\curvearrowright f_1'(T) = f_2'(T) \curvearrowright f_1(T) = f_2(T) + \gamma\,.$$

Dritter Hauptsatz:

$$f_1(T \to 0) = f_2(T \to 0) = 0 \curvearrowright f_1(T) \equiv f_2(T)\,.$$

Dies bedeutet:

$$S_i(T,p) = -\alpha_i \ln\frac{p}{p_0} + f(T)\,.$$

2. An der Koexistenzlinie gilt offenbar $S_1 \neq S_2$. Es handelt sich also um einen Phasenübergang erster Ordnung. Dafür gilt die Clausius-Clapeyron-Gleichung:

$$\frac{\mathrm{d}}{\mathrm{d}T} p_{\mathrm{koex}} = \frac{\Delta Q_U}{T(V_1 - V_2)}\,.$$

Die „*Umwandlungswärme*“ ΔQ_U berechnet sich zu:

$$\Delta Q_U = T\Delta S = -T(\alpha_1 - \alpha_2)\ln\frac{p_{\mathrm{koex}}}{p_0}\,.$$

An der Koexistenzlinie macht zudem das Volumen einen Sprung:

$$(V_1 - V_2)_{\mathrm{koex}} = T(\alpha_1 - \alpha_2)\frac{1}{p_{\mathrm{koex}}}\,.$$

Dies ergibt unmittelbar die Steigung der Koexistenzlinie;

$$\frac{\mathrm{d}}{\mathrm{d}T} p_{\mathrm{koex}} = -\frac{p_{\mathrm{koex}}}{T}\ln\frac{p_{\mathrm{koex}}}{p_0}\,.$$

3. Wir setzen $x = T$ und $y = p_{\mathrm{koex}}/p_0$ und haben dann zu lösen:

$$\frac{\mathrm{d}}{\mathrm{d}x} y = -\frac{y}{x}\ln y\,.$$

Umgestellt bedeutet das:

$$\frac{\mathrm{d}y}{y} = \mathrm{d}\ln y = -\frac{\mathrm{d}x}{x}\ln y \curvearrowright \frac{\mathrm{d}\ln y}{\ln y} = -\frac{\mathrm{d}x}{x} = -\mathrm{d}\ln x\,.$$

Das lässt sich auch wie folgt schreiben:

$$\mathrm{d}\ln(\ln y) = -\mathrm{d}\ln x \;\rightsquigarrow\; \mathrm{d}\ln\left(x \cdot \ln y\right) = 0 \;\rightsquigarrow\; x \cdot \ln y = x_0 \,.$$

Es gilt also:

$$y = \exp\left(\frac{x_0}{x}\right) \,.$$

Machen wir schließlich noch die Substitutionen rückgängig, so erkennen wir, dass der Koexistenzdruck exponentiell mit der Temperatur abfällt:

$$p_{\mathrm{koex}}(T) = p_0 \exp\left(\frac{T_0}{T}\right) \,.$$

Die Umwandlungswärme ist dann längs der Koexistenzlinie konstant:

$$\Delta Q_U = -(\alpha_1 - \alpha_2)\, T_0 \,.$$

Lösung zu Aufgabe 4.3.3

1. Es gilt die Zuordnung:

$$p \;\Leftrightarrow\; B_0 = \mu_0 H \,,$$
$$V \;\Leftrightarrow\; -m = -V M \,.$$

Clausius-Clapeyron-Gleichung (4.19):

$$\frac{\mathrm{d}p}{\mathrm{d}T} = \frac{\Delta Q}{T_0\, \Delta V} \,.$$

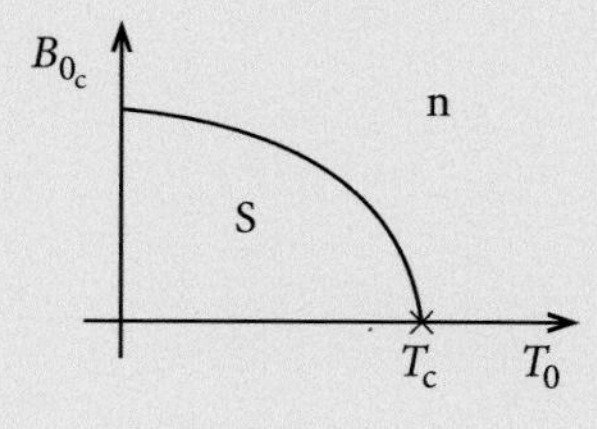

Abb. A.16

Dies bedeutet für den Supraleiter:

$$\Delta Q = T_0 \frac{\mathrm{d}B_{0C}}{\mathrm{d}T}(-\Delta m) ,$$
$$\Delta m = V(M_n - M_s) \approx -V M_s = V H_C .$$

Der letzte Schritt ist ein Ausdruck des Meißner-Ochsenfeld-Effekts:

$$\frac{\mathrm{d}B_{0C}}{\mathrm{d}T} = \mu_0 \frac{\mathrm{d}H_C}{\mathrm{d}T}$$
$$\Rightarrow \quad \Delta Q = -T_0 V \mu_0 \left(H_C \frac{\mathrm{d}H_C}{\mathrm{d}T}\right)_{T=T_0} .$$

2.
$$G(T,H) = U - TS - \mu_0 V H M ,$$
$$M_n \quad \text{sehr klein} \quad \Rightarrow \quad G_n(T,H) \approx G_n(T,0) ,$$
$$\mathrm{d}G = -S\,\mathrm{d}T - \mu_0 V M \,\mathrm{d}H .$$

Meißner-Ochsenfeld-Effekt:

$$\mathrm{d}G_s = -S_s\,\mathrm{d}T + \mu_0 V H \,\mathrm{d}H .$$

Wir interessieren uns für den isothermen Prozess:

$$(\mathrm{d}G_s)_T = \mu_0 V H \,\mathrm{d}H$$
$$\Rightarrow \quad G_s(T,H) = G_s(T,0) + \frac{1}{2}\mu_0 V H^2 .$$

Phasengleichgewicht:

$$G_n(T,H_C) \stackrel{!}{=} G_s(T,H_C) \approx G_n(T,0) .$$

Daraus erhalten wir die *Stabilisierungsenergie*:

$$\Delta G = G_s(T,0) - G_n(T,0) \approx G_s(T,0) - G_s(T,H_C)$$
$$\Rightarrow \quad \Delta G = -\frac{1}{2}\mu_0 V H_C^2(T) .$$

3.
$$S_n = -\left(\frac{\partial}{\partial T}G_n(T,H)\right)_H \approx -\left(\frac{\partial}{\partial T}G_n(T,H=0)\right)_{H=0} ,$$
$$S_s = -\left(\frac{\partial}{\partial T}G_s(T,H)\right)_H = -\frac{\mathrm{d}}{\mathrm{d}T}G_s(T,0)$$
$$\Rightarrow \quad S_n - S_s = -\frac{\mathrm{d}}{\mathrm{d}T}\Delta G = -\mu_0 V H_C(T)\frac{\mathrm{d}H_C(T)}{\mathrm{d}T} .$$

Dies ist in Übereinstimmung mit Teil 1.!

Wegen $(\mathrm{d}H_\mathrm{C}/\mathrm{d}T) < 0$ ist:

$$S_\mathrm{n}(T) > S_\mathrm{s}(T) .$$

Der Supraleiter hat also den höheren Ordnungszustand. Wegen $H_\mathrm{C}(T_\mathrm{c}) = 0$ gilt am kritischen Punkt:

$$S_\mathrm{n}(T_\mathrm{c}) = S_\mathrm{s}(T_\mathrm{c}) .$$

4. Unabhängig von den Werten anderer Parameter gilt nach dem Dritten Hauptsatz:

$$S_\mathrm{s}(T) \underset{T \to 0}{\longrightarrow} 0 ; \quad S_\mathrm{n}(T) \underset{T \to 0}{\longrightarrow} 0 .$$

Da andererseits

$$H_\mathrm{C}(T) \underset{T \to 0}{\longrightarrow} H_0 \neq 0$$

sein soll, muss nach Teil 3.

$$\lim_{T \to 0} \frac{\mathrm{d}H_\mathrm{C}}{\mathrm{d}T} = 0$$

erfüllt sein, was von unserem Ansatz für H_C in der Tat gewährleistet wird.

5.

$$\begin{aligned} C_\mathrm{s} - C_\mathrm{n} &= T\left[\frac{\partial}{\partial T}(S_\mathrm{s} - S_\mathrm{n})\right] \\ &= \mu_0 V T\left[\left(\frac{\mathrm{d}H_\mathrm{C}}{\mathrm{d}T}\right)^2 + H_\mathrm{C}(T)\frac{\mathrm{d}^2 H_\mathrm{C}(T)}{\mathrm{d}T^2}\right] , \\ \frac{\mathrm{d}H_\mathrm{C}}{\mathrm{d}T} &= -2H_0(1-\alpha)\frac{T}{T_\mathrm{c}^2} - 4\alpha H_0 \frac{T^3}{T_\mathrm{c}^4} \\ &= -2H_0\frac{T}{T_\mathrm{c}^2}\left(1 - \alpha + 2\alpha\frac{T^2}{T_\mathrm{c}^2}\right) , \\ \left(\frac{\mathrm{d}H_\mathrm{C}}{\mathrm{d}T}\right)^2 &= 4H_0^2\frac{T^2}{T_\mathrm{c}^4}\left(1 - \alpha + 2\alpha\frac{T^2}{T_\mathrm{c}^2}\right)^2 , \\ \frac{d^2 H_\mathrm{C}}{\mathrm{d}T^2} &= -2\frac{H_0}{T_\mathrm{c}^2}\left(1 - \alpha + 6\alpha\frac{T^2}{T_\mathrm{c}^2}\right) \end{aligned}$$

$$\Rightarrow \quad C_\mathrm{s} - C_\mathrm{n} = \mu_0 V T 2\frac{H_0^2}{T_\mathrm{c}^2}\left[\alpha - 1 + 3\frac{T^2}{T_\mathrm{c}^2}\left(1 - 4\alpha + \alpha^2\right) + 15\alpha(1-\alpha)\frac{T^4}{T_\mathrm{c}^4} + 14\alpha^2\frac{T^6}{T_\mathrm{c}^6}\right] .$$

Interessant ist der kritische Punkt $T = T_\mathrm{c}$:

$$(C_\mathrm{s} - C_\mathrm{n})_{T = T_\mathrm{c}} = 4\mu_0 V\frac{H_0^2}{T_\mathrm{c}}(1 + \alpha)^2 .$$

6. $\boxed{T < T_c}$

$$S_n(T) \neq S_s(T)$$

$\Rightarrow$ Phasenübergang erster Ordnung.

$\boxed{T = T_c}$

$$S_n(T_c) = S_s(T_c) ,$$

$$C_n(T_c) \neq C_s(T_c) \quad \text{(endlicher Sprung)}$$

$\Rightarrow$ Phasenübergang zweiter Ordnung.

Lösung zu Aufgabe 4.3.4

$$T = T_c(\varepsilon + 1) .$$

$f(T)$ lässt sich als Funktion von ε wie folgt schreiben:

$$f(\varepsilon) = a\,T_c(\varepsilon + 1)\ln|T_c\,\varepsilon| + b\,T_c^2(\varepsilon + 1)^2 .$$

Der kritische Exponent bestimmt sich dann wie folgt:

$$\begin{aligned}
\varphi &= \lim_{\varepsilon\to 0}\frac{\ln|f(\varepsilon)|}{\ln|\varepsilon|} = \lim_{\varepsilon\to 0}\frac{\ln|a\,T_c(\varepsilon+1)\ln|T_c\varepsilon||}{\ln|\varepsilon|}\\
&= \lim_{\varepsilon\to 0}\frac{\ln|a\,T_c\varepsilon\ln|T_c\,\varepsilon| + a\,T_c\ln|T_c\varepsilon||}{\ln|\varepsilon|} = \lim_{\varepsilon\to 0}\frac{\ln|a\,T_c\ln|T_c\,\varepsilon||}{\ln|\varepsilon|}\\
&= \lim_{\varepsilon\to 0}\frac{\ln|a\,T_c| + \ln|\ln|T_c\,\varepsilon||}{\ln|\varepsilon|} = \lim_{\varepsilon\to 0}\frac{\ln|\ln T_c + \ln|\varepsilon||}{\ln|\varepsilon|}\\
&= \lim_{\varepsilon\to 0}\frac{\ln|\ln|\varepsilon||}{\ln|\varepsilon|} = \lim_{\varepsilon\to 0}\frac{\frac{1}{|\ln|\varepsilon||}\,\frac{1}{|\varepsilon|}}{\frac{1}{|\varepsilon|}} = \lim_{\varepsilon\to 0}\frac{1}{|\ln|\varepsilon||} = 0 .
\end{aligned}$$

Lösung zu Aufgabe 4.3.5

Phasenübergänge zweiter Ordnung nach der Ehrenfest-Klassifikation sind durch endliche Sprünge in den zweiten Ableitungen der freien Enthalpie oder freien Energie definiert:

$$f(\varepsilon) \xrightarrow[T \to T_c^{(\pm)}]{} A_\pm \; ; \quad A_+ \neq A_-$$

$$\Rightarrow \quad \varphi = \lim_{\varepsilon \to 0} \frac{\ln |f(\varepsilon)|}{\ln |\varepsilon|} = \lim_{\varepsilon \to 0} \frac{\ln |A_\pm|}{\ln |\varepsilon|} = 0 \, .$$

Lösung zu Aufgabe 4.3.6

1.

$$T = T_c(\varepsilon + 1) \quad \Rightarrow \quad f(\varepsilon) = a\, T_c^{5/2}(\varepsilon + 1)^{5/2} - b$$

$$\Rightarrow \quad \varphi = \lim_{\varepsilon \to 0} \frac{\ln |f(\varepsilon)|}{\ln |\varepsilon|} = 0 \, .$$

2.

$$f(\varepsilon) = a\, T_c^2(\varepsilon + 1)^2 + \frac{C}{T_c} \frac{1}{\varepsilon}$$

$$\Rightarrow \quad \varphi = \lim_{\varepsilon \to 0} \frac{\ln |\frac{C}{T_c\, \varepsilon}|}{\ln |\varepsilon|} = - \lim_{\varepsilon \to 0} \frac{\ln |\varepsilon|}{\ln |\varepsilon|} = -1 \, .$$

3.

$$f(\varepsilon) = a \sqrt{T_c} \sqrt{|\varepsilon|} + d$$

$$\Rightarrow \quad \varphi = \lim_{\varepsilon \to 0} \frac{\ln |d|}{\ln |\varepsilon|} = 0 \, .$$

Lösung zu Aufgabe 4.3.7

Wir benutzen (2.82):

$$\chi_T\,(C_H - C_m) = \mu_0\, V\, T\, \beta_H^2; \quad \beta_H = \left(\frac{\partial M}{\partial T}\right)_H$$

$$\Rightarrow \quad 1 - R = \mu_0\, V\, T\, \beta_H^2\, \chi_T^{-1}\, C_H^{-1} \, .$$

Kritisches Verhalten $T \to T_c^{(-)}$:

$$M \sim (-\varepsilon)^\beta \; ; \quad \beta_H^2 \sim (-\varepsilon)^{2\beta - 2} \; ; \quad \chi_T^{-1} \sim (-\varepsilon)^{\gamma'} \; ; \quad C_H^{-1} \sim (-\varepsilon)^{\alpha'}$$

$$\Rightarrow \quad 1 - R \sim (-\varepsilon)^{2\beta - 2 + \gamma' + \alpha'} \, .$$

Daran lesen wir ab:

1. $R \neq 1$:
   Die voranstehende Gleichung ist nur erfüllbar, falls gilt:

$$2\beta - 2 + \gamma' + \alpha' = 0 \quad \Leftrightarrow \quad \alpha' + 2\beta + \gamma' = 2 \, .$$

2. $R = 1$:
   Dann ist in der obigen Beziehung die linke Seite Null und kann deswegen nur durch

$$2\beta - 2 + \gamma' + \alpha' > 0 \quad \Leftrightarrow \quad \alpha' + 2\beta + \gamma' > 2$$

   erfüllt werden.

Lösung zu Aufgabe 4.3.8

Skalenhypothese (4.76) hat (4.77) zur Folge. Dort setzen wir

$$\lambda = (\pm\varepsilon)^{-(1/a_\varepsilon)}$$

und erhalten mit H anstelle von $B_0 = \mu_0 H$:

$$M(\varepsilon, H) = (\pm\varepsilon)^{(1-a_B)/a_\varepsilon} M\left(\pm 1, (\pm\varepsilon)^{-(a_B/a_\varepsilon)} H\right) \, .$$

Wir benutzen (4.78) und (4.80):

$$\frac{1 - a_B}{a_\varepsilon} = \beta \, ; \quad \frac{a_B}{a_\varepsilon} = \beta\delta \, .$$

Damit folgt unmittelbar die Behauptung:

$$\frac{M(\varepsilon, H)}{(\pm\varepsilon)^\beta} = M\left(\pm 1, (\pm\varepsilon)^{-\beta\delta} H\right) \, .$$

Man misst die Magnetisierung M für eine Vielzahl von äußeren Feldern H als Funktion der Temperatur (bzw. ε). Trägt man dann

$$\frac{M(\varepsilon, H)}{|\varepsilon|^\beta} \quad \text{gegen} \quad \frac{H}{|\varepsilon|^{\beta\delta}}$$

auf, so reduziert sich diese Vielzahl auf zwei Kurven, je eine für $T < T_c$ und $T > T_c$, falls die Skalenhypothese gültig ist.

Lösung zu Aufgabe 4.3.9

Wir benutzen:

$$(4.78): \quad \beta = \frac{1 - a_B}{a_\varepsilon},$$
$$(4.79): \quad \delta = \frac{a_B}{1 - a_B},$$
$$(4.81): \quad \gamma = \gamma' = \frac{2a_B - 1}{a_\varepsilon},$$
$$(4.82): \quad \alpha = \alpha' = \frac{2\alpha_\varepsilon - 1}{a_\varepsilon}.$$

1. $\gamma(\delta + 1) = (2 - \alpha)(\delta - 1)$
   gilt genau dann, wenn

$$\frac{2a_B - 1}{a_\varepsilon} \frac{1}{1 - a_B} \stackrel{!}{=} \frac{1}{a_\varepsilon} \frac{2a_B - 1}{1 - a_B}$$

   erfüllt ist. Das ist offensichtlich der Fall!
2. $\delta = (2 - \alpha + \gamma) / (2 - \alpha - \gamma)$
   gilt, falls

$$\frac{a_B}{1 - a_B} \stackrel{!}{=} \frac{2 - \frac{2a_\varepsilon - 1}{a_\varepsilon} + \frac{2a_B - 1}{a_\varepsilon}}{2 - \frac{2a_\varepsilon - 1}{a_\varepsilon} - \frac{2a_B - 1}{a_\varepsilon}}$$

   erfüllt ist:

$$\frac{a_B}{1 - a_B} \stackrel{!}{=} \frac{2a_\varepsilon - 2a_\varepsilon + 1 + 2a_B - 1}{2a_\varepsilon - 2a_\varepsilon + 1 - 2a_B + 1}$$
$$\Leftrightarrow \quad \frac{a_B}{1 - a_B} \stackrel{!}{=} \frac{2a_B}{2 - 2a_B} \quad \text{q. e. d.}$$

Lösung zu Aufgabe 4.3.10

1. Wir können vom Gesetz der korrespondierenden Zustände (1.19) ausgehen:

$$\left(\pi + \frac{3}{v^2}\right)(3v - 1) = 8t\,,$$

$$p_r = \pi - 1\,; \quad V_r = v - 1\,; \quad \varepsilon = t - 1$$

$$\Rightarrow \quad \left[(1 + p_r) + 3(1 + V_r)^{-2}\right][3(V_r + 1) - 1] = 8(1 + \varepsilon)$$

$$\Rightarrow \quad \left[4 + 2V_r + V_r^2 + p_r\left(1 + 2V_r + V_r^2\right)\right](3V_r + 2)$$
$$= 8(1 + \varepsilon)\left(1 + 2V_r + V_r^2\right)\,.$$

Sortieren dieser Gleichung führt auf:

$$p_r\left(2 + 7V_r + 8V_r^2 + 3V_r^3\right) = -3V_r^3 + 8\varepsilon\left(1 + 2V_r + V_r^2\right)\,.$$

2. Im kritischen Bereich werden alle drei Größen p_r, V_r und ε sehr klein. In erster Näherung können wir deshalb die Zustandsgleichung aus 1. linearisieren:

$$p_r \approx 4\varepsilon\,.$$

In einem nächsten Näherungsschritt setzen wir dieses wieder in die Zustandsgleichung ein:

$$4\varepsilon\left(2 + 7V_r + 8V_r^2 + 3V_r^3\right) = -3V_r^3 + 8\varepsilon\left(1 + 2V_r + V_r^2\right)$$

$$\Rightarrow \quad 0 \approx V_r\left(3V_r^2 + 12\varepsilon + 24V_r\varepsilon + 12\varepsilon V_r^2\right)$$

$$\Rightarrow \quad 0 \approx V_r\left(V_r^2 + 8V_r\varepsilon + 4\varepsilon\right)\,.$$

Diese Gleichung hat die Lösungen:

$$V_r^{(0)} = 0\,; \quad V_r^{(\pm)} = -4\varepsilon \pm 2\sqrt{-\varepsilon}\sqrt{1 - 4\varepsilon}\,.$$

$T \overset{>}{\to} T_c \quad \Leftrightarrow \quad \varepsilon \overset{>}{\to} 0:$

Nur $V_r = 0$ kann Lösung sein, da $V_r^{(\pm)}$ komplex sind.

$T \overset{<}{\to} T_c \quad \Leftrightarrow \quad \varepsilon \overset{<}{\to} 0:$

Wir wissen, dass die Lösung $V_r = 0$ instabil ist. Für das reduzierte Volumen des van der Waals-Gases gilt deshalb:

$$V_r^{(\pm)} = -4\varepsilon \pm 2\sqrt{-\varepsilon}\sqrt{1 - 4\varepsilon} \sim \pm 2\sqrt{-\varepsilon}\,.$$

3. β bestimmt das Verhalten des Ordnungsparameters (4.52):

$$\begin{aligned}
\frac{\Delta\rho}{2\rho_C} &= \frac{1}{2}\frac{\rho^- - \rho^+}{\rho_C} = \frac{V_c}{2}\frac{V^+ - V^-}{V_- V_+} \\
&= \frac{1}{2}\left(\frac{V_c}{V_-} - \frac{V_c}{V_+}\right) = \frac{1}{2}\left(\frac{1}{V_r^{(-)}+1} - \frac{1}{V_r^{(+)}+1}\right) \\
&\approx \frac{1}{2}\left[1 - V_r^{(-)} - \left(1 - V_r^{(+)}\right)\right] = \frac{1}{2}\left(V_r^{(+)} - V_r^{(-)}\right) \\
\Rightarrow \quad & \frac{\Delta\rho}{2\rho_C} \sim 2\sqrt{-\varepsilon} \\
\Rightarrow \quad & \beta = \frac{1}{2}\,; \quad \text{kritische Amplitude} \quad B = 2\,.
\end{aligned}$$

4. $T = T_c$ heißt $\varepsilon = 0$. Dann lautet die Zustandsgleichung aus Teil 1.:

$$p_r = -3\,V_r^3\left(2 + 7\,V_r + 8\,V_r^2 + 3\,V_r^3\right)^{-1}\,.$$

Entwicklung für kleine V_r:

$$p_r = -\frac{3}{2}\,V_r^3\left(1 - \frac{7}{2}\,V_r + 0\left(V_r^2\right)\right)\,.$$

5. Der kritische Exponent δ ist durch (4.57) definiert:

$$p_c^{(0)} = n\,\frac{R\,T_c}{V_c} = \frac{8}{3}\,p_c\,.$$

Dabei haben wir (1.17) ausgenutzt. Es ist also:

$$\frac{p - p_c}{p_c^{(0)}} = \frac{3}{8}\left(\frac{p}{p_c} - 1\right) = \frac{3}{8}\,p_r\,.$$

Weiter gilt:

$$\begin{aligned}
\frac{\rho}{\rho_C} - 1 &= \frac{V_c}{V} - 1 = \frac{1}{V_r + 1} - 1 = \frac{-V_r}{V_r + 1} \\
&= -V_r\left(1 - V_r + 0\left(V_r^2\right)\right)\,.
\end{aligned}$$

Auf der kritischen Isothermen gilt also, wenn wir Teil 4. ausnutzen und für $p \to p_c$ $V_r \to 0$ anwenden:

$$\frac{p - p_c}{p_c^{(0)}} \sim \frac{9}{16}\left|\frac{\rho}{\rho_C} - 1\right|^3\,.$$

Der Vergleich mit (4.57) liefert:

$$\delta = 3\,; \qquad D = \frac{9}{16}\,.$$

6. Kompressibilität:

$$\kappa_T = -\frac{1}{V}\left(\frac{\partial V}{\partial p}\right)_T = -\frac{1}{V}V_c\left(\frac{\partial V_r}{\partial p}\right)_T\,,$$

$$\mathrm{d}p_r = d\left(\frac{p}{p_c} - 1\right) = \frac{1}{p_c}\,\mathrm{d}p\,,$$

$$\kappa_T = -\frac{1}{V}\frac{V_c}{p_c}\left(\frac{\partial V_r}{\partial p_r}\right)_T\,.$$

Normierungsfaktor:

$$\kappa_{T_c}^{(0)} = \frac{1}{p_c^{(0)}} = \frac{V_c}{n R T_c} = \frac{3}{8 p_c}\,.$$

Im letzten Schritt haben wir wieder (1.17) ausgenutzt:

$$\frac{\kappa_T}{\kappa_{T_c}^{(0)}} = -\frac{8}{3}\frac{1}{V_r + 1}\left(\frac{\partial V_r}{\partial p_r}\right)_T\,.$$

Nach Teil 1. gilt:

$$\left(\frac{\partial p_r}{\partial V_r}\right)_T = \frac{-9\,V_r^2 + 16\,\varepsilon\,(1 + V_r)}{2 + 7\,V_r + 8\,V_r^2 + 3\,V_r^3} - \frac{\left[-3\,V_r^3 + 8\,\varepsilon\left(1 + 2\,V_r + V_r^2\right)\right]\left(7 + 16\,V_r + 9\,V_r^2\right)}{\left(2 + 7\,V_r + 8\,V_r^2 + 3\,V_r^3\right)^2}\,.$$

a) $\boxed{T \underset{\rightarrow}{>} T_c}$ $\rho = \rho_C$, d. h. $V_r = 0$

$$\Rightarrow \quad \left(\frac{\partial p_r}{\partial V_r}\right)_{T,\,V_r = 0} = 8\,\varepsilon - 14\,\varepsilon = -6\,\varepsilon \quad \Rightarrow \quad \frac{\kappa_T}{\kappa_{T_c}^{(0)}} = \frac{4}{9}\varepsilon^{-1}\,.$$

Das gilt sogar überall auf der kritischen Isochoren ($V_r = 0$), nicht nur für $T \underset{\rightarrow}{>} T_c$.

$$\Rightarrow \quad \gamma = 1\,; \quad C = \frac{4}{9}\,.$$

b) $\boxed{T \underset{\rightarrow}{<} T_c}$

Im kritischen Bereich gilt jetzt nach Teil 2.:

$$V_r^2 \approx -4\,\varepsilon\,.$$

Dies bedeutet:

$$\left(\frac{\partial p_r}{\partial V_r}\right)_{\varepsilon \to 0} \approx \frac{1}{2}(36\,\varepsilon + 16\,\varepsilon) - \frac{1}{4}\,56\,\varepsilon = 12\,\varepsilon\,,$$

$$\frac{1}{V_r + 1} \xrightarrow[\varepsilon \to 0]{} 1\,.$$

Es bleibt somit:

$$\frac{\kappa_T}{\kappa_{T_c}^{(0)}} \sim -\frac{8}{3}\,\frac{1}{12\,\varepsilon} = \frac{2}{9}(-\varepsilon)^{-1}\,.$$

Durch Vergleich mit (4.55) folgt:

$$\gamma' = 1; \quad C' = \frac{2}{9} = \frac{1}{2}C\,.$$

Lösung zu Aufgabe 4.3.11

Kettenregel

$$\left(\frac{\partial V}{\partial T}\right)_p \left(\frac{\partial T}{\partial p}\right)_V \left(\frac{\partial p}{\partial V}\right)_T = -1$$

$$\Leftrightarrow \quad (V\beta)\left(\frac{\partial T}{\partial p}\right)_V \left(-\frac{1}{V\kappa_T}\right) = -1$$

$$\Rightarrow \quad \beta = \kappa_T \left(\frac{\partial p}{\partial T}\right)_V\,.$$

Für das van der Waals-Gas gilt speziell:

$$\beta = \kappa_T \left(\frac{nR}{V - nb}\right)\,.$$

Der Klammerausdruck verhält sich analytisch für $T \to T_c$, sodass das kritische Verhalten von β dem der Kompressibilität κ_T entspricht.

Lösung zu Aufgabe 4.3.12

1. Nach (1.28) lautet die Zustandsgleichung des Weiß'schen Ferromagneten:

$$M = M_0\, L\left(m \frac{B_0 + \lambda\, \mu_0\, M}{k_B\, T} \right) ,$$

$$\frac{m\, \lambda\, \mu_0\, M}{k_B\, T} = \frac{M}{M_0}\, \frac{\frac{N}{V} m^2 \lambda\, \mu_0}{k_B\, T} \overset{(1.26)}{=} \widehat{M}\, \frac{3\, k_B\, C\, \lambda}{k_B\, T} \overset{(1.30)}{=} \widehat{M}\, \frac{3\, T_c}{T} .$$

Damit folgt unmittelbar:

$$\widehat{M} = L\left(b + \frac{3\widehat{M}}{\varepsilon + 1} \right) .$$

2. $L(x) = (1/3)x - (1/45)x^3 + 0(x^5)$

$$B_0 = 0 \quad \Rightarrow \quad b = 0 ,$$

$$T \underset{\to}{<} T_c \quad \Rightarrow \quad \widehat{M} \text{ sehr klein.}$$

Dann gilt:

$$\widehat{M} \approx \frac{\widehat{M}}{\varepsilon + 1} - \frac{3}{5} \frac{\widehat{M}^3}{(\varepsilon + 1)^3}$$

$$\Rightarrow \quad \frac{\varepsilon}{\varepsilon + 1} \approx -\frac{3}{5} \frac{\widehat{M}^2}{(\varepsilon + 1)^3} \quad \Rightarrow \quad \widehat{M}^2 \approx -\frac{5}{3} \varepsilon (\varepsilon + 1)^2 .$$

Da $(\varepsilon + 1)^2 \to 1$ für $T \to T_c$ gilt, folgt:

$$\widehat{M} \sim \sqrt{\frac{5}{3}} (-\varepsilon)^{1/2} .$$

Wie beim van der Waals-Gas ist somit:

$$\beta = \frac{1}{2} .$$

3. Kritische Isotherme: $T = T_c\,;\quad B_0 \to 0$

$$\Rightarrow \quad \varepsilon = 0\,; \quad \widehat{M} \quad \text{und} \quad b \quad \text{sehr klein.}$$

Dies bedeutet:

$$\widehat{M} \approx \frac{1}{3} b + \widehat{M} - \frac{1}{45} \left(b + 3\widehat{M} \right)^3$$

$$\Rightarrow \quad 15\, b \approx \left(b + 3\widehat{M} \right)^3 \quad \Leftrightarrow \quad b + 3\widehat{M} \approx (15\, b)^{1/3}$$

$$\Rightarrow \quad 3\widehat{M} \approx (15\, b)^{1/3} - b \approx (15\, b)^{1/3} , \quad \text{da} \quad b \to 0 .$$

Dies ergibt

$$b \sim \frac{9}{5}\widehat{M}^3$$

und führt auf den kritischen Exponenten

$$\delta = 3\,.$$

4.

$$\chi_T = \left(\frac{\partial M}{\partial H}\right)_T = \frac{M_0\,\mu_0\,m}{k_B\,T}\left(\frac{\partial \widehat{M}}{\partial b}\right)_{T,\,b=0} = \frac{3}{\lambda(\varepsilon+1)}\left(\frac{\partial \widehat{M}}{\partial b}\right)_{T,\,b=0}\,.$$

Im kritischen Bereich ist $\widehat{M}$ sehr klein:

$$\left.\frac{\partial L}{\partial b}\right|_{b=0} = \frac{\partial x}{\partial b}\left.\left(\frac{1}{3}-\frac{1}{15}x^2\right)\right|_{b=0} + \ldots$$

$$\left.\frac{\partial \widehat{M}}{\partial b}\right|_{b=0} = \left(1+\frac{3}{\varepsilon+1}\left.\frac{\partial \widehat{M}}{\partial b}\right|_{b=0}\right)\left(\frac{1}{3}-\frac{1}{15}\frac{9\widehat{M}^2}{(\varepsilon+1)^2}\right) + \ldots$$

$$\Rightarrow\quad \left.\frac{\partial \widehat{M}}{\partial b}\right|_{b=0}\cdot\left(1-\frac{1}{\varepsilon+1}+\frac{9}{5}\frac{\widehat{M}^2}{(\varepsilon+1)^3}\right) = \frac{1}{3}\left(1-\frac{9}{5}\frac{\widehat{M}^2}{(\varepsilon+1)^2}\right).$$

$T \to T_c$ bedeutet $\widehat{M} \to 0$:

$$\left(\frac{\partial \widehat{M}}{\partial b}\right)_{T,\,b=0} \approx \frac{1}{3}\frac{1}{\frac{\varepsilon}{\varepsilon+1}+\frac{9}{5}\frac{\widehat{M}^2}{(\varepsilon+1)^2}}\,.$$

a) $T \underset{\rightarrow}{>} T_c$:

Oberhalb T_c ist $\widehat{M} \equiv 0$, sodass mit $(\varepsilon+1) \xrightarrow[T\to T_c]{} 1$ folgt:

$$\left(\frac{\partial \widehat{M}}{\partial b}\right) \sim \frac{1}{3}\varepsilon^{-1}\,.$$

Dies bedeutet für die Suszeptibilität:

$$\chi_T \sim \frac{1}{\lambda}\varepsilon^{-1} \quad\Rightarrow\quad \gamma = 1\,.$$

b) $T \underset{\rightarrow}{<} T_c$:

Nach Teil 2. haben wir nun $\widehat{M}^2 \sim 5/3(-\varepsilon)$ einzusetzen:

$$\chi_T \sim \frac{1}{2\lambda}(-\varepsilon)^{-1} \quad\Rightarrow\quad \gamma' = 1\,.$$

Für die kritischen Amplituden ergibt sich wie beim van der Waals-Gas:

$$C' = \frac{1}{2}C\,.$$

Sachverzeichnis

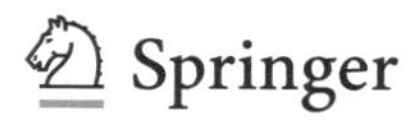

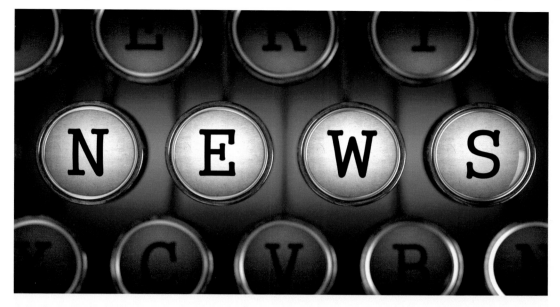